中国轻工业"十三五"规划立项

金属包装设计与制造

吴若梅　刘跃军　主编

王志伟　主审

吴若梅　刘跃军　滑广军　孙翱魁　向　红　陈　新　章耀平　编著

中国轻工业出版社

图书在版编目（CIP）数据

金属包装设计与制造/吴若梅，刘跃军主编. —北京：
中国轻工业出版社，2025.2

中国轻工业"十三五"规划立项教材

ISBN 978-7-5184-3362-9

Ⅰ.①金…　Ⅱ.①吴…②刘…　Ⅲ.①金属材料-包装
容器-高等学校-教材　Ⅳ.①TB482

中国版本图书馆 CIP 数据核字（2020）第 266493 号

责任编辑：杜宇芳

策划编辑：杜宇芳　　责任终审：劳国强　　封面设计：锋尚设计
版式设计：霸　州　　责任校对：吴大鹏　　责任监印：张　可

出版发行：中国轻工业出版社（北京鲁谷东街 5 号，邮编：100040）
印　　刷：三河市万龙印装有限公司
经　　销：各地新华书店
版　　次：2025 年 2 月第 1 版第 2 次印刷
开　　本：787×1092　1/16　印张：16.5
字　　数：360 千字
书　　号：ISBN 978-7-5184-3362-9　定价：59.80 元
邮购电话：010-85119873
发行电话：010-85119832　　010-85119912
网　　址：http://www.chlip.com.cn
Email：club@chlip.com.cn

序

金属包装是中国包装工业的重要组成部分,其产值约占中国包装工业总产值的 10%,主要为食品、罐头、饮料、油脂、化工、药品、文化用品及化妆品等行业提供包装服务。"金属包装设计与制造"是介绍金属包装制品结构设计与制造工艺过程的一门系统应用型课程,是普通高等学校本、专科包装工程专业的主干课程之一,在包装教育中具有重要地位。

多年来,包装教育一直缺乏较为合适的金属包装教材。《金属包装设计与制造》顺应了教学的需要,顺应了包装绿色化发展理念,构建了新的知识体系。作为中国轻工业"十三五"规划教材,《金属包装设计与制造》的出版为金属包装行业的人才培养做了一件基础性工作。

教材根据金属包装的特点,突出了容器设计与制造相结合的主体思路,在介绍容器设计与工艺的基础上,按三片罐、两片罐、气雾罐、异型罐、封闭器、金属桶等展开讨论;教材对金属包装容器 CAD/CAE/CAM 技术和有限元分析技术进行了专门讨论,对备受社会关注的金属包装安全问题,增加了相应的知识内容;考虑到不同高校对课程学时数分配的不同,教材突出了对基础容器设计及制造工艺的理解,拓展了对包装安全、包装优化设计、装潢设计及印涂、加工模具等知识的介绍,方便学生在完成金属包装主体知识学习后,全面了解金属包装的设计和制造技术以及发展趋势。

教材内容丰富,实践性强,许多知识精髓来源于生产实际和科学研究。编者为多所本、专科高校教授及知名企业专家,为教材的编纂质量奠定了良好的基础。

随着现代制造技术的飞速发展,教材还会面临不断更新、提高的过程。希望教材的出版能满足当前包装高等教学的需要,同时希望更多的学者和专家参与包装专业教材建设,为培养造就大批创新型包装工程专业人才作出贡献。

王志伟

2020 年 5 月

前　　言

"金属包装设计与制造"是普通高等学校本、专科包装工程专业的主干课程之一，在包装教育中具有举足轻重的地位。编者在多年的教学过程中发现，该门课程的教学一直缺乏合适的教材，在教学上也存在一些问题，如包装容器主要材料为纸、塑料、金属，其材料的性能和成型方法截然不同，教学过程中采用一本教材，很难系统地阐述和深入，学生难以建立合理科学的知识框架和体系，让教学停留在表面上而无法深入，不利于学生进一步拓展未来就业的空间，更不利于对接金属包装行业对人才的需求。再者，从教师的学科结构和基础而言，很难有教师能融会贯通纸、塑料、金属等材料性能及产品成型加工技术，无法做到术业有专攻，也无法更好地引导学生适应包装行业的未来发展。

基于以上的基本想法，编者申报《金属包装设计与制造》并获批为中国轻工业"十三五"规划立项教材，旨在为金属包装行业的发展做一点点基础性的工作。本书内容：一是根据金属包装的特点，突出容器设计与制造相结合的主体思路，为更好地理解、完善和优化容器的产品品质而服务。二是包装的安全与质量问题，是越来越受社会关注的问题，包装工程师应具备系统的、综合的技术工程素养，应综合考虑内装物的特性、包装需求及加工性能，合理地选择完成金属包装容器的设计及制造工艺，进一步优化容器设计及容器系统设计。考虑到本教材使用院校的实际施教状况，以及该课程的教学学时正在逐年减少的现实，编者对教材的内容进行适当调整，突出对基础容器设计及制造工艺的理解，拓展对包装安全、包装优化设计、模具基础常识的了解。方便教师在完成主体知识结构和体系的教学和深化后，更方便学生全面地了解金属包装行业的一些基本常识和发展趋势，利于学生进一步确立深造方向。基于上述考虑，经编写组老师们和行业专家与出版社本教材责任编辑反复研讨，确定了最终书稿。

全书分成十二章，章目连续编制，增强教材的系统性、整体性及施教的连续性。本书编写工作主要由湖南工业大学刘跃军、吴若梅、滑广军、孙翱魁，华南农业大学向红，中山火炬职业技术学院陈新，广东欧亚包装有限公司章耀平共同完成。具体分工如下：第一章由刘跃军教授编写，第二、三、四、六、七、八章由吴若梅教授负责编写，第五章由教授级高工章耀平负责编写，第九章由滑广军副教授负责编写，第十章由陈新教授负责编写，第十一章由孙翱魁博士负责编写，第十二章由向红教授负责编写，全书统稿工作由吴若梅完成。同时，感谢胡雨馨、陈振钊、周雨松、王珊珊等同学为本书搜集资料所付出的劳动。

"金属包装容器设计与制造"课程所蕴含的内容十分丰富，实践性非常强，许多的知识精髓主要来源于生产实际和科学研究，特别是金属包装行业专家杨文亮、辛巧娟，包装资深教授宋宝丰对本书的贡献不可磨灭。由于编者水平有限，可能难以满足读者所期望的所有要求，但我们依然希望本书可以引导读者对金属包装有较为全面的了解，不当之处敬请批评指正。

吴若梅

2020 年 5 月

目　　录

第一章　绪　　论

第一节　金属包装的发展概况及性能特点

一、金属包装的起源及发展

1. 金属包装的起源

金属包装容器（metal packaging containers）是指用金属薄板制造的薄壁包装容器，为储存、运输或销售而使用的盛装产品的金属器具总称。它广泛应用于食品包装、医药品包装、日用品包装、仪器仪表包装，工业品包装、军火包装等方面，如金属箱、金属桶、金属罐等，其中用于食品包装的数量最大。

金属罐的起源与战争有着密切的关系。1795 年的法国大革命时期，人们受到严重的饥饿折磨，迫切需要保存食物的新方法。1809 年尼克拉·阿波特发现了通过加热杀菌可防止广口玻璃罐内食物变坏的方法，为金属罐的出现奠定了基础。在阿波特的"罐装"方法获得承认一年后，英国人皮特·杜兰德采用镀锡钢板制造了金属罐，成为现代食品包装的先驱。17 世纪后叶，人们开始用镀锡薄钢板制作金属罐，用于盛装干燥食品。18 世纪人们开始用镀锡板罐贮藏食品，从此金属罐诞生，并开创了以金属罐为标志的金属包装容器新时代。在 20 世纪初，钢桶的发明逐步替代了落后的木桶。

2. 金属包装的发展

金属容器的历史十分悠久，但作为一种包装容器，则是随着罐头工业的发展而兴盛起来的。第二次世界大战后，由于锡资源短缺，差厚镀锡板、低镀锡板、无锡薄钢板相继问世。20 世纪，随着铝的冶金和轧制技术的改进，出现了铝金属罐。

目前金属包装是中国包装工业的重要组成部分，其产值约占中国包装工业总产值的 10%，主要为食品、罐头、饮料、油脂、化工、药品、文化用品及化妆品等行业提供包装服务。中国金属包装的最大用户是食品工业，其次是化工产品，此外，化妆品和药品也占一定的比例。目前装备最好的是合资企业，国有企业次之，最差的是集体企业。从行业来说，最好的是制罐业，其次是制盖业，最差的是制桶业。

目前我国金属包装产品品种多，规格复杂，其中主要产品有铝制两片罐、马口铁三片饮料罐、食品罐头罐、气雾罐、1～20L 化工桶、各类瓶盖、易拉盖、各种杂罐、35～208L 容量的冷热轧板钢桶及马口铁桶罐的内涂外印等。全国约有 1500 家金属容器生产企业，据不完全统计：国有、国有控股占 35%，民营企业 30%，中外合资占 28%，独资占 7%。国内印铁制罐行业印铁生产线、铝制两片罐生产线、金属盖生产线、喷雾罐生产线基本上都是从国外引进的。

目前在国际贸易及现代物流中最常见的是圆柱型金属钢桶，为运输包装的发展起到十分重要的作用。随着社会的进步和人们生活质量的提高，此类容器的类型不断增加，金属包装容器已经成为现代包装工业中不可缺少的产品。

二、金属包装的特点及优势

金属包装容器自发明以来经历了很长时间的发展，具有许多固有特性。以金属饮料罐为例，不仅具有强有力的抗光和抗氧化特性，有利于延长饮料的货架寿命，保持新鲜度和口味，还可以适应高的灌装速度，便于产品堆垛，易于分销，具备其他包装方式不能比拟的生产效率水平。金属包装容器耐用性好，可减少因产品破碎造成的损失，消费后便于回收再生为原材料，能多次循环利用，而且不损失或改变其性质，是世界上最能循环利用的饮料包装。

（1）优点　金属包装容器之所以得到广泛应用，是因为它具有许多独特的优点：

① 机械性能好。金属容器相对于其他包装容器，如塑料、玻璃、纸类容器等的强度要大，刚性好，不易破裂。不但可用于小型销售包装，而且是大型运输包装的主要容器。

② 阻隔性优异。金属薄板有比其他任何材料优异的阻隔性、阻气性、防潮性、遮光性、保香性。密封可靠，能有效地保护产品。

③ 易于实现自动化生产。金属容器的生产历史悠久，工艺成熟。有配套的生产设备，生产效率高，能满足各种产品的包装需要。

④ 装潢精美。金属材料印刷性能好，图案商标鲜艳美观，所制得的包装容器引人注目，是一种优良的销售包装。

⑤ 形状多样。金属容器可根据不同需要制成各种形状，如圆形、椭圆形、方形、马蹄形、梯形等，可满足不同产品的包装需要，使包装容器更具变化以促进销售。

无论哪种金属容器，其结构都具有共同的特征，一般都包括罐（桶）身、顶部、底部及开启部分。目前，罐和桶的造型基本上标准化，其规格系列均可查阅金属容器设计手册和有关标准。喷雾罐与普通罐相似，其主要特点在于顶部装有喷雾阀，罐内装有气雾剂。

（2）缺点　金属罐的缺点也不容忽视，如：

① 化学稳定性差。金属罐在酸、碱、盐和湿空气的作用下，易于锈蚀，这在一定程度上限制了它的使用范围。现在各种不同涂料应用于金属包装，使这个缺点得以弥补。

② 经济性较差，即价格较贵，这个缺点也正在通过技术进步而逐渐得到改进，例如近年来金属罐薄型化的发展就是降低成本很好的措施。

第二节　金属包装的基本概念和分类

一、金属包装的基本概念

金属包装容器，是为贮存、运输或销售而使用的金属器具，是商品包装的一种重要类型。金属包装容器的主要品种有印铁制品（听、盒）、三片密封罐、易拉罐（铝制两片罐、马口铁两片罐、马口铁三片罐）、提桶、方桶、钢桶、铝罐、气雾剂罐、金属箱、金属软管铝箔袋及金属容器配件，包括瓶盖、罐盖、封闭器等，广泛应用于食品、饮料、罐头、油脂、化工原料、药品、化妆品、文化用品等的包装。

1. 金属包装容器名称

（1）金属罐（metal can）　用金属薄板制成的容量较小的容器，有密封和不密封两类，一般用镀锡薄钢板、镀铬薄钢板、铝板制成。容积一般小于或等于 16L，最大公称厚度为 0.49mm，截面有多种形状，如圆形、椭圆形、扁圆形、方形等。主要用于食品、饮料、茶叶、化妆品、文化用品及药品的包装。

（2）金属喷雾罐（metal aerosol）　指由能够承受一定内压力的不透气的金属壳体和阀门等组成的金属容器。喷雾容器一般有两种类型，分多次使用和一次性使用。喷雾容器中喷出的产品形态包括雾状、泡沫状、膏状等多种形态。其主要用于食品、药品、化妆品的包装。

（3）金属桶（metal drum/keg）　用金属制成的容量较大的金属容器。截面多为圆柱形，也有方形、椭圆形的，主要用于油脂、燃油、电石、防冻液、油漆等商品的包装。

（4）金属箱（metal box/case/chest）　用金属制成的有一定刚性的包装容器，通常为长方体，属于容积量较大的箱形容器。常带扣盖、铰链盖，主要应用于军用品包装和一些特殊商品的运输包装。

（5）金属盒（metal carton/box）　用金属制成的且具有一定刚性的包装容器，形状多样。一般高度相对较低，截面有方形、圆形、椭圆形、心形等多种，一般带有盒盖。多用于儿童食品、文化用品、化妆品的包装。

（6）金属软管（metal collapsible tube）　用挠性金属材料制成的圆柱形金属容器。软管一端折合压封或焊封，另一端形成管肩和管嘴，挤压管壁时，内状物由管嘴挤出。主要用于牙膏、色料、药品等膏状商品的包装。

（7）铝箔袋（aluminum foil bag）　用铝箔制成的袋形容器。可作包装内衬，也可单独作包装用品，如用于茶叶包装，可起防潮、防霉、保鲜、保味的作用。

（8）金属框（metal basket）　用金属丝制成的有孔隙的包装容器，通常为圆筒形（又称金属篓）或长方体。

（9）金属浅盘（metal tray）　用金属材料制成的无盖浅包装容器。

（10）封闭器（closure）　加在容器上的一套封闭装置，其目的是使内装物保持在容器里和防止内装物污染。

2. 金属包装各部分结构名称示例

（1）金属罐各部分结构名称

① 罐盖（can cover）。金属罐的顶部结构，通常指灌装后再封口的金属罐。

② 罐身（can body）。金属罐的构件，三片罐的罐身指其侧壁，两片罐的罐身由罐底与侧壁组成。

③ 罐体（can without lid）。不带盖的三片罐。

④ 开罐钥匙（can opening key）。卷开罐的附件，用以穿绕舌状小片将罐卷开。

⑤ 刻痕（score）。易开盖上或卷开罐罐身为便于开启而预先压成或刻划的撕开线。

⑥ 环圈（ring）。通过二重卷边固定在罐身上部，中心有一开口用以安装罐盖的构件。

⑦ 膨胀圈（expansion ring）。罐盖或罐底经冲压形成的凹凸拉环，以适应罐头杀菌时内装物膨胀的需要。

⑧ 拉环（ring tab）。易开盖上为便于开启而预先铆合在盖上的一种环状附件。

⑨ 铆钉（rivet）。为将拉环铆合在易开盖上而预先冲出的凸泡。

（2）金属桶各部分结构名称

① 桶顶（top of drum）。金属桶的顶部构件，通常闭口桶的桶顶上可有注入孔和透气孔。

② 凸边（chimb）。高于桶顶或桶底的部分，通常由卷边形成。

③ 汴入孔（filling hole）。在桶顶上设置的用于灌入或排出内装物的孔。

④ 透气孔（air-vent）。在桶顶上设置的用于灌入排出内装物时透气的孔。

⑤ 凸边加强环（chimb reinforcement）。一种金属加固环，装在金属桶的凸边上，以保护卷边。

⑥ 滚箍（rolling hoop）。附加在桶身上的护圈，桶滚动时，紧箍着地，不致伤害桶身。

⑦ 加强筋（reinforcement）。在金属容器上用于增加刚度而形成的凸或凹的部分，有环筋和非环筋两种。

⑧ 提手（handle）。装在金属容器上的一种附件，用于抓握或提携。

⑨ 提梁（bale handle）。一种两端由挂耳联接在桶身上的半圆形金属丝提手。

⑩ 提环（drop handle）。一种由挂耳固定在桶上的、可以自由转动的小环形提手。

⑪ 挂耳（lug）。固定在桶身上，能使提手像合页一样转动的金属连接构件。

（3）金属软管各部分结构名称

① 管嘴（nozzle）。软管的输出口。挤压管壁时，内装物从管嘴中排出。

② 管肩（shoulder）。管嘴与管壁之间的倾斜部分。

③ 管壁（tube wall）。软管带有挠性的圆柱体部分。

④ 管盖（tube cover）。用于管嘴的螺纹封闭物或摩擦式封闭物。

二、金属包装的分类

金属包装容器的种类繁多，大致有下述几种分类方法。

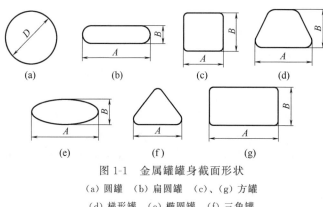

图 1-1　金属罐罐身截面形状

（a）圆罐　（b）扁圆罐　（c）、（g）方罐

（d）梯形罐　（e）椭圆罐　（f）三角罐

1. 按容器形状分类

按容器横截面形状分类，根据国际、国内有关标准可以形成下面几种容器系列（图1-1）：圆形罐、方形罐、椭圆形罐、扁圆形罐、梯形罐、马蹄形罐等。

2. 按容器外部几何特征分类

按容器外部几何特征可以分为圆柱形罐、圆台（锥）形罐、棱柱形罐、棱台（锥）形罐等，如图1-2所示。

3. 按容器结构特点分类

按容器结构特点主要分为三片罐、两片罐、喷雾罐和金属软管等几种。三片罐是由罐身、罐底和罐盖三片金属材料加工组成，容积较大的钢桶、方桶或异形桶，实际上也都属三片罐型容器。当罐身与罐底通过冲压成形加工成一体时，即为两片罐，而喷雾罐则在上述两种容器罐身基础上增加一套喷雾装置即成而已。喷雾罐罐身有时可以由一片材料通过冲压加工而成，也称单片罐。

4. 按容器材料分类

用什么材料制成的容器即成什么材料类型容器。例如，马口铁罐、白铁皮桶、黑铁皮罐、铝罐、不锈钢桶、覆膜铁罐、铁塑复合桶和纸铁复合罐等。

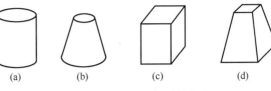

图 1-2 按容器外部形状分类

(a) 圆柱形 (b) 圆台形 (c) 棱柱形 (d) 棱台形

5. 按容器的功能分类

按容器功能可以分为密封容器和非密封容器两类。密封容器主要用于食品和饮料等物品包装，密封罐往往需要加热杀菌，要求容器有足够强度和刚度。非密封容器往往用于日用品或化妆品的包装，其艺术造型和装潢设计是最重要的，密封问题则是其次的。

6. 按容器开口方式分类

按容器开口方式可以分为三类：开口式、中口式、闭口式。开口式指顶部盖子可以全部打开，闭口式则是一部分封位，只留小直径出口，而中口式则是出口直径比小口式大些。

第三节 金属包装的发展趋势

一、金属罐的发展趋势

1. 罐材的发展趋势

现代金属罐的生产效率明显提高，生产成本大大降低，能满足包装卫生和安全的要求，可靠性强，应用变得越来越广泛。近年来，随着包装安全意识和环保意识的不断加强，对材料的质量要求日趋严格，各类化验项目不断增加，同时，制定了相应标准。研制新的金属包装材料，开发新型容器，改变传统的制罐工艺和设备，减少环境污染和提高包装食品的卫生水平是发展的主旨需求。金属包装材料正向轻量、薄镀、少或无表面处理及与高分子材料复合的方向发展。如不含限定溶剂（如乙二醇乙醚、乙二醇乙醚醋酸酯、甲苯等）的罐涂料，水性涂料，低温固化、高固含量涂料，UV 涂料，即时光固化的 UV 油墨，无污染、固化快、保护性好的粉末涂料等。

从目前发展趋势来看，涂层钢板用于包装材料已呈现快速发展趋势。涂层钢板是指有机涂料涂敷于钢板表面获得的涂装金属材料。此类涂层钢板在包装行业制作各类包装产品后无需再进行涂装工序，所以又常将涂层钢板归为预涂层钢板。涂层钢板用于金属包装行业，可取代目前金属包装产品生产过程中落后的涂装工艺，同时还可避免传统的金属罐内层因环境激素类涂料涂装超标造成对人体产生不良影响的后果。随着它的广泛应用，传统金属罐生产工艺和技术将得到颠覆，生产率、生产成本、清洁卫生、环境保护等各个方面也都将前进一大步。涂层钢板一般由冶金企业集中生产，由于省去了产品制作中的涂装工序，大大降低了包装制造业成本。据估计，以涂层钢板为原料的包装产品可降低成本 $5\% \sim 10\%$，节省能源约 $1/6 \sim 1/5$，尤其节约了包装产品的预处理和涂装设备的大量投资。涂层钢板兼具有机聚合物与钢板二者的优点，既有有机聚合物的良好着色性、成型性、耐蚀性，又有钢板的高强度和易加工性，能很容易地进行冲裁、弯曲、深冲、焊接等加工。

2. 金属罐的发展趋势

（1）罐壁减量化 薄壁三片罐金属包装企业为降低环境资源压力，向减薄化、轻量化发展是必由之路。减量化就是在降低罐壁厚度的同时，容器仍能保持足够高的强度、刚度等性能。与20年前相比，铝制饮料罐减轻了28％，钢制食品罐减轻了33％。比如欧洲350ml的金属罐早已从45g降到了30g左右，重量减少33％；法国食品的金属三片罐已使用0.14mm厚度的DR材；而我国的金属三片罐仍在大规模使用0.19～0.24mm厚度的马口铁，单位产值的资源消耗率是日本的11.5倍、美国的4.3倍、世界平均水平的2倍。

国内目前用于饮料的三片罐一般采用0.19mm或以上厚度的SR材（一次冷轧马口铁）和0.18mm的二次冷轧镀锡薄钢板。按照中国市场每年消费约90亿只饮料罐计算，使用厚度为0.20mm的250ml饮料罐消耗钢材约28万t，若更改为使用0.15mm钢材的薄壁三片罐，可节约钢材7万t。若在食品饮料行业内全面推广，使用0.12mm钢材薄壁三片罐，每年可节省钢材60余万吨。因此，金属包装容器轻量化是行业的发展趋势，能直接有效地降低包装成本，形成环保和经济效应。

（2）结构多样的异型罐 随着产品的日趋多样化，消费者更加关注品牌美誉度，眼光也更加敏锐和个性化，更易被独特外观的包装设计所吸引。随着大众环境意识的加强，对环保绿色包装的认同度越来越高。

① 非对称铝瓶罐。因其具有诸多优点而获得了消费者青睐，如高档、抗破碎、耐用、优异的阻隔性，可在常温或热灌装温度下灌装，内容物可快速冷却，重量轻、运输效率高、运输成本低等。其适合罐装的产品包括：啤酒、葡萄酒和其他酒类饮料，能量和运动饮料，冰茶和咖啡等。

② 覆膜铝瓶罐。DW铝瓶发源于日本，集易拉罐的优点以及饮用口卫生、可再封、便携等特色于一身。结构上与易拉罐一样也有二片、三片之分，生产工艺各不相同。三片DW铝瓶主要采用覆膜铝材料，抗蚀性能及灌装线兼容性更优越。一般在瓶底有安全阀，适用范围广，可满足含气饮料的要求。覆膜铝瓶罐是将覆膜铝材料经过冲杯、减薄拉伸成瓶身，进而再经过瓶口螺纹制作而得到所需的铝瓶，完全省去了涂料铝瓶罐成型过程中诸多繁琐的工序环节。由于覆膜铝采用的PET薄膜抗蚀性能极佳，因而铝瓶基本上适合包装各类饮料，工艺过程大为简化、适应性广、发展潜力很大。

（3）体验式金属罐 易于携带，分量控制符合消费者健康需要，具有良好消费体验的小罐在全球范围风行，产品种类多样化，带来的颠覆性消费体验提升了品牌营收驱动力。

① 高清像感罐。该罐采用激光直接雕刻制版，即DLE技术，制版时印版上无图文的空白部分气化，彻底消除了曝光、显影等工序，做到了高清制版与高清印刷技术，使单片罐与两片罐罐体色彩及图像具有更好的效果和体验。可口可乐欧洲公司开展一项"品味感觉（Taste the Feeling）"的活动，采用高清晰度、完全接近照相效果的印刷图像应用于异形铝瓶罐，获得了极大的视觉冲击力，彰显了产品的功能和情感体验。

② 自动冷却、加热饮料罐。美国自冷罐有限公司（CCNV）开发的自冷罐使用起来非常方便，只要按一下饮料罐底部的塑料按钮，饮料罐温度就可以在3～5min内降低15～20℃。自冷罐主要使用了一种热量交换系统（HEU）的专利技术来达到饮料罐自动降温的功能，HEU包括许多组成部分，如饮料罐罐体、内置HEU容器、活性炭、CO_2

气体等。HEU 工作原理十分复杂，要使吸附 CO_2 的活性炭保持一定的稳定性，并在 HEU 的内部压力下降的情况下，CO_2 能有效地释放并达到吸热的功能。日本出现一种自加热清酒罐。在罐的下 1/5 处有一个夹层，内装生石灰和密封塑料膜包的一小袋水。饮用前，只要用一根"附用"的塑料小棒从下部的小孔中插入，水立即就会和生石灰混合在一起，产生大量的热量，只需 3min 就能把一罐清酒加热到 58℃。雀巢英国公司新近推出 330ml 新概念"自动加热牛奶咖啡罐"，它的原理是将水和生石灰分别放置在罐的夹层中，通过化学反应产生热量。罐的容积也因此缩小，可容纳液体饮料 210ml。为方便消费者饮用，罐子顶部设计了圆形拉环。通过底部的按钮来控制加热过程，大约 3min 饮料即可达到 60℃。为避免消费者被热饮料烫伤，罐的外层有一个波纹状隔离层及收缩套。

③ 智能化、信息化罐。基于二维码技术的"一盖一码"易拉盖成为饮料产品的发展趋势，让每罐饮料都可以成为一个流量感知端，使商品成为自身品牌的一个智能化的媒介载体。可实现与消费者在线实时互动，整合消费者及产品信息，实时传播产品信息，采集消费者消费行为大数据，使产品变"智能化""信息化"，并以此创造更高的商业价值。

二、金属桶的发展趋势

我国钢桶行业已经成为世界钢桶包装大国，2019 年在中国召开了亚太钢桶国际 AOSD 会议。近年来，随着格瑞夫、杰富意等国外钢桶企业进入中国市场，中国钢桶行业已显示出国际化的发展趋势。天津大田包装已在马来西亚建立分厂，国际化趋势已日趋明显。随着钢桶国际化的发展，未来的中国钢桶行业，将会实现真正的与国际接轨，这不仅是企业分布，更重要的是技术、工艺、材料和装备，也将与国际水平零距离接轨。这意味着中国的钢桶制造技术已真正达到国际水平。同时，环保风暴给钢桶企业带来了极大的挑战，顺应国际钢桶发展趋势，钢桶生产及回收利用全过程都贯穿着环保意识。

1. 制桶材料的发展趋势

（1）水性涂料　水性涂料是制桶业解决环保问题的捷径。中国包装联合会钢桶专业委员会出台了《钢桶水性涂料涂装工艺标准》，随着水性漆的不断改进和制桶企业对技术的不断完善，水性漆在国内制桶行业的普及是势不可当的。

（2）预涂钢板和印铁技术　预涂钢板和印铁技术是钢桶生产过程中实现无涂装无污染的捷径，也是提高钢桶外表面装潢质量的最佳途径，将是钢桶业的重要发展趋势。

（3）钢桶薄型化　随着经济的发展和科学技术的进步、钢板材质的提高、生产工艺的不断更新，钢桶的材料厚度也由厚向薄发展。我国 200L 钢桶目前普遍采用 1.20mm 厚的薄钢板，而国外大多采用 0.8mm 厚的钢板，且桶身、桶底、桶顶皆采用不同厚度的薄钢板。钢桶薄型化是技术发展的象征，薄型化已成为不可阻挡的趋势。

2. 钢桶的发展趋势

（1）钢桶结构

① 钢桶内衬袋。钢桶内衬袋是将内衬袋置于钢桶之内，它同时结合了两种包装材料的特性，即钢桶的强度以及衬袋的柔韧性、洁净度和耐化学品性能，它将成为钢桶的最佳配件。该内衬袋非常结实，经特殊设计，可防止废物造成污染，并克服了与钢桶回收有关的环境问题，适用于化学品、颜料、油品及食品等各种液体的运输和存储。

② 卡式直塞型钢桶封闭器。这种封闭器省去了原闭口钢桶封闭器的法兰，利用桶顶

的材料，直接进行冲孔翻边成形，也省去了法兰与桶顶的压合工序，更重要的是减少了法兰与桶顶之间的泄漏危险性，从而提高了钢桶的密封性能，它将成为标准产品。采用这项技术后，在钢桶封闭器上的成本将节约至少 50% 的费用。

③ 集装箱专用钢桶。集装箱专用钢桶（W 型环筋）的主要特点是桶身上的环筋被整体向桶内陷入，即在桶身环筋高度不减少的情况下，在环筋与桶身相连的部位制造了向内凹进的环形槽，从而使钢桶的最大直径比国标钢桶小了 10mm（国标钢桶的环筋外径为585mm，集装箱钢桶的环筋外径为 575mm），能够最大限度地利用空间，达到最经济的运输成本。W 型环筋不仅减少了钢桶最大直径，而且增强了桶身的强度，免去了桶身上的波纹，使桶身的形状更加美观。

④ 200L 柱锥形开口桶。200L 锥形桶属于全开口桶，它的桶口内径为 553mm，桶底内径为 516mm，桶高有 970mm 和 990mm 两种。桶身环筋的作用是空桶储运时进行套装的层次限制。锥形桶的最大特点是空桶运输方便、成本低，在运输时每摞桶 14 个，每个托盘 4 摞，一辆汽车可装 10 托盘，一车能装空桶 560 只，而普通钢桶一车只能装不超过100 只，可大大降低运输费用。锥形桶尺寸的国际标准化，在远洋运输中占用的集装箱空间最为合理，是目前国际最流行的钢桶之一。

（2）制桶设备及工艺

① 辅助生产设施的自动化。目前，国内大中型制桶企业，都已逐步实现了自动化生产。非主线生产工序，还有不少没有实现自动化，如桶盖的运输和收集、上盖、周转、试漏等。桶盖自动码垛机和拆垛机、桶口贴标机和撕标机、桶盖自动上塞机，全自动氦检漏技术、钢桶的仓储自动化技术，利于预涂装、印铁或覆膜铁材料生产钢桶的自动立式钢桶生产线等的应用和发展，将真正实现全线自动化生产。

② 多渠道多方法减少清洗污染。虽然水性漆可以解决一大部分钢桶生产中的环保问题，但仍有一些问题还需要解决，比如钢桶涂装前的清洗污染问题、钢桶电镀污染问题、涂装废水污染问题、钢桶印铁或预涂装的污染问题，以及一些不达标的水性漆污染问题等。选用如催化燃烧环保炉、蓄热式燃烧炉（RTO）、废气净化吸附设备、生物法净化设备、光氧化法净化设备等环保设备进行污染处理，是最佳的硬件解决方案。

③ 采用擦桶的方法进行涂装前处理，是钢桶前处理环保化的重要举措，实用型擦桶机将成为中小型企业标配。2016 年在印度举办的亚太钢桶会议上，日本就推出了其研制的钢桶擦拭设备的成果。无磷转化剂将成为钢桶清洗的最佳选择。覆膜铁在钢桶行业的应用还不能进入实用阶段，还有不少问题需要解决。钢桶镀锌替代技术，诸如一种"环保型合金催化液技术"已经在国内研制成功，并在多个行业开始了使用。

第二章　容器设计与工艺设计基础

第一节　工程设计的类型及容器设计开发

一、工程设计分级类型

按国际上工程专家的理论，把工程设计的级别与水平分为三大类型，即原创设计、改进设计和变量设计，这同样也适合于包装容器设计的不同类型。

1. 原创设计

原创设计也称创新设计，是指对给定的任务提出全新的、具有独创性的解决方案，这种方案可以视作为一种技术发明。原创性设计几乎都走在时代的前列，领先于市场的潮流，原创性产品的出现，对市场而言是一场革命，甚至于会出现新产品迅速替代原产品的现象。当然，创新设计是很不容易成功的，有些情况下会有高风险且并未达到预期目标。

2. 改进设计

改进设计又称综合设计，是指对现有的已知产品系统进行改造或增加较重要的子系统。改进设计可能会产生全新的结果，由于是基于现有产品的基础，不需要做大量的重构工作，因此改进设计将是产品工程设计工作中最为普遍的，同样也是包装容器设计工作中常见的。尤其是为适应消费者的爱好和观念，对原有产品选择改良设计确保原产品具有良好的商业利润，这是改进设计占据金属包装容器设计主导地位的原因。

3. 变量设计

变量设计也称改型设计，是指改变产品某些特征方面的参数，例如尺寸、形状、材料和操作方法等，从而得到新的产品。改型设计通常不改变原有产品的结构组成，而只对其中结构子系统部分作相应调整。变量设计工作常常用于系列产品及相关产品的设计，在金属包装容器设计工作中是很普遍的。

二、容器开发设计流程

包装容器开发的第一步通常是对未来新包装容器产生希望和预见，图 2-1 显示了典型金属容器开发程序中的各项设计工作，一般存在以下设计阶段。

1. 设计预期评估

（1）提出问题　设计生产什么包装容器？现有包装容器使用方面的问题在哪里？为什么现有包装容器不能实现用户希望的功能？

（2）了解预期　用户对新包装容器的期望，企业的决策者对市场运作的期望，科研人员的研发技术应用期望，开发并投产成为可盈利的包装容器的期望，市场所能接受的价格和产量的估计。根据这些预估，再减去预定的利润，所得到的就是容器开发的成本，新容器开发必须受限于既定的成本。当完成市场分析并决定开发某项新包装容器时，开发小组的下一步工作是分析消费人群的需求，了解消费者对新包装容器的期望。还需要对市场上现有的同类竞争进行分析，知晓这些容器在多大程度上满足了消费者的需求。通过对以上问题的总结，开发小组掌握了市场情况、消费人群和可应用的技术。此时可以进入下一环节的评估，也就是确立新容器概念。

2. 确立容器概念

在明确了新容器的市场、消费者、技术、成本等问题以后，开发小组的任务是决定如何做到使新容器适应市场并决定容器的价格范围。

此阶段的工作分为以下步骤：在考虑容器的市场定位、业务计划、发展规划前提下，制订一套新容器的规格体系。确定容器功能模型和可选择的构造，确定容器用户使用满意度，建立容器功能模型，用以描述问题、解决问题和相互之间的转化，功能的各个分支转化将成为实际容器组件的多种可能配置，提出多种创意方案。选择一个创意方案，确立新容器概念，进行分析评估。

3. 实现容器的创意

选优得到的设计创意必须在设计过程中加以实现，这是容器开发的最后一个阶段。实现容器创意的一个重要方面是进行容器建模，通过实际构建功能模型或以数值分析的方式建模，对执行的效果进行测试。在容器开发过程中，要通过新颖的容器使消费者满意，从而实现规划，尽到设计师的责任，同时尽可能创造利润。因此，设计人员必须在容器开发的现实环境中考虑虚拟仿真建模，典型金属容器开发程序中的各项设计工作如图 2-1 所示，用以有效地帮助设计决策。

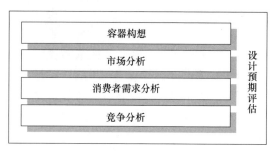

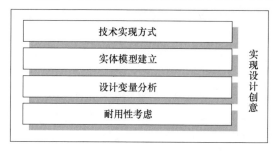

图 2-1　典型金属容器开发程序中的各项设计工作

三、容器开发程序中的设计方法

反向工程法与再设计法是一种针对现有容器的设计方法。采用反向工程法与再设计法立足于分析市场上的现有容器，并根据容器存在的缺陷改进构想进行再设计。根据反向工程法研究决定容器的导向，通过建模、分析论证、深入分解各设计要素以及对容器性能的测试等工作，进行再设计，确立新的容器形式。

1. 反向工程法

分析现有容器，对已有多种同类竞争容器的成功案例进行分析学习。了解现有容器的市场情况，对消费者的需求进行分析，分析掌握消费者对容器的满意程度，参考相关市场和商业案例进行分析，明确潜在的利润和可能面临的市场风险。对功能模型进行全面的构想，阐明新容器的功能设想以及功能性观点。对容器的各个方面进行深入研究，了解消费者满意或不满意的各个方面及其原因。了解相关容器制造商，对容器生产线的典型结构体系进行分析。阐明容器中所共同包含的系统，掌握竞争对手的技术体系及容器各组成部分，着手研究构建真实的容器功能结构。

2. 再设计法

再设计是以无偏见的预想为基础，以消费者为中心的设计，由依照基本原则进行的分析以及全面细致的实验为要素共同构成的。研究方法学的目的在于，以需求作为容器的根本出发点，建立动态的设计与分析系统。对于某些容器，可能适用的方法是在创造及优化设计模型之前就对性能做一定的调整或改进。或者在模型的发展阶段，设计人员通过加深对容器的认识，对设计变量与参数有效地进行控制，以实现再设计。另外，有些容器可能在改变部分参数后获得意想不到的质量和利润空间的提升。再设计方法学对于这些情况都是适用的。

3. 反向工程与再设计法

设计师可以通过如图 2-2 所示的学习模型，由具体的经验开始，依次观察思考的收获和概念化过程，以及循环实验。通过对现有容器的再设计，可以充分了解和掌握容器的构成要素，然后用设计方法分析现有功能，并在现有结构下对新功能提出概念化的设想。在概念发展的基础上进行观察思考与实验，使概念得以具体实现。对现有容器的充分理解，可以帮助了解容器的工作方式，使它工作得更好，这在容器设计中尤其重要。

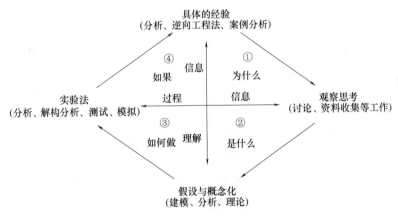

图 2-2 学习模式示意图

反向工程法与再设计方法的主要构成要素如图 2-3 所示。整个设计系统由三个阶段组成：反向工程法、建模与分析、再设计。通过这个系统，能够明确地罗列出容器开发所必需的各种材料，解构分析了解它工作的方式，了解系统的工作顺序安排，反向法与再设计的流程如图 2-4 所示。

四、容器工程设计分类

根据包装容器不同的设计内容，容器工程设计分为结构设计和（制造）工艺设计两类。

1. 容器结构设计

产品的结构设计，一般情况下都是指根据设计要求和产品功能，确定产品各组成部分

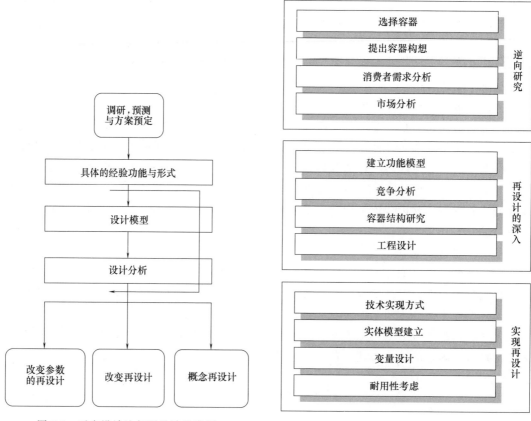

图 2-3 反向设计法与再设计示意图　　图 2-4 反向法与再设计流程示意图

（零部件及其附属部分）的形状、尺寸、材料、选型、加工方法和装配工艺等。总之，结构设计要解决产品整体结构中各个组成部分之间相互与整体结构之间的关系。对于金属容器设计而言，除了涉及上述结构设计的普遍问题外，从总体包装或系列包装的设计角度出发，还必须要考虑到容器的内、中、外包装的配合和装配，容器与内衬垫或隔条的尺寸和结合，容器主体与附件的结构组合等。因此，结构设计是涉及金属材料性能、设计计算、加工工艺、精度标准、检测技术及质量评估等许多学科领域的一项复杂的综合性工作。

（1）结构设计的主要内容

① 据产品性能及材料特性选择使用包装材料。

② 确定容器总体尺寸、形状，进行必要地计算，绘制出容器总体结构方案。

③ 设计容器零部件尺寸、形状，并确定各零部件之间空间关系及其与总体结构关系。

④ 设计出几种容器结构方案，然后进行评价决策，最后选定最优方案。

⑤ 在选定最后容器结构方案时，应充分考虑国际、国内、本地区和本部门的同类产品情况及其设计、制造水平。

⑥ 在进行产品结构设计及计算时，应尽可能地考虑目前可以应用的各种现代先进设计方祛。

（2）金属容器的结构设计的重要地位与作用

① 结构设计关系到金属容器的整体性能，将直接影响到容器使用过程中的强度、刚度和结构稳定性及可靠性等。

② 结构设计将直接关系到容器产品的制造工艺性、人机环境协调性（绿色产品）和产品的经济性等。

③ 结构设计要求力争先进、合理，为容器艺术设计创造良好的基础，提供可靠的支撑。

2. 容器工艺设计

按照现代制造过程的要求，包装容器的工艺设计包括工艺方案设计和工艺路线设计。

（1）工艺方案设计　工艺方案的设计应在保证产品质量的同时，充分考虑生产周期、生产成本和环境保护。同时根据本企业能力，积极采用国内外先进工艺装备及技术，不断提高企业的工艺水平。设计工艺方案的主要类别包括：①新品试制工艺方案；②新品小批试制工艺方案；③新品批量投产工艺方案；④老品生产改进工艺方案；⑤零件生产工艺方案。

（2）工艺路线设计　工艺路线是指产品或零部件在生产加工过程中，由原材料准备经过毛坯加工直至成品入库的全部工艺过程的先后顺序。本书以后各章节都会介绍各种主要类型金属包装容器制造工艺中工艺路线或生产流程。设计最合理的工艺路线，它对于确保产品质量、恰当利用加工设备、促进提高生产管理水平和提高劳动生产率都起到十分关键的作用。设计工艺路线的一般步骤包括：①选择加工方法；②划分加工阶段；③确定加工工序；④安排加工顺序；⑤安排热处理工序；⑥安排辅助工序。

为了充分达到工艺路线的设计目标，一般要根据工艺方案所确定的原则，提出若干个工艺路线设计方案，经过分析、对比，选择最优工艺路线。

五、容器设计中的人类工效学因素

1. 人类工效学

人类工效学（ergonomics）又称人机工程学，是研究人员在某种工作环境中的解剖学和心理学等方面的各种因素，研究人和机器及环境的相互作用，分析人在各种劳动时的生理变化、能量消耗、疲劳机理以及人对各种劳动负荷的适应能力。探讨人在工作中影响心理状态的因素以及心理因素对工作效率的影响等。它是人体科学、环境科学向工程科学不断渗透和交叉的产物，其在包装工程中的应用具有重要意义。

2. 包装宜人性的研究

包装宜人性就是要满足消费者生理和心理的要求。

（1）满足生理要求　根据人体工效学的研究，人体和物体之间需要一定的平衡协调关系，即产品必须适应人的生理解剖需求。对于包装来说，要在满足基本性能的前提下，尽量使用时轻便省力，易于开启，使用舒适，方便安全。

当人执握瓶罐类包装时，主要依靠手的屈肌和伸肌的共同协作。人的手掌生理结构如图 2-5 所示，掌心部位的肌肉量最少，指骨间肌和手指部分是神经末梢满布的部位，指球肌、大鱼际肌和小鱼际肌是肌肉丰富的部位。可以根据人体手掌结构特点而设计易于执握的金属包装罐型，如图 2-6 所示。

图 2-7 所示为金属按压盖，一只手即可开启，图 2-8 所示为金属易拉盖，这些易开启

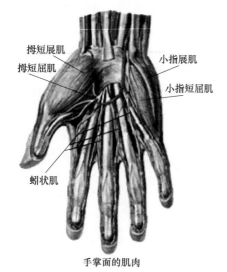

拇短展肌
拇短屈肌
小指展肌
小指短屈肌
蚓状肌

手掌面的肌肉

图 2-5　手掌生理结构

图 2-6　易于执握的金属包装罐型

图 2-7　金属按压盖

图 2-8　金属易拉盖

结构的设计，使金属包装容器的开启方式及结构越来越适宜于手掌的生理结构。

（2）满足心理要求　人的视觉特性具有刺激、感受、兴奋、疲劳、失调和寻求新平衡的心理机能。这种失调和平衡在色视觉、明暗视觉和形视觉过程中都有类似的现象。如果包装结构长期处于单调、陈旧的状态下，就会产生视觉疲劳，将有寻找新造型、新结构的需求，来获得新的体验。人们长期大量地观看金属圆罐，就有可能喜欢异形金属瓶。长期使用圆、椭圆或蛋圆形的金属罐，则有可能选购造型各异的塑料瓶。人具有求新求美、好奇、好胜的心理，这也是促使包装设计不断变化的心理因素，具有创新性的包装结构、特异性的装潢设计风格首先就会得到包装用户及消费者的青睐。

第二节　金属容器的标准化设计

一、金属容器的标准化设计要求

金属容器工程设计中，无论是结构设计（包括材料选择、形体设计、尺寸设计、配合设计、确定技术条件和试验方法等），还是制造工艺设计（包括工艺规程设计，加工装备设计、生产线规划设计、先进加工方法选定等）以及绘制金属容器设计总图、零部件图、容器展开图、主体效果图和制造工艺规划图等都应得到相关标准的支持。

1. 容量、尺寸规格的确定

包装容器工程设计中，凡涉及容器容量、尺寸规格等参数的确定，应优先考虑选用相关标准中的标定值或推荐值，优先选择相关标准中的结构形体和局部结构，以使同类产品具有互换性和通用性，适应目前同类产品的规模生产，减少新增投入，方便储存流通。

2. 标准金属材料的选用

金属容器工程设计中，应优先考虑选用按标准生产的常用金属包装材料，例如国标中提到的不锈钢冷轧钢板、连续热镀锌钢板、冷轧电镀锡钢板、喷雾罐用铝材、易拉罐罐体用铝合金带材等，因为这些材料具有标准规范所确定的性能规格和质量要求，确保所设计的容器或制品的性能、质量达到设计要求，实现金属容器要求的预期效果。对于非标准材料或一些新型材料，应通过相应标准的试验程序，检测其材料性能，依据试验结果选择使用场合。

3. 金属容器技术要求的确定

在设计容器时，所提出的容器的各项技术要求，包括工艺要求、使用条件、检测手段、表面处理等，可以参照同类容器标准的规定加以提出，也可以根据所设计金属容器的使用场合具体确定。

4. 容器图样的绘制

金属包装容器的图样绘制，要根据我国国标中规定的制图标准以及包装标准中相关绘制要求进行绘制。应符合机械制图标准等要求，按规定的线型、符号及方法绘图，并按标准规定使用图纸、加注尺寸和标出文字说明等。

二、设计图样的要求

图纸是工程师交流设计思想的语言。设计工作的成果最终都将以工程图纸的形式呈现出来。绘制包装图样时，同样应严格遵守相关的国家标准。

1. 金属容器图样类型

（1）产品包装图（packaging figure） 表达包装件包装各组成部分结构、尺寸、外观及其与被包装产品相互关系的必要的数据及技术要求的图样。

（2）金属容器图（figure of packaging container） 表达包装容器结构、尺寸、外观和技术要求的图样。

（3）容器零部件图（container detail drawing） 表达容器零部件结构、尺寸、材质、数量、外观及技术要求的图样。

2. 产品包装图的表达

现以金属茶叶罐礼品包装为例，阐述产品的包装图表达方式，产品的包装图（图2-9）需清楚表达出产品的包装组成及装配要求，在绘制产品包装图时，可附加必要的局部剖视图或局部视图，如图2-10所示为产品包装结构的示意图画法。

在产品包装图中，其内容金属罐也可用双点画线或细实线表示出主要轮廓特征，金属罐在包装容器内的固定、防护等，可用示意图表示，并可附加文字说明，如图2-11所示为表示包装内部产品定位的示意图画法。

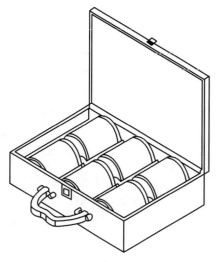

图 2-9　产品包装图

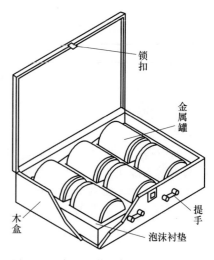

图 2-10　产品包装结构的示意图画法

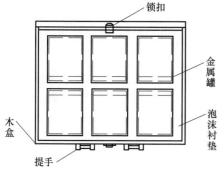

图 2-11　表示包装内部产品定位的示意图画法

为进一步了解产品包装的安装定位及衬件结构，允许用简化示意图标注必要的外形、安装和连接尺寸来表示，产品在包装容器中的位置的简化示意画法如图 2-12 所示。

3. 金属容器图的表达

（1）包装容器图　现以金属桶为例，阐述金属容器图的表达方式。包装容器图一般只需画出其外形，但对于工艺结构比较复杂的包装容器，要标注包装容器的零部件序号，并在明

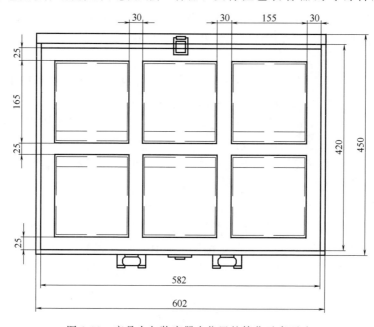

图 2-12　产品在包装容器中位置的简化示意画法

细栏内按序号填写零部件名称、材质、规格、数量，在图样上标出容器的内外部尺寸，必要时需在技术要求中注明允许的被包装产品的极限质量，包装容器图如图 2-13 所示。

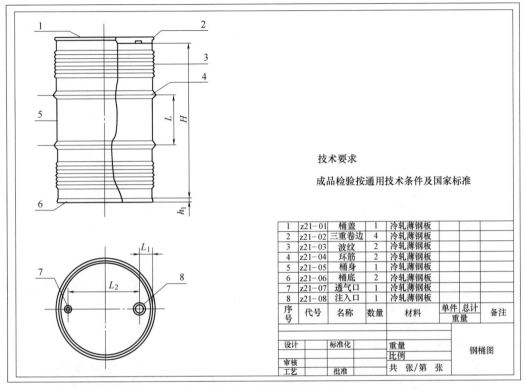

图 2-13　包装容器图

（2）图文版面图　绘制包装容器图（如金属罐）图文版面及位置图时，一般按文字、图案的最大外尺寸，在四边用点划线连接成矩形，并按比例标注在图样上，表示包装容器的图文版面及位置画法如图 2-14 所示，文字、图案居中时，可不标注位置尺寸。

（3）零部件图　容器零部件图一般根据装配时所需的位置、形状和尺寸画出。零部件在装配过程中的装配尺寸，应标注在产品包装图或包装容器图上，如需在零部件图上标注时，应在有关位置或尺寸上注明或在技术要求中说明，如图 2-15 所示为大口径液氮容器结构示意图。

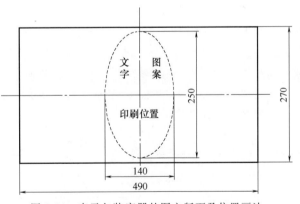

图 2-14　表示包装容器的图文版面及位置画法

三、金属罐设计的一般原则

金属罐的设计一般是根据用户需求选择罐形、材料、封口形式以及罐表面的装潢设

17

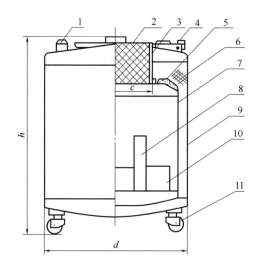

图 2-15　大口径液氮容器结构示意图
1—真空阀　2—盖塞　3—颈管　4—吊钩
5—低温吸附剂　6—多层绝热体　7—内胆
8—提筒　9—外壳　10—回转托盘　11—脚轮

计。一般情况下，制罐设备的设计都会考虑到金属罐有关标准的应用条件。

1. 制罐材料的选择

制罐的原材料有镀锡板、涂料镀锡板、黑铁皮、涂料无锡钢板、铝合金薄板等。浅拉深罐材料主要选用无锡钢板或涂料无锡钢板。深拉深加工时，材料的变形量大，使用铝合金薄板才能满足冲拔拉深时塑性变形的要求。经过对模具制作及冲压工艺的调整后，目前人们也选用镀锡板来制造深拉深罐。

变薄拉深罐的原材料主要有铝合金薄板和镀锡薄钢板，现在人们普遍选用的是美国铝业协会标准（AA 标准）的 3000 系列铝合金，由于国际上铝合金的价格不断上扬，国内外许多厂家都转向选用镀锡板来制造变薄拉深罐。

2. 罐形和罐容规格的选择

金属罐的罐形、尺寸以及封口方式都受到制罐设备的限制，目前批量生产的常用金属罐的规格尺寸和结构形式都已标准化，不仅促进了制造设备的标准化和规范化，也使制罐变得简单易行了。尽管如此，也需要遵循一些基本的通识规则。

在现代制罐技术条件下，可以制造出各种结构形式和罐型的金属容器。根据容器的外形，有圆形罐（竖圆罐、平圆罐）和异形罐（方形罐、椭圆形罐、梯形罐、马蹄形罐等）两大类。表 2-1 为我国常见金属罐罐形分类与编号。通常圆柱形容器是所有的容器中制作最容易、用料最节省、容积最大的一类，但外观较一般；异形容器造型独特，但制作较困难，用料及成本都较大。此外，还应综合考虑其他因素，以确定容器的封闭形式、开启方式、侧缝结构、盖及底的结构等。

表 2-1　　　　　　　　　　　　　常见金属罐罐形分类与编号

罐型	编号	罐型	编号
圆罐	按内径、外高排列	椭圆形罐	500
冲底圆罐	200	冲底椭圆罐	600
方罐	300	梯形罐	700
冲底方罐	400	马蹄形罐	800

从罐型上看，各种罐型都各有特点，圆柱形容器具有用料最少容量最大的特点。在容量相同的条件下，方形容器的用料最多，比圆形容器的用料多 40%，其他棱柱形容器也都比圆柱形容器用料多。因此在设计选定容器形状时，应尽量选用圆柱形容器构型，异形容器只在必要时选用，因其制造成本约为圆柱罐的 2 倍以上。三片罐的设备投入和生产效

率比两片罐低很多，因此在选用哪种罐型时，要考虑到包装最终的核算成本问题。为了节约原材料，罐的罐盖直径部分都较小，所以罐的上缘部分常采用缩颈结构，如双缩颈、三缩颈等罐型，在加工上多采用旋压缩颈结构。

在众多的金属容器中，尤其是罐头食品用容器的规格尺寸、结构形式都已经标准化了。我国已参加国际标准化组织，通用的三片式容器都采用国际标准。如罐头容器圆罐系列的规格尺寸就是采用国际通用的规格系列。一般商品的填装率为85％～95％。规格尺寸、罐容的确定应尽量符合标准化规格要求。因特殊要求需设计新罐型时，要根据包装要求及包装量，先设计出容器的造型和结构尺寸，然后计算罐容。有时还要综合考虑其他因素，如商品受热时体积膨胀等来核算罐容和结构尺寸，最后根据核算结果来确定或选定金属罐的规格尺寸。

罐容是指20℃时的金属罐的容积，计算时要扣除罐底和罐盖的高度，如圆罐的罐容可按下式计算

$$V = \frac{0.7854 D_i^2 \times H_i}{1000} \tag{2-1}$$

式中，V——罐容，cm^3；

　　D_i——罐内径，mm；

　　H_i——罐内高度，mm。

3. 内容物及包装要求

选定罐型时，要根据内容物的特性和包装要求来确定其罐形结构、封口及开启方式。罐身成型后，可根据包装要求，合理确定封口方式，一般选用标准的二重卷边结构。常用的开封形式有卷封式、侧面卷开式、饮料罐易开盖式和整体拉开盖式等，在选择罐形时，同时应确定开封形式。根据容器的密封状态要求，可选气密式容器和非气密式容器。罐壁接缝形式也可选钩接式、粘接式、锡焊式和熔焊式等类型。根据容器所罐装的内容物，其开启方式可选切开式、卷开式、拉开式和其他各种开启式等类型。如食品和饮料罐一般要求密封性好，饮料罐为方便开启，多选用易拉盖。午餐肉类食品，为开启后肉品完整，多采用侧开式方罐或全开式易拉盖圆罐。而对于非食品杂罐，则侧重要求反复开启与再密封，对于造型和装潢设计要求较高。而化工罐，则侧重于密封性、强度、运输方便及安全性等，其罐形的结构形式上就具有相应的选择和要求。

4. 罐的强度和罐壁厚度的确定

对于非压力容器，根据要求选择壁厚，一般为0.15～0.5mm。选择原则是罐身直径大时选大值，直径小则选小值。对于压力容器（如含气饮料），则应根据罐内压力大小及材料的许用应力来确定。两片罐的罐身无侧缝，罐底与罐壁为一整体，其罐底主要起支撑整个容器的作用，罐底的外形通常设计为圆拱形，要求具有一定的抗弯强度，如啤酒饮料罐，其罐底的最小抗弯强度为586～620kPa。罐身的侧壁厚度可依公式确定，必须保证其纵向抗压强度不低于1330N。三片罐为提高容器的结构强度，可在容器侧壁滚压加强筋，在罐盖和罐底上设置膨胀圈。

5. 容器外表面的装潢设计

容器的外表面装潢设计一般由装潢设计人员根据商品信息进行色彩、图案和文字以及商标标志的设计，由印铁厂负责装潢的实施。在印铁厂实施装潢时，先以合适的涂料或油

墨在罐外表面打底进行底涂处理，然后再依装潢设计的内容借助印刷技术实施彩色印刷，而后再涂布罩光保护涂料即完成装潢印刷。

第三节　金属容器的工艺设计及成型工艺基础

一、容器制造的工艺设计

1. 工艺方案设计

产品加工工艺规程的设计即由规定的加工工艺过程及操作方法所形成的工艺文件是金属容器生产的依据，是吸收先进技术与方法，保持生产过程的合理性和高效性的保证。工艺方案设计有助于系统地运用新的科学技术成果和先进的创造经验，保证产品质量，改善劳动条件，提高企业制造工艺水平及管理水平。

2. 加工工艺规程的设计内容

制定容器加工工艺规程设计流程如图 2-16 所示。

3. 包装容器结构工艺性分析

在正式制订产品加工工艺规程之前，应先进行其结构工艺性分析。产品结构工艺性分析是在满足使用要求和性能的前提下，审视产品制造的可行性和经济性，根据具体的生产类型和生产条件来分析。在现有工艺设备与条件下保证质量、方便制造、控制制造成本。

工艺性设计的原则主要包括下列几点：

① 设计出的产品结构组成的各部分是便于加工和测量的，可以采用标准刀具和辅助工具，加工时工人操作简便，加工过程便于调整和测量等。

② 结构设计时应考虑保证加工质量和精度，并能提高生产效率。如加工工具的位置比较稳定牢固，加工工具应尽量减少种类，节省停机换刀时间，提高工作效率等。

③ 结构设计时应使产品的标准化程度高。在加工时可以使用标准化的刀具、模具和量具以及测量工具等，既保证了加工质量，又提高了生产效率。

④ 产品结构设计时应考虑到零件可夹紧，且便于准确定位，加工操作时易于调整找正，保证加工质量，方便测量。

4. 工艺路线的设计

工艺路线或生产流程是指产品或零部件在加工过程中，由毛坯准备到成品包装入库的全部工艺过程的先后顺序。工艺路线由专职的产品工程师或主管工艺师来负责设计，提出工艺路线表或生产流程表，用以指导工厂车间的分工，并制订工艺路线卡及其他工艺文件，工艺路线设计步骤如图 2-17 所示。

二、容器成型工艺基础

在金属容器的制造过程中，包括许多加工工序，这些工序就形成了工艺流程。从制造工艺而言，最重要的就是冷冲压工艺、焊接工艺和粘接工艺三大加工技术。

1. 冲裁工艺

冲裁是利用冲模使材料分离的一种冲压工艺，在一般情况下往往指落料和冲孔。可以直接把材料制成零件，也可为弯曲、拉深和成型等工序作准备。从板材上冲下所需形状的

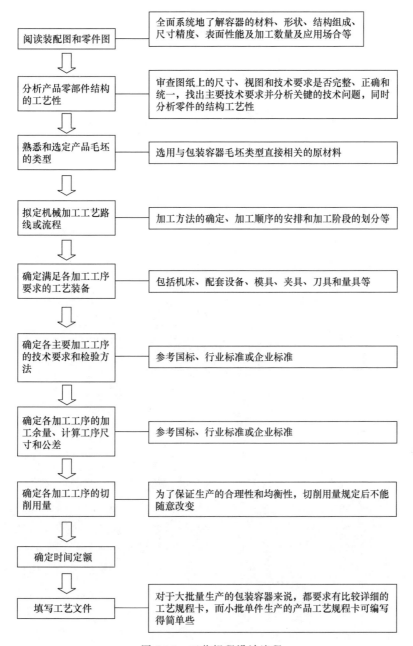

图 2-16 工艺规程设计流程

零件或毛坯，称为落料，在工件上冲出所需形状的孔，叫作冲孔。

根据实验研究，可将冲裁变形过程分为三个阶段：①弹性变形；②塑性变形；③断裂分离。冲裁变形过程如图 2-18 所示。

冲裁件断面具有明显的区域性特征，一般可分成四部分：即光亮带、剪裂带、圆角带和毛刺。四个部分在整个断面上所占的比例不是固定的，它随材料的机械性能、厚度、凸凹模的间隙、模具结构和润滑等条件的不同而变化。冲裁件的质量主要通过断面光亮带和剪裂带的大小、圆角和毛刺多少及其翘曲程度等来判断。

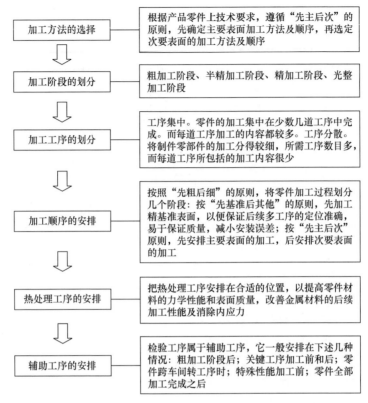

图 2-17　工艺路线设计步骤图

流程图内容：

加工方法的选择 → 根据产品零件上技术要求，遵循"先主后次"的原则，先确定主要表面加工方法及顺序，再选定次要表面的加工方法及顺序

加工阶段的划分 → 粗加工阶段、半精加工阶段、精加工阶段、光整加工阶段

加工工序的划分 → 工序集中。零件的加工集中在少数几道工序中完成。而每道工序加工的内容都较多。工序分散。将制件零部件的加工分得较细，所需工序数目多，而每道工序所包括的加工内容很少

加工顺序的安排 → 按照"先粗后细"的原则，将零件加工过程划分几个阶段；按"先基准后其他"的原则，先加工精基准表面，以便保证后续多工序的定位准确，易于保证质量，减小安装误差；按"先主后次"原则，先安排主要表面的加工，后安排次要表面的加工

热处理工序的安排 → 把热处理工序安排在合适的位置，以提高零件材料的力学性能和表面质量，改善金属材料的后续加工性能及消除内应力

辅助工序的安排 → 检验工序属于辅助工序，它一般安排在下述几种情况：粗加工阶段后；关键工序加工前和后；零件跨车间转工序时；特殊性能加工前；零件全部加工完成之后

2. 弯曲工艺

金属板料的弯曲主要由模具及其装备来完成，弯曲件的加工形式如图 2-19 所示。金属板料弯曲过程大致可以分为弹性弯曲阶段和塑料性弯曲阶段。在弹性弯曲阶段，变形量很少，其应力仅产生于弯曲圆弧的切线方向。随着外加弯矩的增加，板材的弯曲变形增大，其内、外表层金属先达到屈服极限，板料开始由弹性变形阶段转入塑性变形阶段。随着弯矩的不断增加，塑性变形由表向里扩展，最后使整个断面进入塑性状态。

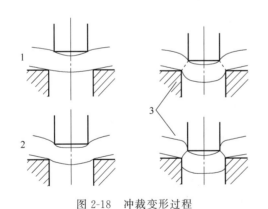

图 2-18　冲裁变形过程
1—弹性变形阶段　2—塑性变形阶段　3—断裂分离阶段

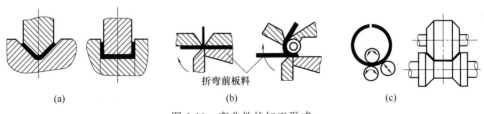

折弯前板料

(a)　　　　　　(b)　　　　　　(c)

图 2-19　弯曲件的加工形式
（a）模具弯曲　（b）折弯　（c）滚弯

3. 拉深工艺

将平板毛坯通过拉深模具制成开口筒形或其他断面形状的零件，或将开口空心毛坯减小直径扩大高度的加工工艺，这种工序称为拉深（或拉延）。用拉深工艺不但可以制成多种形状薄壁件，还可以与其他冲压工艺配合制成形状十分复杂的冲压件。在包装工业上，二片结构型金属罐结构件几乎都是拉深出来的，因此，它在金属冲压生产中占据着很重要的地位。

由于毛坯金属内部的相互作用，金属板料内各个小单元体内产生内应力，即在径向产生拉伸应力，而在切向产生压缩应力。在这两种应力的共同作用下，拉深件外部凸缘区的材料发生塑性变形而不断地拉入凹模内，成为圆筒形零件，坯料拉深过程如图 2-20 所示。

4. 焊接与粘接工艺

电阻焊应用范围很广泛，除在三片金属罐和钢桶等包装容器制造外，在汽车、飞机、电真空器件、仪表制造等工业部门中，电阻焊是重要的焊接工艺之一。

目前制罐业普遍采用的是电阻焊罐身焊接技术。电阻焊法主要包括点焊、缝焊（滚焊）等技术。粘结工艺应用于金属板料的连接成型则较晚，需要高粘结强度的黏合剂。目前，比较先进的已采用激光焊技术。

电阻焊是利用电流通过焊件时所产生的电阻热加热焊件的接合处，使其金属达到塑性状态或熔化状态时施加一定的压力，使焊件牢固地连接在一起的一种方法。

粘接工艺是利用合成胶黏剂把两种性质相同或不相同的材料牢固地粘合在一起的连接方法。

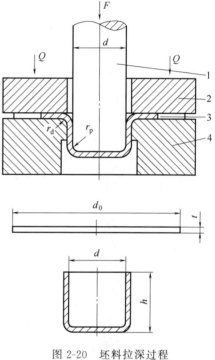

图 2-20　坯料拉深过程
1—凸模　2—压边圈　3—毛坯　4—凹模

早前使用的是天然胶黏剂，直到 20 世纪初，合成胶黏剂面世以后，胶黏剂和粘接技术就进入了新的发展阶段。

粘接工艺基本过程即预处理粘接材料的表面，再涂敷适当的胶黏剂，其扩散、流变、渗透后合拢粘接表面，在一定条件下固化。当胶黏剂的大分子与被粘物体表面分子充分接近时，就会彼此相互吸引，产生分子间作用力而结合。同时在渗入表面孔隙中的胶黏剂固化后形成的许多微小钩状结构与胶黏剂分子的共同作用下，完成相同或不同材料之间的粘接过程。

三、金属包装容器 CAE/CAM 概述

CAE 是指工程设计中的计算机辅助工程 CAE（Computer Aided Engineering），指用计算机辅助求解分析复杂工程和产品的结构力学性能，以及优化结构性能等。而 CAE 软件可作静态结构分析，动态分析，研究线性、非线性问题，分析结构（固体）、流体、电

磁等。

金属包装常用工程设计软件包括：Coreldraw、Adobe Illustrator、Photoshop、ArtiosCAD、ImpactCAD、Ansys、Solidworks、3DMAX、Pro E 等。CAM（computer Aided Manufacturing）是指在机械制造业中，利用电子数字计算机通过各种数值控制机床和设备，通过程序指令控制运作，只要改变程序指令就可改变加工过程，自动完成离散产品的加工、装配、检测和包装等制造过程，加工灵活性和柔性增加。

四、金属包装容器集成制造系统

1. 制造与制造系统的概念

国际生产工程学会定义"制造"为一个涉及制造业中产品设计、物料选择、生产计划、生产过程、质量保证、经营管理、市场销售和服务的一系列相关活动和工作的总称。

系统是指由相互作用和相互依赖的若干组成部分结合而成的具有特定功能的有机整体。"系统"强调的是各组成要素的有机结合，而不是功能的简单累加，主要要求呈现出综合性的整体功能。

国际上制造工程系统专家认为制造系统可以从不同角度去定义：

① 从结构方面定义，制造系统是制造过程所涉及的硬件（人员、设备、物流等）及其相关软件所组成的一个统一整体。

② 从功能方面定义，制造系统是一个将制造资源（原材料、能源、技术等）转变为成品或半成品的输入输出系统。

③ 从过程方面定义，制造系统可看成是制造生产的一个运行全过程，包括市场分析、产品设计、工艺规划、制造实施、检验出厂、产品销售、回收处理等各个环节的制造过程。

包装（产品）加工系统是一种制造系统，它由机械、装备、工件、人员及加工技术文件等组成。对于金属包装（产品）加工系统输入则是制造资源（金属、复合材料等原材料、毛坯或半成品、能源和劳力），经过（机械）加工过程制成产品或零组件输出，这个过程就是制造资源向产品（成品）或零件的转变过程。一个正在制造产品的包装生产线或装配线、工段、车间乃至整个工厂都可以看作是不同层次的金属包装制造系统。

2. 包装容器制造系统

从功能角度讲，金属容器的生产过程都由两大制造系统组成：结构成型制造系统和连接封严制造系统。

金属容器都需通过结构各部分组合起来形成的一定的容积来盛装被包装物品。根据用户要求及包装形态，通过成型制造系统的各个工序使金属容器达到规定的结构造型及形状，在使用和流通过程中保持不变。容器组装时，还需容器连接和封合制造系统来完成，金属容器制造系统及主要加工方法如表 2-2 所示。

3. 集成制造系统

计算机集成制造系统 CIMS（Contemporary Integrated Manufacturing System）是数字化、信息化、智能化、绿色化、集成优化的制造系统，它是信息时代的一种新型生产制造模式，通常由经营管理与决策子系统、工程分析与设计子系统、加工生产子系统及支撑平台子系统（如网络/数据库/集成框架）组成。

表 2-2　　　　　　　　　　　　　　金属容器制造系统及主要加工方法

系统　工序　类别	制造系统		注　释
	结构成形制造系统	连接封严制造系统	
金属容器	冲裁、弯曲、拉深、翻边、缩口、胀形、旋压、挤压、压印等	焊接(电阻焊、锡焊、激光焊)、粘接法、卷封法、盖封式等	容器连接系统中的焊接、卷封等都是一个制造系统

CIMS 的功能构成包括下列内容：

① 管理功能。能够对生产计划、材料采购、仓储和运输、资金和财务以及人力资源进行合理配置和有效协调。

② 设计功能。能够运用 CAD、CAE、CAPP（计算机辅助工艺编制）、NCP（数控程序编制）等技术手段实现产品设计、工艺设计等。制造功能 CIMS 能够按工艺要求，自动组织协调生产设备（CNC、FMC、FMS、FAL、机器人等）、储运设备和辅助设备（送料、排屑、清洗等设备）完成制造过程。

③ 质量控制功能。运用 CAQ（计算机辅助质量管理）来完成生产过程的质量管理和质量保证，它不仅在软件上形成质量管理体系，在硬件上还参与生产过程的测试与监控。

④ 集成控制与网络功能。采用多层计算机管理模式，例如工厂控制级、车间控制级、单元控制级、工作站控制级、设备控制级等，各级间分工明确、资源共享，并依赖网络实现信息传递。CIMS 还能够与客户建立网络沟通渠道，实现自动定货、服务反馈、外协合作等。

CIMS 所需解决的关键技术主要有信息集成、过程集成和企业集成等问题：

① 信息集成。针对设计、管理和加工制造的不同单元，实现信息正确、高效的共享和交换，是改善企业技术和管理水平必须首先解决的问题。信息集成的首要问题是建立企业的系统模型。利用企业的系统模型来科学的分析和综合企业的各部分的功能关系、信息关系和动态关系，解决企业的物质流、信息流、价值流、决策流之间的关系，这是企业信息集成的基础。其次，由于系统中包含了不同的操作系统、控制系统、数据库和应用软件，且各系统间可能使用不同的通信协议，因此信息集成还要处理好信息间的接口问题。

② 过程集成。企业为了提高 T（效率）、Q（质量）、C（成本）、S（服务）、E（环境）等目标，除了信息集成这一手段外，还必须处理好过程间的优化与协调。过程集成要求将产品开发、工艺设计、生产制造、供应销售中的各串行过程尽量转变为并行过程，如在产品设计时就考虑到下游工作中的可制造性、可装配性、可维护性等，并预见产品的质量、售后服务内容等。过程集成还包括快速反应和动态调整，即当某一过程出现未预见偏差，相关过程及时调整规划和方案。

③ 企业集成。充分利用全球的物质资源、信息资源、技术资源、制造资源、人才资源和用户资源，满足以人为核心的智能化和以用户为中心的产品柔性化是 CIMS 全球化目标，企业集成就是解决资源共享、资源优化、信息服务、虚拟制造、并行工程、网络平台等方面的关键技术。

目前金属包装容器制造业会采用的企业管理软件，如用友、智邦国际、金蝶、神州数码、浪潮、博科、新中大、金算盘、八百客、XTools 等各具特点，拥有丰富的企业应用软件产品线，覆盖了企业资源计划 ERP（Enterprise Resource Planning）、供应链管理

SCM（Supply Chain Management）、客户关系管理 CRM（Customer Relationship Management）、人力资源管理 HR（Human Resources）、企业资产管理 EAM（Enterprise Asset Management）、办公自动化 OA（Office Automation）等业务领域，可以为客户提供完整的企业应用软件产品和解决方案。产品模块由统一的技术平台研发，无论是一体化程度，还是集成性、稳定性、扩展性和灵活度等方面都非常高，可以为企业快速成长及多分支机构提供服务。

第三章　金属三片罐的设计与制造

第一节　三片罐概述

一、三片罐发展简史

三片罐（three-piece can）是指以金属薄板为材料，经压接、粘接或电阻焊接加工成型的罐型包装容器，由罐身、罐底和罐盖三个部分组合而成，罐身有接缝，罐身、罐底和罐盖通过卷封成型。十九世纪初因食品保存问题催生了三片罐的面世。食品罐的发展几乎伴随着人类食品文化的发展，并对文明世界的饮食习惯产生了巨大的影响。最初的三片罐容器是用锡料把全部接缝及盖上的出气孔密封起来。1904 年美国塞尼特制罐公司发明了"二重卷边"技术，人们采用锡焊侧缝加机械卷封方法把罐身与盖（底）封合起来，大大提高了制罐效率。我国的金属罐工业始创于 1906 年的上海，大都采用手工制罐。由于锡焊料含有大量重金属铅，对罐内装物卫生造成严重威胁，于是开发了侧缝粘合法和侧缝熔焊法。如今锡焊法已基本淘汰，而采用粘合法和熔焊法，三片罐中熔焊法应用最广。

三片金属罐除了在罐头行业普遍应用外，在其他行业，如非罐头食品、化工、日用品工业等行业也有广泛的用途。非罐头行业使用的金属罐，大多数都是以罐头三片罐为基本构型，或者在结构的某个部分加上适当的附件，或者对结构作适当的变形而衍生出的各种各样的容器，如饼干听、茶叶罐、喷雾罐等。这些罐的制作成型方法与普通三片罐的成型方法相似，其制造方法可借助普通三片罐的制造技术。

二、三片罐的种类

现代制罐技术条件下，可以制造出各种结构形式和罐型的三片式金属容器。根据容器的外形，有圆形罐（竖圆罐、平圆罐）和异形罐（方形罐、椭圆形罐、梯形罐、马形罐等）两大类；根据容器的密封状态，有气密式容器和非气密式容器两大类；根据罐壁接缝形式，有钩接式、粘接式、锡焊式和熔焊式等类型；根据容器的开启方式，有切开式、卷开式、拉开式和其他各种开启式等类型；按罐型分类有缩颈罐、竖圆罐；按结构分类有易开盖罐、封底盖罐；按内容物分有饮料罐、食品罐等等。在众多的金属容器中，有的容器尤其是罐头食品用容器的规格尺寸、结构形式都已经标准化了。

三、三片罐的特点

从结构上看，三片罐具有如下特点：由罐身、罐底和罐盖三个部分组合而成，罐身采用板材经压接、粘接或焊接而成，罐身多为柱体结构，为了提高罐身的结构强度，根据需要可以设计若干组加强筋。罐盖和底以卷封方式与罐身封合，为提高盖和底的必要强度，可冲制了膨胀圈和台阶面。普通罐头的底和盖完全相同，有的容器底和盖选择不同的结构或不同的规格，如根据包装的要求设计成易开结构等。有的容器从节约成本考虑选择较小的罐盖和底，为此罐身设计成缩口结构，使其与一定规格的罐盖相封合。缩口结构有双缩、三缩、四缩等，主要依罐盖的规格选定。

第二节　三片罐包装需求分析与选材

一、常用选材及特点

三片罐制造的主要材料有镀锡薄钢板（马口铁）、镀铬薄钢板、铝合金，辅助材料为内外补涂涂料、全喷涂料、辅助包装材料。

马口铁材料制成的罐通常称为"素铁罐"，以区别于涂料罐，其结构共有五层组成：①钢基层，厚度为 0.2～0.3mm，采用低碳沸腾钢，有 L 型（耐腐蚀性能好）、MR 型（适于一般罐头，我国现使用的均为此类）、MC（耐腐蚀性低）。②锡铁合金层（$FeSn_2$），厚度为钢基层的 0.05%，在钢基层两侧，耐腐蚀（热浸铁 $5g/m^2$，电渡铁 $1g/m^2$）。③锡层，厚度约为钢基层的 0.5%，具有闪耀光泽，是重要保护层。④氧化膜，在镀锡过程中锡自身氧化生成，含氧化锡和氧化亚锡等，具有防锈、防变色、防硫化斑等性能。⑤油膜，热浸镀锡薄板表面油膜为棉籽油或棕榈油，涂油量为 $0.02g/m^2$；电镀锡薄板油膜为癸二酸二辛酯，涂油量为 $0.002～0.005g/m^2$。油膜可增加镀锡板的耐腐蚀性能，在空罐制造时起润滑作用，并防止贮藏过程中表面变黄及表面腐蚀。

马口铁三片罐常用于饮料、干粉、化工产品、喷雾剂类产品的罐装容器。薄锡铁（LTS 铁）的镀锡厚度常用的为 $1.1g/m^2$，较多地应用于即食食品、宠物食品、果酱、婴儿食品和非酸性的蔬菜类、一般果汁类。镀铬薄钢板（简称镀铬板）简称 TFS，是表面镀有铬和铬的氧化物的低碳薄钢板。镀铬板耐腐蚀性较差，焊接困难，均需使用内外涂料，涂膜覆着力很好，宜于制造底盖和冲拔罐，多采用熔接法和粘合法接合罐身。用于腐蚀性较小的啤酒罐、饮料罐等。随着电阻焊和涂料、涂装工业的迅猛发展，在低碳钢冷轧原板（黑铁皮）上直接涂料、印刷用来制罐已得到广泛的应用。铝合金更多用于两片罐和整体罐。

二、包装内容物特性

三片罐多用于食品包装，针对不同罐容物，需选择不同罐内涂料，以保护镀锡板不受内容物的作用而发生腐蚀及脱锡变色等现象，保护食品不受罐头镀锡板的作用而影响其品质或营养价值。

1. 富含蛋白质内容物

水产、家禽和畜肉类罐头，在高温杀菌过程中，为防止蛋白质降解释放出游离的硫，造成硫化腐蚀，如硫化斑和硫化铁等，内涂需采用抗硫涂料，如在基料中加一些可以吸硫的物质（如氧化锌等），以防止硫化铁的生成。

2. 强酸性内容物

番茄酱和酸黄爪等罐头，为防止罐壁的酸腐蚀，造成罐头的穿孔、变质，以保证罐头具有一定的保存期，内涂需采用抗酸涂料。

3. 含花青素水果的内容物

如草莓、樱桃和杨梅等。锡具有还原作用，会使色素褪色，造成罐壁的花青素腐蚀，形成氢胀，因此需要在一般涂料基础上，增加涂料厚度或进行二次补涂，以提高其抗腐蚀性能。

4. 易粘内容物

如清蒸鱼类和午餐肉等罐头，食用时不易倒出，需采用含有防粘剂的涂料，以保持形态完整美观。

第三节　三片罐的结构设计

一、三片罐的结构要素

三片罐的基本结构可以分成罐底、罐身下缘、罐身、罐身上缘及罐盖五个部分，三片罐结构要素如图 3-1 所示。这五个组成部分是设计和选择三片罐构型的要素，罐底和罐盖的结构相似。

二、三片圆罐的规格

三片罐最常见的是圆罐，通用的三片式容器都采用国际标准。如罐头容器圆罐系列的规格尺寸就是采用国际通用的规格系列，其规格系列如表 3-1 所示。圆形罐习惯用内径、外高表示规格系列，如罐号"15267"，其内径为 153.4mm，外高尺寸为 267mm。

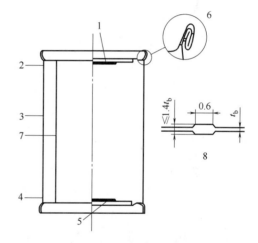

图 3-1　三片罐结构要素

1—罐盖　2—上缘部分　3—罐身　4—下缘部分
5—罐底　6—卷边　7—罐身焊缝　8—熔焊式焊缝

三、罐身设计

三片罐中，有圆罐和异形罐，圆罐是最常见的罐型。不管是圆形还是异形三片罐，它们的结构和图 3-1 所示大体相同。罐身的形状多为柱体，圆罐截面为圆形，异形罐截面为异形。罐身上通常设置下列一些结构。

1. 罐身接缝

罐身接缝是罐身成型后罐身板两端的接缝。目前的三片罐罐身接缝多为搭接电阻缝焊，也有少数企业生产的三片罐采用锁边接缝、钎焊接缝、对接焊缝或粘接接缝等（图3-2）。

2. 环筋

罐身强度不够时，将因内部负压或侧向撞击力使局部内陷或在轴向载荷下崩塌，使罐身结构轴向强度下降。因此在设计上可选用适当厚度的罐材，还可在侧壁设计加强筋（水平波纹）来提高罐的强度。但是过深及太多的加强筋（水平波纹），反而会使罐身轴向承载力下降。

表 3-1　　　　　　　　　　三片圆罐规格系列（GB/T 10785—1989）

罐号	规格/mm			计算体积/cm³	罐号	规格/mm			计算体积/cm³
	公称直径	内径	外高			公称直径	内径	外高	
15267	153	153.4	267	4823.72	871	83	83.3	71	354.24
15231	153	153.4	231	4213.83	860	83	83.3	60	294.29
15178	153	153.4	178	3197.33	854	83	83.3	54	261.59
15173	153	153.4	173	3086.41	846	83	83.3	46	217.99
1589	153	153.4	89	1533.98	7127	73	72.9	127	505.05
1561	153	153.4	61	1016.49	7116	73	72.9	116	459.13
10189	105	105.1	189	1587.62	7113	73	72.9	113	446.61
10124	105	105.1	124	1023.1	7106	73	72.9	106	417.39
10120	105	105.1	120	989.01	789	73	72.9	89	346.44
1068	105	105.1	68	537.88	783	73	72.9	83	321.39
9124	99	98.9	124	906.49	778	73	72.9	78	300.52
9121	99	98.9	121	883.45	763	73	72.9	63	237.91
9116	99	98.9	116	845.04	755	73	72.9	55	204.52
980	99	98.9	80	568.43	751	73	72.9	51	187.83
968	99	98.9	68	476.29	748	73	72.9	48	175.31
962	99	98.9	62	430.20	6101	65	65.3	101	314.81
953	99	98.9	53	361.00	672	65	65.3	72	221.04
946	99	98.9	46	307.29	668	65	65.3	68	207.64
8160	83	83.3	160	839.27	5133	52	52.3	133	272.83
8117	83	83.3	117	604.93	5104	52	52.3	104	210.53
8113	83	83.3	113	583.13	599	52	52.3	99	199.79
8101	83	83.3	101	517.73	589	52	52.3	89	178.31
889	83	83.3	89	419.63	539	52	52.3	39	70.89

　　当罐身直径和高度较大时，为防止罐身发生内凹和外凸，可在其圆周方向滚压环筋，以增强罐身的强度。首先在罐身的接缝处预压出凹窝（预压筋），以便在罐身上滚压环筋，图 3-3 所示为两种常见的环筋结构。

　　3. 翻边

　　罐身两端被翻出的部分即翻边，其结构如图 3-4 所示，尺寸见表 3-2 所示。罐身上下边缘向外适当翻边，以便和罐盖或罐底进行卷边密封。

　　4. 下料尺寸

　　以圆罐为例，罐身板的下料长度和宽度计算方法如下：

　　（1）罐身板长度

$$L = [\pi(D + t_b) + A] \pm 0.25 \qquad (3\text{-}1)$$

式中，L——罐身板计算长度，mm

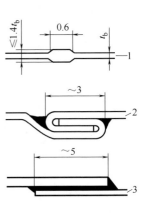

图 3-2　罐身接缝截面结构

1—熔焊式身缝　2—锡焊式身缝　3—粘接式身缝

D——圆罐内径，mm

t_b——薄钢板厚度，mm

A——焊缝搭边宽度，mm

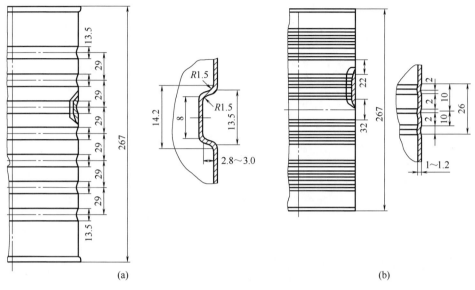

(a)   (b)

图 3-3　罐身环筋结构

（a）Y 型（铝罐）　（b）Z 型（钢罐）

表 3-2　　　　　三片罐罐身翻边结构尺寸

序号	名称	代号	结构尺寸
1	翻边宽度	b	（2.8～3.4）±0.20mm（按罐径大小取值）
2	翻遍圆弧半径	R	2.0～2.5mm
3	翻边角度	a	95°～97°30′（模具挤压翻边）；90°（滚压翻边）
4	罐身角度	β	4°
5	翻边后罐身高度		$H-3.0$（H 为罐身板宽度）

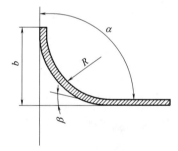

图 3-4　三片罐罐身翻边结构

（2）罐身板宽度

$$B = (h + \delta) \pm 0.05 \qquad (3\text{-}2)$$

式中　B——罐身板计算宽度，mm

　　　h——成品罐外高，mm

　　　δ——系数，一般取 $\delta = 3.5$。

圆罐设置环筋时，可适当增加罐身宽度，即式（3-2）中的系数 δ 取 4.5～5。

四、罐盖和罐底设计

多数情况下，三片罐的底和盖结构相似。为提高罐盖结构的强度，采取罐底和罐盖膨胀圈设计。在负压作用下使盖、底可沿膨胀圈拱起，而外观无明显的变化。适当的罐底或罐盖外形设计，可提高盖或底的结构强度，保护封口结构的完整性。如图 3-5 所示为三片罐罐盖常见结构形式。

为增加底盖的强度，保证罐头密封结构，以及罐头在杀菌过程中，不致因罐盖膨胀变形而破坏卷边结构，需要在罐盖上压出一定形式的膨胀圈纹，以保证罐盖具有足够的结构强度和弹性。罐盖的膨胀圈纹形式均采用凸筋外加环状斜坡构成，具体设计方法及要点见第七章金属罐盖的设计与制造，图 3-6 为罐盖（底）主要结构尺寸示意图，表 3-3 为金属罐盖的主要尺寸表。

图 3-5　三片罐罐盖常见结构形式

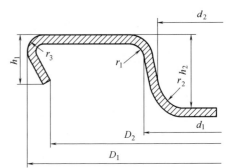

图 3-6　罐盖（底）主要结构尺寸示意图

d_1—肩胛底内径　d_2—肩胛顶外径

D_1—圆边后盖边外径　D_2—圆边后盖

边内径　h_2—埋头度　r_1，r_2，

r_3—盖边圆弧　h_1—盖边厚度

表 3-3　　　　　　　　　　　　**金属罐盖（底）的主要尺寸**

项目	尺寸/mm						
公称内径	52	65	73	83	99	105	153
空罐内径 d	52.3	65.3	72.9	83.3	98.9	105.1	153.4
肩胛底内径 $d_1 \pm 0.02$	51.99	65.05	72.57	83.10	98.75	104.88	153.04
肩胛顶外径 d_2	52.59	65.65	73.17	83.76	99.45	105.58	153.80
圆边后盖外径 $D_1 \pm 0.10$	61.39	74.95	82.57	93.30	108.95	115.08	163.64
圆边后盖内径 $D_2 \pm 0.10$	60.39	73.95	81.42	92.15	107.75	113.88	162.39
埋头度 $h_2 \pm 0.10$	2.90	2.90	2.95	2.95	2.95	3.05	3.15
盖边厚度 $h_1 \pm 0.10$	1.9	1.9	2.0	2.0	2.0	2.1	2.1
盖边圆弧 r_1、r_2、r_3	1.0	1.0	1.2	1.2	1.2	1.2	1.2

五、二重卷边结构

随着冷冲压工艺技术的成熟，金属罐身与罐盖的结合，出现了"二重卷边"结构，如图 3-7 所示。这种特殊结构的发明，是容器结构设计中一次创新和变革。从金属罐的结构可以看出，二重卷边是罐身和罐盖（底）的接缝结构，以 5 层咬合连接在一起的卷封形式，也是金属罐容器目前最主要的一种封口形式。其结构工艺过程是通过罐身和罐盖（底）两者各自连续翻边再相互紧压结合而成，其间会填充密封胶，形成高度密封的接缝结构。这种特殊卷封结构适应于制罐、装罐和封罐的高速度、自动化的大批量生产，同时保证了金属罐可靠的密封性，在一定程度上提高了容器的刚度、强度及运输流通中的可

靠性。

1. 二重卷边结构要素

二重卷边是容器罐身和罐盖（或底）相互卷合构成的密封接缝。它的结构由相互钩合的二层罐身材料和三层罐盖材料及嵌入它们之间的密封胶构成。二重卷边结构的纵向剖面如图 3-8 所示，二重卷边结构中的卷边厚度、卷边宽度、埋头度、身钩、盖钩、叠接长度及叠接率是构成二重卷边的要素。要使二重卷边有良好的密封性，必须有足够大的叠接率。

2. 二重卷边内部结构

二重卷边内部结构包括身钩、盖钩、叠接长度及盖钩空隙和身钩空隙。盖钩空隙和身钩空隙要求越小越好，但需有一定的间隙。

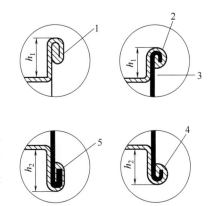

图 3-7 二重卷边的常见形式

1,5—密封胶 2—罐盖 3—罐身

4—罐底 h_1—罐顶深 h_2—罐底深

① 身钩（B_1）。罐身身钩长度是指罐身翻向卷边内部弯曲部分的长度，其值约为 1.8～2.2mm。身钩长度必须适中，过小将危及罐的密封性，过大则容易产生铁舌。

② 盖钩（B_2）。罐盖盖钩长度是指罐盖圆边翻向卷边内部弯曲部分的长度。其大小与头道辊轮曲线形状有关，其值应与身钩基本一致。

③ 叠接长度（E）。叠接长度指卷边内部盖钩和身钩相互叠接的长度，一般按下式计算：

$$E = B_1 + B_2 + 1.1t_c - W \qquad (3-3)$$

式中　E——叠接长度，mm

　　　B_1——身钩尺寸，mm

　　　B_2——盖钩尺寸，mm

　　　t_c——罐盖板材厚度，mm

　　　W——卷边宽度，mm。

叠接率是表示卷边内部盖钩和身钩互相叠接的程度，叠接率越高，卷边密封性

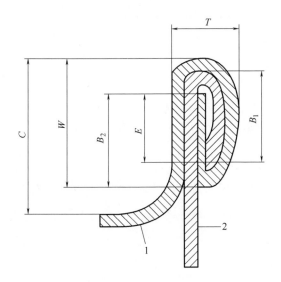

图 3-8 二重卷边的剖面结构

1—罐盖（底）2—罐身 T—卷边厚度

C—埋头度 W—卷边宽度 B_2—盖钩

长度 E—叠接长度 B_1—身钩长度

越好，以百分比表示，叠接率可按下式进行计算：

$$OL(\%) = \frac{E}{W - (2.6t_c + 1.1t_b)} \times 100\% \qquad (3-4)$$

式中，OL——叠接率，%

　　　E——叠接长度，mm

W——卷边宽度，mm

t_c——罐盖板材厚度，mm

t_b——罐身板材厚度，mm。

正常情况下，叠接率应达到 50％以上，提高叠接率应增大身钩、盖钩尺寸或减小卷边宽度。

3. 二重卷边外部结构

二重卷边外部结构包括卷边厚度、卷边宽度、埋头度及层间间隙。外部结构尺寸既要有足够的卷边宽度 W，合理的卷边厚度 T 值，同时还要考虑调试时，卷边宽度每增加 0.1mm，叠接率 OL 会减少 7％～8％这一因素。

（1）卷边厚度（T）

卷边厚度是指从卷边外部测得的垂直于卷边叠层的最大尺寸。该尺寸取决于两道卷边辊轮的压力、罐形与板材厚度的变化，可根据表 3-4 查取，也可用式 3-5 计算。

表 3-4   三片罐卷边厚度与板材厚度的关系

板材厚度/mm	0.20	0.23	0.25	0.28
卷边厚度/mm	1.15～1.30	1.30～1.50	1.40～1.60	1.55～1.70

$$T = 3t_c + 2t_b + \sum g \tag{3-5}$$

式中，t_c——罐盖材料厚度，mm

t_b——罐身材料厚度，mm

$\sum g$——层间间隙之和，$\sum g = g_1 + g_2 + g_3 + g_4$，其总和的标准值为 0.15～0.25mm。卷边厚度 T 受两道压辊卷封压力的影响，压力大 T 值小，压力小 T 值大。

（2）卷边宽度（W）

卷边宽度是指从卷边外部测得的平行于卷边叠层的最大尺寸。该尺寸取决于辊轮沟槽形状、卷边压力、身钩尺寸及板材厚度。卷边宽度按下式计算：

$$W = 2.5t_c + B_1 + L_c \tag{3-6}$$

式中，W——卷边宽度，mm

t_c——罐盖材料厚度，mm

B_1——身钩长度，mm

L_c——身钩空隙，mm。

卷边宽度大小还受压辊沟槽的形状、卷封压力、托盘顶推力等因素影响。

（3）埋头度（C） 埋头度指的是卷边顶部至盖平面的高度。一般由上压头凸缘的厚度和卷边宽度决定。

$$C = W + a \tag{3-7}$$

式中，W——卷边宽度，mm

a——修正系数，常取 0.15～0.3mm。

盖钩空隙和身钩空隙要求越小越好，但需有一定的间隙。表 3-5 为马口铁罐二重卷边的主要设计尺寸。

表 3-5		马口铁罐的二重卷边尺寸					/mm
罐径 马口铁编号 指标	50.5;59.5	72.8	83.1	91.0;99.0	153.1	223.0;215.0	
	20.22	22.25	22.25	25.28	28.32	32.36	
T	1.20~1.30	1.30~1.40	1.30~1.40	1.35~1.50	1.60~1.75	1.75~2.00	
W	2.80~3.00	3.00~3.10	3.00~3.15	3.10~3.20	3.30~3.50	3.30~3.60	
B_1	1.80~1.90	1.90~2.00	1.90~2.00	1.95~2.05	2.00~2.10	2.10~2.20	
B_2	1.90~2.00	2.00~2.10	2.00~2.10	2.01~2.15	2.10~2.20	2.20~2.30	

六、三片罐受力与结构分析

1. 容器受力状态

三片罐受力情况主要有罐内的正压或负压和外部机械作用力两大类。如食品罐头需要在食物装入罐内后，排空空气，密封杀菌，达到保质的目的。因此在常温下罐内显负压力状态，在热力杀菌处理时则显正压力状态。对于盛装含气饮料或喷雾产品的金属罐，则需要耐内部高压功能。当内压力超过罐端承受能力时，将发生永久的变形或翘曲，影响卷边封口的完整性而引起泄漏。除了轴向载荷和侧向的作用力外，还有因野蛮装卸而导致的外力，这种外力的作用也将使罐的结构产生严重的破坏。

如图 3-9 所示圆柱形三片金属罐的受力情况。

2. 容器强度及结构设计

在金属包装容器结构设计时，可采用强度校核法验证包装的承载能力。

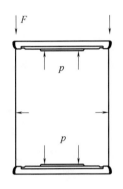

图 3-9　三片罐力学分析

P—罐内压力（常温下 P 为负压，高温灭菌时为正压）　F—外部作用力

如以圆柱体容器为例，在容器壁面内各点处，一般都呈三向应力状态，容器罐身横截面上：切向应力 σ_1，纵向应力 σ_2，厚度方向上应力 σ_3。但对薄壁容器而言，其厚度 t 远小于圆截面直径 D，所以 σ_3 与 σ_1 相比总是小得多。此时在工程计算上可设 $\sigma_3=0$。根据材料力学的力平衡方程，可求得 $\sigma_1=\dfrac{pD}{2t}$，$\sigma_2=\dfrac{pD}{4t}$，其中 p 为圆柱体形容器内压。

对于三片式金属容器而言，由于考虑到容器罐身存在焊缝，其焊缝处强度一般低于容器材料强度，因此，按第三强度理论进行强度验算（第三强度理论又称为最大剪应力理论，其表述是材料发生屈服是由最大切应力引起的），三片罐容器的强度条件应为：

$$\sigma_{r3}=\frac{pD}{2t}\leqslant\varphi[\sigma] \tag{3-8}$$

其中，φ 为焊缝系数（$\varphi\leqslant1$），具体数值可查阅有关设计手册。

若按第四强度理论进行强度验算，其强度条件为

$$\sigma_{r4}=\sqrt{\frac{1}{2}\left[(\sigma_1-\sigma_2)^2+(\sigma_2-\sigma_3)^2+(\sigma_3-\sigma_1)^2\right]}=\frac{\sqrt{3}\,xpD}{4t}\leqslant[\sigma] \tag{3-9}$$

同理，对于三片罐式金属容器，其强度条件为

$$\sigma_{r4} = \frac{\sqrt{3}}{4} \frac{pD}{l} \leqslant \varphi[\sigma] \tag{3-10}$$

其中，σ_{r4} 为按第四强度理论计算的当量应力。（第四强度理论又称为畸变能理论，其表述是材料发生屈服是畸变能密度引起的。）

若按上述第三强度理论的强度条件计算容器最小壁厚 t_{r3}，$t_{r3} = \frac{pD}{2[\sigma]}$，若按第四强度

理论的强度条件计算容器最小壁厚 t_{r4}，$t_{r4} = \frac{\sqrt{3} pD}{4[\sigma]}$，显然，$t_{r4} < t_{r3}$。

通过罐的强度校核，我们可以在进行结构设计时，在同样直径尺寸和压力大小条件下，设计罐身波纹或加强筋，或者罐盖底膨胀圈及台阶来增加容器强度。也可以通过增加或减少容器壁厚 t，达到节省材料、经济性更好的目的。

第四节　三片罐制造技术

一、用料计算及排样

1. 罐身用料计算

制罐所用的材料为镀锡板、镀铬板以及其他涂料铁板。所用的板材必须按一定的技术规范进行检验。通常罐头容器用板材，国家有关部门作了相关规定，也可参照杨邦英主编的《罐头工业手册》。罐身板尺寸计算也可按如下公式计算：

罐身板长度计算见公式 3-11

$$L = \pi(d + t_b) + 0.3 \tag{3-11}$$

式中，d——罐内径，mm

$\quad\;\; t_b$——罐身用板材厚度，mm。

罐身板长度的误差不得超过 ± 0.05mm。

罐身板宽度计算见公式 3-12

$$H = h + (3 \sim 3.5) \tag{3-12}$$

式中，H——罐身板宽度，mm

$\quad\;\; h$——罐的外高，mm

2. 排料原则

（1）排料要求　在切板前排料时，一般要求罐身板成圆方向和轧制的方向一致。如图 3-10 所示，板材在轧制时会产生一定的方向性，使板材的纵向和横向机械性能有一定的差异。成圆方向和轧制方向一致，可防止翻边裂口，使罐身筒在翻边时应力方向平行于机械性能高的轧制方向，保证罐身的翻边性能。

（2）排样设计原则　冲裁件在条料、带料或板料上的布置方法叫做排样。排样方案对材料利用率、冲裁件质量、生产率、生产成本和模具结构形式都有重要影响。

排样设计原则有以下几点：①保证冲裁件质量。②提高材料利用率。冲裁件生产批量大，生产效率高，材料费用一般会占总成本的 60% 以上，所以材料利用率是衡量排样经济性的一项重要指标。在不影响零件性能的前提下，应合理设计零件外形及排样方式，提

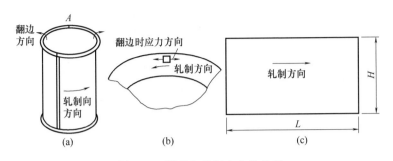

图 3-10　罐身与轧制方向的关系

(a) 罐身方向与轧制方向的关系　(b) A 处放大图　(c) 罐身板与轧制方向

高材料利用率。③改善操作性。冲裁件排样应使工人操作方便、安全、劳动强度低。一般说来，在冲裁生产时应尽量减少条料的翻动次数，在材料利用率相同或相近时，应选用条料宽度及进距小的排样方式。④使模具结构简单合理，使用寿命高。

3. 排版方法

三片罐罐材一般较薄，以卷料提供。开卷校平后，按设备能力要求，剪切成可印刷的尺寸。如图 3-11 所示为印刷版料 5×7 排版示意图，每个印刷板料上排布着若干罐身板（如 1，2，4，5，6 等）要注意废边料宽度要求下限为 1mm。边料过小易引起缠刀现象，而阻碍正常的生产。

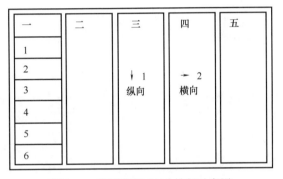

图 3-11　印刷版料 5×7 排版示意图

二、成型过程受力分析

1. 三片罐罐身板料弯曲变形过程

三片罐的罐身的成型其实就是金属板料的弯曲过程，主要由模具及其装备来完成的，板料的滚弯如图 3-12 所示。

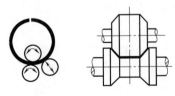

图 3-12　板料的滚弯

金属板料弯曲过程大致可以分为下述几个阶段：

（1）弹性弯曲阶段　弹性弯曲阶段，变形量很少，其应力仅产生于弯曲圆弧的切线方向。靠近内侧的板料，产生压缩变形，应力状态为单向受压。靠近外侧的应力状态为单向受拉，弯曲变形的断面变化如图 3-13 所示，其在自由弯曲时的应力应变状态如图 3-14 所示。

考虑到材料的连续性，在拉应力与压应力之间，必存在一个切向应力为零的应力层，称为应力中性层。与此相似的，在拉伸变形与压缩变形之间必存在一个长度不变的应变层，称为应变中性层（图 3-15）。

弯曲件应变中性层位置可通过公式 3-13 来确定，其中应变中性层位移系数可以通过

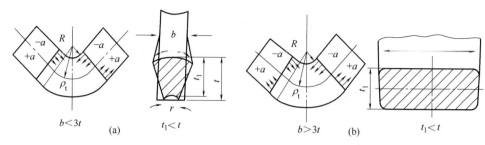

图 3-13　弯曲变形的断面变化

b—板料宽度　t—板料厚度

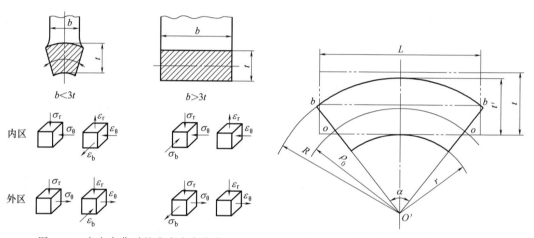

图 3-14　自由弯曲时的应力应变状态

图 3-15　板料的弯曲状态及中性层位置

机械加工手册查表或运用公式计算。

$$\rho = r + xt \qquad (3\text{-}13)$$

式中，ρ——弯曲件应变中性层半径，mm

$\quad\quad r$——弯曲件内弯曲半径，mm

$\quad\quad t$——材料厚度，mm

$\quad\quad x$——应变中性层位移系数，mm

（2）塑性弯曲阶段　随着外加弯矩的增加，板材的弯曲变形增大，其内、外表层金属先达到屈服极限，板料开始由弹性变形阶段转入塑性变形阶段。随着弯矩的不断增加，塑性变形由表向里扩展，最后使整个断面进入塑性状态。

塑性弯曲的渐变过程可分为三类：①弹塑性弯曲；②线性纯塑性弯曲；③立体纯塑性弯曲。这类弯曲的材料变形最大，不仅外侧部分的板料存在纵向拉应力和内侧部分存在纵向压应力，而且板料厚度方向产生压应力。

2. 板料塑性弯曲的变形特点

（1）中性层的内移　应力中性层是板料截面上的应力由外层的拉应力过渡到内层的压应力，其间金属的切向应力为零的金属层。

变形程度较小时，应力中性层和应变中性层相重合，均位于板料截面中心的轨迹上。

变形程度比较大时，由于径向压应力的作用，应力中性层和应变中性层都从板厚的中央向内侧移动，应力中性层的位移量大于应变中性层的位移量。

（2）变形区板料的厚度变薄和长度增加 弯曲变形过程中，变形区切向受拉的外区（拉区）使板料减薄，切向受压的内区（压区）使板料增厚。由于中性层向内移动，拉区扩大，压区减小，板料的减薄将大于板料的增厚，整个板料便出现变薄现象。变形程度越大，变薄现象越严重。弯曲所用坯料一般属于宽板，板料宽度方向变形困难，因而变形区厚度的减薄将导致板料长度的增加。变形程度越大，长度增加量越大。但因为材料本身性能的限制，其弯曲是有极限的，也就是具有最小的弯曲半径。

3. 板料最小弯曲半径和回弹现象

（1）最小弯曲半径的定义 弯曲件的弯曲半径常指其内层表面（受压侧面）弯曲后的曲率半径。在弯曲过程中，材料外层纤维受拉应力，当材料的厚度一定时，弯曲半径 r 越小，则拉应力越大。当弯曲半径 r 小到一定限值时，材料外层纤维应力过大，而使弯曲件的外层出现裂纹及破裂。通常把不致使材料弯曲后发生破坏与折断时减小弯曲半径的极限值，称为此材料的最小弯曲半径。常用最小相对弯曲半径 r_{min}/t 来表示。

影响材料最小弯曲半径的因素较多，其中主要有：①材料的机械性能；②弯曲方向；③板料边缘状态；④弯曲中心角（图 3-16）。

（2）弯曲回弹现象 弯曲变形结束后不受外力作用时，总是伴有弹性变形，使弯曲件的弯曲中心角与弯曲半径变得

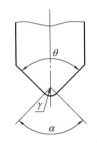

弯曲角 θ 与弯曲中心角度 α

图 3-16 弯曲角和弯曲中心角

同模具的尺寸不一致，这种现象称为回弹，如图 3-17 所示。回弹后的中心角变小，曲率半径增大，其回弹时的尺寸变化如图 3-18 所示。其半径的增量和角度的增量按式（3-14）、式（3-15）计算。

半径的增量为： $$\Delta r = r_0 - r \qquad (3\text{-}14)$$

角度的增量为： $$\Delta \alpha = \alpha_0 - \alpha \qquad (3\text{-}15)$$

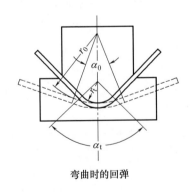

弯曲时的回弹

图 3-17 板料弯曲时的回弹

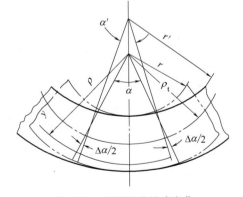

图 3-18 回弹时的尺寸变化

（3）影响回弹的各种因素

① 材料的机械性能。材料的屈服强度 α_b 越大，说明材料在一定变形程度的断面内的应力也越大，因而引起更大的弹性变形，若弹性模量 E 越大，则材料抵抗弹性弯曲的能

力越大，因而回弹越小。

钢材拉伸时发生应力应变，其力学性能对回弹值的影响曲线如图 3-19 所示，当拉伸到 p 点后去除载荷，产生 $\Delta\varepsilon_1$ 的回弹。

② 弯曲变形程度。相对弯曲半径对回弹的影响如图 3-20 所示。ε_p 为总的变形量，当变形程度增大到 ε_Q 时，随着变形量的增加，弹性变形在总的变形量中占比减少。相对弯曲半径 r/t 越大。板材中性层两侧的纯弹性变形区以及塑料性变形区中弹性变形的比例增大，回弹就越大。

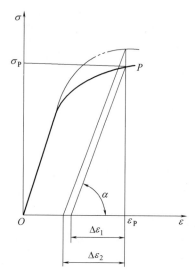

图 3-19　力学性能对回弹值的影响

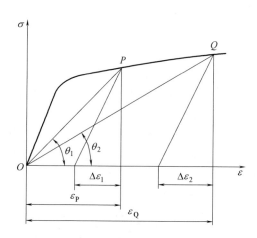

图 3-20　相对弯曲半径对回弹的影响

③ 弯曲中心角。弯曲中心角 α 越大，则变形区段范围就越大，说明回弹量的累积就大，因而回弹越大。

④ 弯曲方式。在有底凹模内弯曲时，由于凹模底部外形对于板料的限制作用，弯曲后可使产生了一定弯曲的直边部分重新压平并与凸模完全贴合，因而可以明显地减小回弹。

⑤ 工件形状。U 形件的弯曲回弹由于两个侧边受限制而小于 V 形件。形状复杂的弯曲零件在一次弯曲加工而成时，往往由于各部分之间相互制约而不易回弹。

⑥ 模具结构。模具的几何结构参数，例如凸、凹模之间的间隙，凹模圆角半径，凹模宽度和深度等，都对板料的实际弯曲变形具有不同程度的影响。

（4）减少回弹的措施　塑性变形总是伴随有弹性变形的，所以，要完全消除弯曲件的回弹是极其困难的。但在生产实际中，可以采取下列措施来减小或补偿由于回弹所产生的误差。

① 工件结构的设计。在弯曲工件的弯曲区，可预先设计加强筋，以增加弯曲区的强度，提高塑性变形程度，促使回弹减小。

② 工件材料的选择。根据前述影响回弹因素的分析可知，为减小回弹，应采用弹性模数大、屈服极限小和机械性能比较稳定的材料。

③ 模具结构的设计。可通过补偿回弹角、减少模间间隙、改变回弹角等方式。

三、三片罐成型工艺

三片罐即罐身一片，盖和底各一片。三片罐罐身的制造工艺流程为：板料印涂→板材剪切（纵切，横切）→坯料送进→弯曲（软化）→成圆→搭接定位→焊接→接缝补涂→烘干→翻边→封底。关于板料的印涂工艺，统一在第十章给予介绍，本节重点介绍三片罐成型主要工艺。

在上述基本流程中，还可以根据制罐的需要在相应的工序前后增加某些工序。如需要时可在翻边工序前增加滚盘操作，以加强罐身的强度。还可在翻边工序前加上缩颈操作，以使罐身能与直径较小的罐盖或罐底相配合。

上述制罐工序，从坯料送进到接缝补涂可在一台全自动缝焊机上完成。

（1）开卷校平工艺 开卷下料机组一般包括送料小车、开卷机、校平机、剪板机、堆垛机等，需要几台设备同步工作，控制系统比较复杂。原材料一般是卷料，钢卷每层钢板都有不同的曲率，所以加工前需要校平，然后再剪成块料。校平机安装在送料装置的后面，校平机的辊数一般是七至九根，通常是上面的辊数小于下面的辊数，每层钢板都有不同的曲率，当钢板要求十分平整时，可增加辊数。

（2）剪切工艺 剪切的目的是将印涂有多个罐生料图案的完整板料，按规定的尺寸要求分切成独立的单个罐身料，以满足电焊工艺工序生产的需要。

为提高板料的剪切精度要求普遍采用圆盘剪切技术。圆盘式剪板机原理示意图如图3-21所示。圆刀剪板机是以上下两个圆盘的边缘，作为刀刃，当上下平行的转轴带动轴上若干对圆刀反向旋转时，将通过其间的薄板剪成料条。板料剪切有限元分析的初始网格图如图3-22所示。假设冲裁间隙取材料厚度的7.5%，剪切初始阶段，由于上、下刀模对坯料的施压以及刃口间隙的存在，会形成一个转矩，因此坯料的外缘会向上翘起。随着上模的向下运动，板料进入塑性变形阶段，在受力最大的上下模角部金属产生塌陷变形，并保持到剪切结束，最终形成所谓"塌角"其中模具的尖角部位应力、应变都较大，损伤程度也比较大，而上模的角部更大一些，剪切裂纹最先在此产生。随着上模的进一步下压，损伤加剧，当损伤变量均接近极限时材料完全断裂，塑性应变在整个过程中是不断积累、增大的。剪切结束网格如图3-23所示。

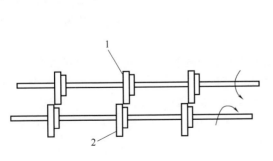

图 3-21 圆盘式剪板机原理示意图
1—上轮刀 2—下轮刀

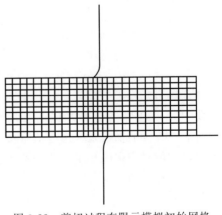

图 3-22 剪切过程有限元模拟初始网格

（3）弯曲成圆

弯曲成圆是在一组辊子中进行的，坯料由传送辊送入，坯料经过辊间时，受到均匀弯曲力的作用而弯曲成圆。这种成圆方法弯曲应力相同，不会产生棱边等成圆缺陷。

成圆后的圆筒由推进装置推进到 Z 字形定位导轨。通过导轨定位（见图 3-24），在导轨出口处罐体两边按指定的搭接量重叠。然后继续推进到电焊滚轮的上下两个电极间焊接成型。Z 形导轨除了控制罐体搭接量外，同时也保证焊接滚轮中心和焊缝中心对齐，使焊缝位置准确。

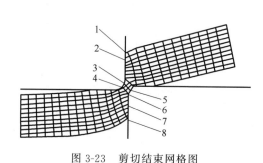

图 3-23　剪切结束网格图

1、8—塌角　2、7—光亮带　3、6—剪裂带　4、5—毛刺

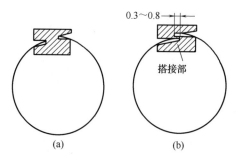

0.3～0.8

搭接部

图 3-24　Z 形杆引导罐体形成搭接示意图

（a）Z 形杆入口截面　（b）Z 形杆出口截面

（4）焊接工艺　焊接是电阻焊罐生产的重要工序。焊接工艺的加工技术很多，在三片金属罐和钢桶等包装容器制造中，也是主要应用的电阻焊，其包括点焊和缝焊（滚焊）等，比较先进的是激光焊技术。

① 电阻焊接的基本原理。电阻焊接方法的原理是利用焊接回路上存在的电阻，流过电流时产生的热效应，加热焊件的接合处，使其金属达到塑性状态或熔化状态，再施加一定的压力，使焊件牢固地连接在一起。

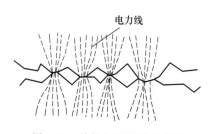

电力线

图 3-25　接触电阻形成示意图

当电流通过两焊件非平接触面时，只能在若干点接触，这样电流通过接触面而收缩，集中于这些点通过，接触电阻形成示意图如图 3-25 所示。同时接触面上存在的氧化膜、油膜、脏物、焊件表面吸附的气体，都会引起接触电阻。

当两焊件通过一定电流时，接触面上首先被加热到较高温度，因而较早达到焊接温度，所以电阻焊是通过焊件间接触面上产生的电阻热作为主要热源的。

如点焊将二块板料焊接在一起，要加热两电极之间的焊件，必须有电流流过电极，同时需要一定的压力，点焊原理示意图如图 3-26 所示。电焊时，对焊件的加热是利用电流直接通过焊件内部及焊件间接触电阻产生的热量来实现。根据焦耳定律，电极间的发热量由功率 W 转换，见公式 3-16 所示。

$$W = I^2 Rt \qquad (3\text{-}16)$$

$$Q = 0.24 I^2 Rt$$

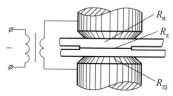

R_n

R_z

R_{zj}

图 3-26　点焊原理示意图（换）

式中，W——功率，W

　　　　Q——热量，J

　　　　I——电流，A

　　　　R——电阻，Ω

　　　　t——时间，s

　　② 焊点的形成。焊点的形成有三个阶段：ⓐ预压阶段。为避免接触电阻过大而使焊件烧穿或将电极工作表面烧坏，因此，一定要在焊件受到预压作用后方可通电。ⓑ焊接通电加热阶段。预压阶段结束后，开始通电加热，在压力的作用下该处金属发生塑性变形，晶粒破碎，在高温下破碎的晶粒强烈地进行再结晶，即完成塑性状态下的焊接。随着温度升高，塑性状态区域向四周扩展，中心部分开始出现熔化区，由于熔化区域被环状的塑性焊接区域（即所谓塑性环）所包围（图3-27），因此熔化的金属不至于在压力作用下被挤出而造成飞溅，以后熔化区和塑性环均应不断扩大，但塑性环始终包围着熔化区，使加热过程正常进行。ⓒ锻压（维持）阶段。当切断焊接电流后，电极继续对焊点进行挤压的工序称为锻压。焊核周围冷却条件好，故首先凝固，在断电后继续施加压力，可以克服凝固阻力，防止缩孔、裂纹的产生，形成机械性能高的焊点。

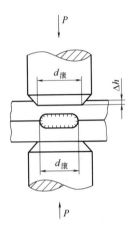

图3-27　焊点剖面

Δh—压坑深度

　　③ 电阻焊的分类

　　制罐生产的电阻焊接有点焊和缝焊两种，点焊多用于罐附件的焊接，缝焊用于罐身纵缝的焊接。

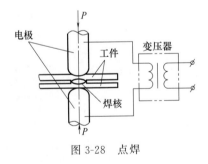

图3-28　点焊

　　ⓐ 点焊的接头形式是搭接。点焊时，将焊件压紧在两圆柱形电极间，并通以很大的电流，利用两焊件接触电阻较大，产生大量的热量，迅速将焊件接触处加热到熔化状态，形成液态熔池（焊核），当液态金属达到一定数量后断电，在压力的作用下，冷却凝固形成焊点（图3-28）。

　　ⓑ 点焊的电极。电极的作用是向焊接区传导电流、传递压力以及导散焊件表面的热量。电极的质量直接影响焊接过程、生产率和焊接质量。所以要求电极有高的导电性和导热性，在焊接过程中发热量要小；必须具有很高的硬度，特别是高温下仍然要保持较高的硬度；同时不应与焊件形成合金，在焊接过程中不应氧化。点焊时，常用的电极材料有紫铜电极、镉青铜电极和铬青铜电极。

　　ⓒ 点焊的接头形式。点焊时工件采用的接头形式（图3-29）分为单剪搭接、双剪搭接、带垫片对接等几种，其中单剪搭接接头应用最

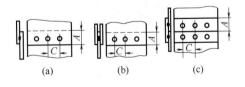

图3-29　点焊接头形式

（a）单剪搭接接头　（b）双剪搭接接头　（c）带垫片对接接头

广。在需要时可以在单排接头基础上增为双排接头。

ⓓ 焊件的焊前清理。焊前必须清除焊件表面的油脂、脏物及氧化膜。这类杂质的存在，使接触电阻显著增加，破坏了电流和热量的正常分布，在电流密度特别大的地方，发生金属局部熔化、飞溅和表面过热或烧穿焊件。

ⓔ 点焊工艺参数的选择。点焊时，主要的工艺参数有焊接电流、通电时间、电极接触面积和电极压力等。其工艺参数的选择主要用实验法，即试焊、检验，最后确定焊接规范。常用的低碳钢点焊工艺参数见表 3-6。

表 3-6 　　　　　　　　　　　　　　　低碳钢点焊工艺参数

焊件厚度/mm	焊接电流/A	通电时间/s	电极压力/N	电极工作表面直径/mm
0.3	3000～4000	0.06～0.20	300～400	3.0
0.5	3500～5000	0.08～0.30	400～500	4.0
0.8	5000～6000	0.10～0.30	500～600	5.0
1.0	6000～8000	0.20～0.50	800～900	5.0
1.5	7000～9000	0.30～0.70	1400～1600	6.0
2.0	8000～10000	0.40～0.80	2500～2800	8.0
3.0	12000～16000	0.80～1.50	5000～5500	10

缝焊与点焊相似，它以旋转的滚盘电极代替点焊的圆柱形电极，焊件在旋转滚盘的带动下前进，如图 3-30 所示。所以缝焊又称滚焊。当电流断续（或连续）地通过焊件时，形成一个个彼此重叠的焊点，即成为一条连续的焊缝，如图 3-31 所示。缝焊的主要接头形式如图 3-32 所示。

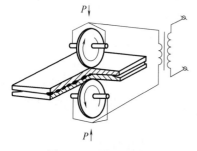

图 3-30　缝焊示意图

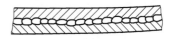

图 3-31　缝焊剖面

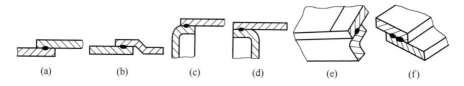

(a)　　　　　(b)　　　　　(c)　　　　　(d)　　　　　(e)　　　　　(f)

图 3-32　缝焊的接头形式

（a）无凸肩搭接　（b）有凸肩搭接　（c）内弯边搭接　（d）外弯边搭接

（e）纵横焊缝交叉处带斜面的焊接　（f）双层焊缝接头

缝焊主要用于密封性好的薄壁容器，如包装容器和汽车油箱等。由于缝焊焊点重叠，故分流很大，因此焊件厚度一船不超过 2mm。

⑥ 缝焊的形式。缝焊时，根据滚盘转动和通电形式不同，可分为连续缝焊、断续缝焊和步进缝焊三种：

连续缝焊。滚盘连续转动，焊件在滚盘带动下连续前进，焊接电流连续通过。由于滚盘连续通过很大的电流，故容易发热和磨损，焊件也易过热而造成较大的压坑。

断续缝焊。滚盘连续转动，焊件连续移动，而焊接电流断续通过。由于滚盘和焊件有冷却的机会，所以滚盘磨损小，焊件不易过热，使用最广泛，但容易产生气孔缺陷。

步进缝焊。滚盘断续转动，焊件也相应断续移动，焊接电流在滚盘停止转动时通过。此时焊核结晶在滚盘压力下进行，因此焊缝强度较高，但机械装置较复杂。

⑧ 缝焊焊接工艺参数的选择。缝焊的焊接工艺参数主要有焊点间距、滚盘压力、滚盘尺寸和工作表面形状、焊接周期、焊接速度和焊接电流等。

包装用三片罐和钢桶等生产一般选用的是缝焊方法。焊接时，成圆的罐身板两侧平行地搭接于两电极之间，通电并施加机械压力，靠着两电极间被焊金属的电阻生热，使被焊金属接近熔化状态（温度略低于熔点）。这时在电极压力的作用下，把被焊金属板牢固地联结在一起。在焊接过程中两片金属的接触面上产生的热量最大，焊点的焊核就是在这个接触面上生成的，并逐渐扩大最后形成整个焊点。焊点形成后焊接区的电阻构成发生了变化，原来的接触电阻变为内部电阻，焊点区的电阻小于周围未焊区的电阻，因此后续流过的电流将大部分从焊点通过，而不经过或小部分流过其周围区域。若再继续通电，将不能再形成良好的焊点，而已形成的焊点可能被烧毁。所以在焊接时，要采用间歇电源，如交流电，在焊接罐身时，滚轮电极以一定速度持续旋转，使已形成的焊点离开滚轮电极间的焊接区，同时又把未焊接金属带入焊接区，用恒流电源焊接仍能产生上述问题，所以采用间歇电源是必要的，在间歇电源下形成许多相邻的焊点而联成焊缝，如图 3-33 所示。

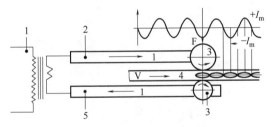

图 3-33　焊接原理示意图
1—变压器　2—导电杆及上臂
3—焊接滚轮　4—工件　5—下臂

焊点间距为：

$$P = \frac{v_s}{2f} \tag{3-17}$$

式中，P——焊点间距，mm

v_s——焊接速度，mm/s

f——焊接频率，Hz

在通常的生产过程中，金属罐在不同的应用场合下，对焊点间距有不同的要求，例如：用于加压气雾罐，焊点间距一般控制在 0.8～1mm。用于饮料和食品罐，焊点间距一般控制在 1～1.2mm。用于气密性要求较低的容器，例如一些种类的干粉或茶叶罐等焊点间距控制，可控制在 1.2mm 以上。

从电流热效应可知，当 R 和 I 一定时，焊点的质量与 t 有关，同时由于缝焊过程焊点是运动的，所以焊点的质量还与焊点运动速度 V 有关，为了获得理想的焊点，必须使 t

和 V 相配合。大多数缝焊机采用交流电源，利用交流电换向时自然断电，所以每次通电时间 $t=0.5f$，f 为交流电频率（Hz），电流的正负半周各形成一个焊点。表 3-7 为低碳钢密封缝焊工艺参数。

表 3-7　　　　　　　　　　低碳钢密封缝焊工艺参数

焊件厚度 /mm	焊接电流 /A	通电时间 /s	每分钟通电次数	电极压力 /N	滚轮工作表面宽度/mm	焊接速度 /(m/min)
0.5	6000～10000	0.04	500～1000	800～2000	4	1.0～2.0
0.8	8000～14000	0.06	375～750	1000～3000	5	1.0～1.5
1.0	10000～14000	0.06	375～550	1200～4000	6	1.0～1.3
1.2	12000～16000	0.08	250～400	1500～4500	7	0.8～1.0
1.5	14000～18000	0.10	250～350	2000～5500	8	0.6～0.8
2.0	16000～20000	0.12	125～200	2500～7000	10	0.5～0.6

罐身材料对焊接过程的也有一定的影响，其因素包括材料的基本特性（一次冷轧、二次冷轧）、板材调质度、表面的钝化情况、镀锡量等，但影响最大的是镀锡量。在焊轮压力为一定数值时，板料的镀锡量越少其表面接触电阻越大，从而使焊接越困难。焊缝破坏了原来的表面镀锡层，使得焊缝两面都存在着暴露的铁、锡等，为了防止罐装内容物受到污染或焊缝受到腐蚀，焊缝处应加涂保护层，这就是补涂工序的作用。补涂有喷涂和滚涂两种，涂后即由烘干机烘干。补涂用的快干涂料在 10s 内即可干燥固化。

如图 3-34 所示为全自动缝焊机结构图，其由取料成型系统送料系统、观形模具焊接系统、铜丝系统、冷却系统、气动系统、润滑系统、控制系统等组成。

（5）焊缝补涂工艺　随着电阻焊技术的进步，焊缝搭接量减少到 0.4 ～ 0.6mm，为提高焊缝质量，焊缝补涂工艺必不可少。主要包括两个过程：焊缝补涂工艺、补涂层烘烤固化工艺。

在补涂工艺中，按涂料划分可分为液体和粉末涂料补涂工艺，涂层厚度和效果也不同，有液体涂料的补涂层［图 3-35（a）］，涂层较薄，特别是焊接区域；热固

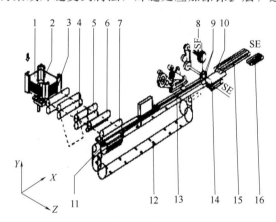

图 3-34　全自动中速缝焊机结构示意图
1—料斗　2—进料　3—传感器　4—打出器　5—划线　6—柔铁装置　7—成圆装置　8—铜线驱动装置　9—焊轮　10—罐体　11—成圆镆　12—链条　13—三爪　14—皮带　15—皮带　16—支架

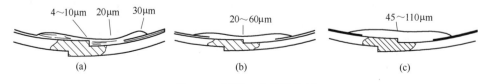

图 3-35　不同工艺的补涂层
（a）液体涂料的补涂层　（b）热固型粉末涂料的补涂层　（c）热塑型粉末涂料的补涂层

型粉末涂料的补涂层［图 3-35（b）］，涂层较厚；热塑型粉末涂料的补涂层［图 3-35（c）］，涂层也较厚。

（6）翻边工艺　翻边工艺是为罐身与罐盖封合作准备的，翻边部分在封合时形成卷边的身钩。

翻边工序普遍使用的是旋压翻边形式，每个翻边模具有数个小旋压滚轮组成，当罐体进到工位时，上模上升，将罐体推进上模。上、下模与旋压滚轮都旋转且方向相反，将罐体两端拧出一个翻边，同时翻边模所带的止推衬套控制翻边正确成型，翻边过程完成后下模缩回，其原理图如图 3-36 所示。圆罐翻边的规格、形状如图 3-37 所示。

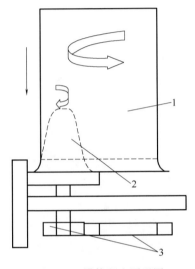

图 3-36　罐体翻边原理图
1—罐体　2—圆销滚轮　3—传动齿轮

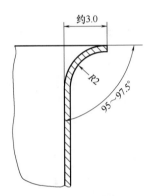

图 3-37　翻边形状及规格

（7）卷封工艺　封底的目的是形成空罐容器。封底过程借助二重卷封技术使罐身筒体与罐底盖封合。

① 卷封工艺步骤。两重卷封通常是由两个步骤完成的。第一步将罐身的翻边部分压到罐盖的卷曲部分形成互锁的结构，第二步将第一步操作形成的互锁结构，押紧完成卷封。两层卷封的两步操作是通过两个滚轮来完成的。

头道压辊相对罐体作径向移动，压辊沟槽迫使罐盖圆边向沟槽曲线法向卷曲。此过程中，罐盖边缘与罐身翻边一起向下弯曲。罐盖边缘再沿着罐身边钩末端向内侧往上折叠，直至卷边初步定型后，头道压辊退出卷封位置；接着二道压辊开始靠近卷封位置与初步定型的卷边接触，并向罐体作径向移动推压卷边，使整个接缝均匀压紧，完成卷封作业。二重卷边形成过程如图 3-38 所示。

② 封罐机主要部件。罐身与罐盖（底）的卷封需使用专用的封罐机来完成。封罐机的主要部件有压头、托底盘和两道压辊，其基本结构和工作原理如图 3-39 所示。

封罐机主要部件的作用：

ⓐ 压辊。压辊分头道压辊和二道压辊，两者的作用完全取决于各自的沟槽形状。头道压辊主要引导罐盖圆边逐步卷曲并与罐盖翻边钩合；二道压辊可把初步成型的卷边压

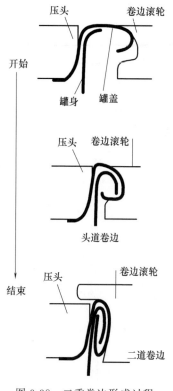

图 3-38 二重卷边形成过程

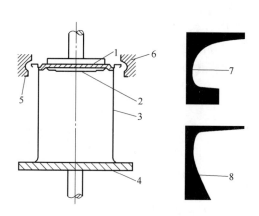

图 3-39 封罐机的压辊机构示意
1—压头 2—罐盖 3—罐身 4—托
底盘 5—头道压辊 6—二道压辊
7—头道压辊沟槽曲线 8—二
道压辊沟槽曲线

紧，成为卷边的最终形状。

ⓑ 压头。压头的作用是用于固定罐身与罐盖的位置，使罐体在卷封时稳住不滑动。压头的大小应根据罐径选择，其厚度必须和罐盖的埋头度相适应。

ⓒ 托底盘。亦称升降板，工作时将罐体和罐盖一同托起，与压头一起使罐身与罐盖相配合，并对它们施加压力，以免卷封时滑动、移位。

因封罐机构的不同，卷封作业有两种情况：一是罐体旋转，卷边压辊自转并向罐体中心轴作径向移动完成卷边操作；二是罐体固定不动，卷边压辊绕罐体旋转并自转，同时向罐体中心轴线作径向移动，完成卷封作业。异形罐因压头中心至罐边距离不固定，故卷封时是采用第二种方法。

③ 封罐机的结构和工作过程。根据金属罐的种类及封罐要求，不同封罐机有多种类型，一般可分为手动封罐机，半自动封罐机和自动封罐机。自动封罐机可以是单工位的，也可以是多工位的。罐体由传送带送到封口位置，由带有均匀分布的凸片或进给链叉的传输链，将罐等距安置在传送带上，传送带与封口装置联动。常见的自动封罐机结构如图3-40所示。

四、其他罐身加工工艺

1. 激光焊

激光焊在一定条件下具有不少优点，所以，在金属罐制造中开始使用激光焊。激光焊制罐与电阻焊制罐在制造工艺上主要区别在于焊缝的形成方法不同，电阻焊是搭接点焊及滚焊，而激光焊是对接连续熔焊。除罐身纵缝对接输送机构以外，其余的加工顺序两者过程基本一样。激光焊的工艺流程的基本工序如下：板料分送—双片检测—弯曲—成圆—对接激光焊—焊缝补涂—烘干。

金属板料由吸料、推料机构逐张输送进入成圆机构，通过挠曲辊轧机构并去除内应力形成圆筒形罐身，再由对接输送机构在罐身传送过程中实现罐身的定径和接缝的对接，罐身纵缝在通过激光束焦点时，被高能量聚焦激光束照射熔化而完成其接缝的焊接。

（1）焊接原理及特点　激光是利用原子受辐射后，使物质受激而产生一种单色性高、方向性强、亮度高的光束，经聚焦集中可以获得极高的能量密度。这种以聚焦的激光束作为能源轰击焊件所产生的热量进行焊接的方法，称为激光焊。利用激光能使被焊金属发生熔化、蒸发、熔合、结晶、凝固而形成焊缝。通常使用两种焊接方法：连续功率激光焊和脉冲功率激光焊。

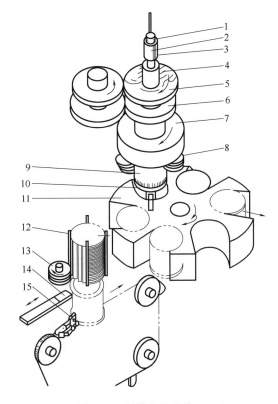

图 3-40　封罐机的结构

1—压盖杆　2—套筒　3—弹簧　4—支座　5、6—齿轮
7—封盘　8—卷封滚轮　9—罐体　10—托罐盘
11—带槽转盘　12—罐盖存槽　13—分
盖器　14—推盖板　15—推头

激光焊具有以下主要特点：

① 非接触焊接。是将高能量密度的激光束直接轰射到焊件接缝上进行焊接，在焊接过程中具有净化效益。

② 机械性能好。焊缝是由基体材料直接熔化凝固而形成的连续焊缝，其机械力学性能更接近于基体材料，单位长度焊缝好。

③ 高能焊。高能量密度的激光束可以聚成很小的焦点，而且焊缝接头可采取对接结构形式，因而焊缝平直、窄细、外观好且强度高；

④ 耗料、耗能少、成本低。激光焊接成本相比电阻焊可降低一半左右，一般来说，焊速越高，焊接成本越低。

激光焊的焊接材料范围、种类都比电阻焊广泛，它既能焊一般金属也能焊合金材料，既能焊金属也能焊非金属，焊接尺寸范围也更大，可焊 0.1～50mm 厚的材料。

（2）激光焊焊接工艺　在焊接金属容器方面，目前都使用连续激光焊的方法。连续激光焊的焊接设备上装备的一般都是 CO_2 激光器，因为它输出的功率高，效率更高，且输出能量很稳定，可以进行薄板精密焊，因此可应用于薄壁金属包装容器的制造。

连续激光焊工艺技术主要有下列几方面：

① 焊缝接头形式。常用的 CO_2 激光焊接头形式包括平面对接、垂直对接、环形对

接、卷边对接、表面搭接、侧面搭接、环形角接等，但使用最多的还是对接结构形式。为了获得成形良好的焊缝，除了对焊件进行必要的预先清洗处理外，必须将焊件良好装配。

② 填充金属。尽管激光焊属于一种自熔焊，但在一些应用场合仍需充填金属。这样做的优点如下所述：能改变焊缝化学成分，从而达到控制焊缝组织，改善焊缝接头处力学业性能的目的；在有些材料焊接条件下，还能提高焊缝处抗结晶裂纹的敏感性；允许增大接头处装配公差，改善焊接接头处装配不够理想时的工作状态。

③ 激光焊参数的影响

ⓐ 激光功率 P。通常激光功率指激光器的输出功率，激光焊的熔深则与此输出功率密度直接相关。对一定的焊接光斑而言，在其他条件不变时，焊接熔深随着激光功率的增加而增加。

ⓑ 焊接速度 V。在一定的激光功率下，提高焊接速度，热输入下降，焊接熔深减小。尽管适当降低焊接速度可加大熔深，但如果降低过大，熔深却不会再增加。因为对于给定的激光功率条件下，存在一个维持焊接深熔的最小焊接速度。

ⓒ 光斑直径 d。这是指照射到焊接表面的光斑尺寸大小。在激光器结构一定的条件下，光斑直径的大小取决于透镜的焦距 f 和离焦量 Δf。通常地，焊接时为获得熔深焊缝，要求激光光斑上的功率密度高。提高功率密度的方法有两个：一是提高激光功率 P，它与功率密度成正比；二是减小光斑直径，功率密度与此直径的平方成反比。因此，后者的方法提高功率密度有要效得多。

ⓓ 离焦量 Δf。离焦量不仅影响焊件表面激光光斑大小，而且影响光束入射方向，因而对焊接熔深、焊缝宽度及焊缝横截面形状均有较大影响。当 Δf 减小到某一定值后，熔深发生突跃变化，使焊接过程变得不稳定，此时 Δf 微小改变就会造成熔深很大变动。

ⓔ 保护气体。激光焊采用保护气体有两大作用：一是保护焊缝金属不受有害气体侵袭，防止氧化污染，提高接头质量；二是可以影响焊接过程中等离子体，这直接与光能的吸收和焊接机理密切有关。等离子形态将直接影响到焊件功率密度、焊接速度和环境气体等相关因素。

（3）激光罐体焊接优点　激光罐体焊接相比高频电阻焊接的优点如下：

① 焊缝宽度进一步降低，可小于 0.3mm。因为激光焊接是对接，不是搭接。使焊缝的厚度与罐体等同，有利于提高封罐质量。

② 电阻焊焊接质量取决于焊机的频率，局部熔化的焊点间有可能产生气密泄漏及强度降低。激光焊接的焊缝是由罐体材料直接连续熔化而成，故焊接缝平直、细密、美观，焊缝的强度、塑性及抗蚀能力与罐体等同。

③ 电阻焊接是接触焊，需要特别的焊接滚轮及导电用的优质铜线辅助电极。而激光焊接是非接触焊接，靠激光束直接射入对接缝进行焊接，这样不但成本省，而且焊缝质量受意外因素的制约影响小，如铜线尺寸精密、滚轮配合状况等都会在焊缝质量上反映出来。

④ 激光焊接对被焊材料的导电性无要求，也无需对罐体表面进行留空、刮黄、除污等辅助工序，所以工艺简化。

但激光焊接对罐体材料的剪裁尺寸精度要求高，对罐体板材卷筒的对接准确度要求高，对操作人员的软技术要求高。在考虑采用激光焊接技术时，相关相应的设备（如剪板机、卷筒成型机等）也要与之匹配，必须从整体上综合考察规划。

2. 粘接罐制造工艺

粘接工艺就是利用胶黏剂把两种性质相同或不相同的材料牢固地粘合在一起的连接方法。

（1）粘接过程和接头设计

① 粘接基本过程。对待粘接材料的两表面进行必要处理后，涂敷适当的胶黏剂，待其扩散、流变、渗透后使两表面相互合拢，在一定条件下固化。当胶黏剂的大分子与被粘物体表面分子充分接近时，就会彼此相互吸引，产生分子间作用力而结合，加上渗入表面孔隙中的胶黏剂固化后形成的许多微小钩状结构的共同作用，从而完成同类或异类材料之间的粘接过程。

② 接头受力分析。根据使用环境和条件，接头所承受的载荷十分复杂，受到机械力、热和环境因素综合力的作用，其中最主要的是机械力。机械力基本可以归纳为四种主要类型，即剪切力、拉伸力、剥离力和不均匀扯离力，如图 3-41 所示。

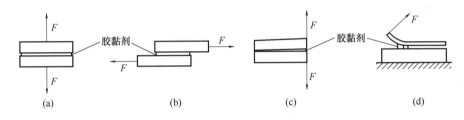

图 3-41 粘接接头受力类型

（a）拉伸力 （b）剪切力 （c）不均匀扯离力 （d）剥离力

拉伸力也称为均匀扯离力，其方向与胶层垂直，均匀分布在整个粘接面积上，全部粘接面积承受应力，有利于获得最大的粘接强度 ［图 3-41 （a）］。

剪切力与胶层平行，其实质是两个方向相反的拉伸力或压缩力，此时应力作用在整个粘接面积上，分布比较均匀，故可获得较高的粘接强度 ［图 3-41 （b）］。

不均匀扯离力作用在胶层的两个或一个边缘处，不是整个粘接面积，而是局部长度受力，且不均匀，使粘接强度大为减小 ［图 3-41 （c）］。

剥离力与胶层成一定的角度，应力作用在一条直线上，容易产生应力集中，粘接强度比较低 ［图 3-41 （d）］。

③ 粘接接头的类型。图 3-42 所示为粘接接头的基本类型。

（2）胶黏剂的种类与选用　胶黏剂的组成因其来源不同而有一定差异，天然胶黏剂的组成比较简单，大多为单一组分。而合成胶黏剂的组成则较为复杂，由多种组分配制而成，以获得优良的综合性能。概括起来，胶黏剂的组成包括粘料、固化剂、促进剂、增塑剂、增韧剂、稀释剂、溶剂填料、偶联剂、防老剂、阻燃剂、增粘剂及阻聚剂等。除了粘料不可缺少外，其余的组分视性能要求决定是否加入，不同材料的相互粘接可选用对每种材料都有粘接能力的胶黏剂。

（3）粘接工艺过程　粘接的工艺过程一般包括以下步骤：表面处理、配胶、涂胶、晾置、胶合、清理、停放、固化、后固化、检验及后加工等。

① 表面处理。粘接接头连接主要借助于表面粘附，因此被粘材料的表面处理是决定

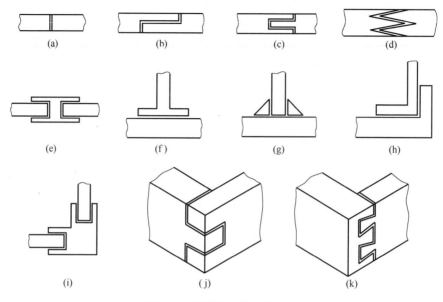

图 3-42　粘接接头的基本类型

(a)～(e) 对接　(f)，(g) T形接头　(h)～(k) 角接

粘接接头强度和耐久性的主要因素之一。被粘材料的表面处理方法一般可分为机械物理方法和化学方法两大类。

② 配胶。单组分胶黏剂一般可以直接使用。溶剂型胶黏剂会因溶剂挥发而导致黏度增大，使用时需用适当的溶剂稀释。双组分或多组分胶黏剂必须在使用前按规定的比例严格称取。

③ 涂胶。涂胶操作对粘接质量影响很大，被粘表面容易吸附空气，为了防止包裹空气而使胶层中形成气泡或气孔，涂胶时应朝一个方向移动，速度也不宜太快，以利于空气排出，一般两个被粘表面均应涂胶。涂胶的遍数因胶黏剂和被粘物性质不同而异。

④ 晾置。溶剂型胶黏剂涂胶后应有晾置的过程，主要目的是使溶剂挥发，黏度增大，促进固化。对于无溶剂的环氧胶黏剂，一般无须晾置，即使晾置，也仅需 3～5min，时间过长反而会使粘接强度降低。不同类型的胶黏剂，因溶剂种类和含量不同，其晾置的温度与时间也不一样，有的只需室温晾置，有的室温晾置一定时间后还要加热干燥。

⑤ 粘合。对于液体无溶剂的胶黏剂，粘合后最好错动几次，以利于排出空气，紧密接触。对于溶剂型胶黏剂，粘合时要看准时机，过早或过晚都会导致粘接质量降低，粘合后以挤出微小胶圈为好，表明不缺胶。如果发现有缝隙或缺胶，应补胶填满。

⑥ 固化。固化又称硬化，对于橡胶型胶黏剂也称硫化，是胶黏剂通过溶剂挥发、熔体冷却、乳液凝聚等物理作用或交联、接枝、缩聚、加聚等化学作用而成为固体，并具有一定强度的过程。固化是获得良好粘接性能的关键过程，只有完全固化，才能获得理想的粘接接头。

⑦ 检验。按相应的国家标准对产品的粘结质量进行检测。

（4）粘接法制罐　粘接法制罐使用镀铬板，原料成本低；节省锡，避免了重金属污染；可满版不留空印刷；生产过程耗能小，运行成本低，粘接罐的耐热性和耐水性较差，目前主要用于固体状或粉状内容物的包装容器。

① 基本步骤。粘接法制罐可分三个基本步骤：

粘板工序：板料纵切→包镶尼龙粘合层→热压粘板。

制筒工序：切罐身板（横切）→切角和成圆→加热粘接→加压粘紧→速冷固化。

其余的工序是：补涂、翻边、封底等。

② 粘接工艺。目前粘接罐主要用于固体或粉状产品的包装。根据粘接工艺不同，制罐工艺分胶黏剂压合法和胶黏剂层合法两种。由于粘接技术有所发展，包装产品种类有所扩展。

ⓐ 胶黏剂压合法。胶黏剂压合工艺是在镀铬薄钢板（无锡钢板）的罐身坯料接缝端涂上约 5mm 宽的尼龙系胶黏剂，在罐身成圆时将其粘合部分重叠，加热后（一般为 260℃）充分压紧使其固化冷却，即完成罐身接缝的粘合。罐身接缝剖面如图 3-43 所示，制罐流程如图 3-44 所示。

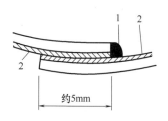

图 3-43　胶黏剂压合法
制罐接缝的剖面
1—胶黏剂　2—涂膜

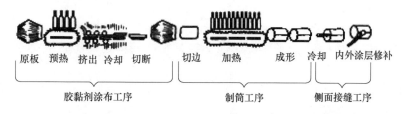

图 3-44　粘接法制罐工艺

ⓑ 胶黏剂层合法。将镀铬板先剪切成中板，在中板两端层压上薄膜状胶黏剂，粘接薄膜把内侧薄板的端面包起来，再把中板剪切成罐身板，此为粘合工序，接着完成罐身制造工序。胶黏剂层合法制罐流程如图 3-45，罐身缝搭接宽度为 5mm，从如图 3-46 所示的罐身接缝剖面图可知，接缝处由原板-涂料-尼龙-尼龙-涂料-原板构成。

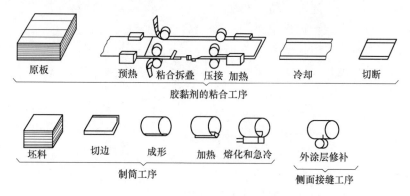

图 3-45　胶黏剂层合法制罐流程

粘合三片罐是一种有发展前途的金属罐，其制罐方法一般包括以下主要加工工序：

原板切条→预热涂胶黏剂→切罐身板→切角→成圆对接→罐身粘合→冲击粘合（由冲击器将接缝压紧）→急冷（使胶黏剂固化）→翻边→封底→喷内涂料→烘干

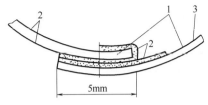

图 3-46　胶黏剂层合法罐身接缝剖面

1—TFS　2—胶黏剂　3—涂膜

粘合法与电阻焊工艺相比，它的特点是可满版印刷，罐身外形美观；省去了卷边接缝部位的卷曲部分，可以节省材料；为保证足够的强度，罐身接缝的搭接宽度较大；粘合三片罐使用镀铬薄钢板，原料成本低，节省锡，避免了重金属污染；生产过程中能耗小，运行成本低；随着新型粘结剂的研制，可以使粘接金属容器的使用范围进一步扩大。

第五节　三片罐的检测与包装安全

一、三片罐成品质量检验

1. 外观质量目测检查

（1）用肉眼观察金属罐外表是否光洁，是否无锈蚀，胀罐凸角，校角及机械损伤引起的磨损变形、凹瘪现象，焊缝是否光滑、均匀，有无砂眼，锡层粗糙、堆锡、焊接不良，击穿现象。

（2）检查外部印铁标签主要图案面和文字是否严重损伤，卷开罐是否有划线不良现象。

（3）用肉眼观察卷边外部的全周，有无假卷、大塌边、快口、卷边"牙齿"、铁舌、卷边碎裂、跳封、卷边不完全、双线、垂唇、填料挤出等现象，其中对垂唇、卷边牙齿等必要时须进行计时检测。

2. 焊缝质量的检验

焊缝检验的内容有：外观检验；焊缝接头性能检验。电阻焊罐罐身焊缝，在后续的制罐过程中要经历较大的变形加工，如翻边、卷封等，且包装后的容器要求有一定的强度和刚度，因此对焊缝的完整性和质量应有一定的要求。在生产过程中要随时对焊缝质量进行检查。生产线配有一种测试焊缝接头性能的装置，如图 3-47 所示。

3. 密封性检测

密封性试验是针对已完成封口成型的金属罐，通过增压或减压的方式，对焊接和卷封质量的密封性能进行检测。在不引起罐体形变的额定测试压力条件下进行，

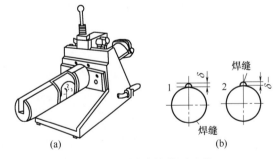

图 3-47　焊缝接头性能测试装置

1—在基体处测试　2—在焊缝处测试

（a）外形图　　（b）原理图

根据材料厚度和罐身结构设定检漏压力，通常用负压 25～35kPa，正压不超过 152kPa 的预压力范围内检测。如图 3-48 所示为检漏机的关键部件，首先因检测过程在对空罐加压或减压和保压时需要一定的时间，为保证生产过程的高速连续，一台检漏设备预置了多个检漏工位，每个工位的充气（抽气）口都安装有弹性密封环垫，确保工作过程无压损。

负压型检漏是给输入的空罐给定负压，若空罐焊接或卷封存在缺陷密封性不良，那么

在抽压的过程中罐内的真空压力低于预定值，这时压力监测传感器就将信号传到PLC控制器，并发出指令信息通过电磁气阀将此泄漏罐检出。正压型检漏机是给输入的空罐进行加压，若空罐焊接或卷封存在缺陷、密封性不良，则在加压的过程中罐内的压力就达不到预定的压力要求，此时压力监测传感器就将信号传到PLC控制器，并发出指令信息，通过电磁气阀将此泄漏罐检出。

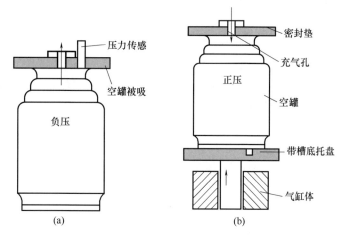

图 3-48　检漏机工作原理图
（a）负压检漏　（b）正压检漏

4. 卷封结构计量检测

（1）检测部位　卷边外部及封口结构计量检测按如图 3-49 所示的三个部位进行。

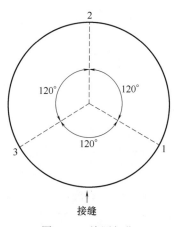

图 3-49　检测部位

（2）检测方法　按如图 3-49 所示的 1、2、3 部位，对卷边宽度 W、厚度 T 和接缝处对垂唇进行计量检测，在接缝对面 3 部位用卷边切割机或卷边专用锯切取卷边截面，用投影仪检测身钩、盖钩长度和叠接长度，再用钳子完整撕开卷边，检查整个盖钩的紧密度和接缝盖钩完整率，测量 1、3 部位身钩和盖钩长度，然后综合进行评价。

5. 金属罐内壁质量检测

对金属罐内壁目测检查其有无涂料脱落、内流胶、硫化铁、硫化斑及氧化圈现象。还包括一些常规检测，如涂膜硬度、涂层附着力、固化及耐蚀性检测、涂层厚度和重量、涂层柔韧性等。

6. 粘接罐的质量检测

粘接之后，应当对粘接质量进行认真检验，主要有以下方法：

（1）目测法　用肉眼或放大镜观察。

（2）敲击法　用木棒或小锤敲击粘接部位，若发出清脆声音表明粘接良好。

（3）溶剂法　胶层是否完全固化，可用溶剂检验。最简单的方法是用丙酮浸脱脂棉，敷在胶层表面，浸泡 1～2min，观察胶层是否软化、粘手、溶解、膨胀。

（4）试压法　对于密封件，如机体、水套、油管、缸盖等的粘接堵漏，可用水压法或油压法检查是否有漏水、漏油现象。

（5）测量法　对于尺寸恢复的粘接，可用量具测量是否达到所要求的尺寸。

二、三片罐的包装安全

1. 影响封口质量的因素

金属罐的封口质量是评价容器是否安全的非常重要的因素。在封口设备中，卷封辊轮、上压头和托罐盘通常被称为封口三要素。辊轮正确的沟槽形状、压头的合理位置及托罐盘合适的推动力是确保正常卷封的必要条件。归纳起来，影响卷边加工质量的主要因素包括：

（1）马口铁材料的物理性能 如材质、硬度等，特别是相对较小罐径。若马口铁材质薄、硬度大，其密封性要求的难度便会增大，二重卷边的过程中材料受力发生的塑变较小，而皱纹却会增大。

（2）合适的卷边压力 在相对罐身的旋转运动过程中，辊轮沟槽在与罐盖结合处卷封力是由径向力、轴向力和切向力三个不同方向作用力的合成。其中头道卷封力的作用主要表现为罐身、盖周边材料的弯曲变形，二道卷封力压紧主要表现为塑性变形。两道卷封力的计算是通过能量守恒和塑性变形进行的。一般二道卷封力为头道卷封力的 2～3 倍。

在实际操作过程中，合适的卷封力是靠卷封辊轮、压头和托罐盘三者之间合适的配合位置关系完成的。

（3）空罐的工艺尺寸 不同罐型的罐盖钩边、罐身翻边要符合其相应的工艺要求，如封口前的焊接不良（大于 0.5mm 拖尾、焊裂）、翻边度过大或过小都会影响空罐的卷封性能。

（4）卷封辊轮的沟槽形状及材质要求 一般来说，不同罐型的封口辊轮都有不同的沟槽形状，头道辊轮的沟槽深而窄，二道辊轮的沟槽宽而浅。较先进的封口设备常用的卷轮一般为 4Cr13、9Cr18 等不锈钢经真空热处理而成，其硬度高、耐磨性好、寿命长，可制罐千万只左右。

（5）密封涂料的涂布状态 罐盖钩边内胶膜的正确涂布是钩边内约 70%，平面处约 30%。此外，胶膜量大小要符合其自身的工艺要求、胶量过大易形成挤胶，过小又起不到密封填料作用。

（6）设备的完好程度 封口设备的完好程度直接影响封口工艺的卷封性能，这与操作者正确的操作、维护保养情况有关。头道卷边是二道卷边的基础和前提，一般正常生产时至少每周检查一次。

2. 封口结构及密封性要求

（1）紧密度不小于 50% 紧密度是指卷边密封的紧密程度。一般用盖钩皱纹度来衡量。皱纹度指卷边解体后，盖钩内侧周边凹凸不平的皱曲程度，即皱曲部分占整个盖钩长度的百分比（%）。如图 3-50 所示为盖钩的皱纹度和紧密度。他们的对应关系为：紧密度＝100%－皱纹度。

（2）接缝盖钩完整率不小于 50% 罐身接缝处，卷边盖钩上形成内垂唇造成盖钩有效宽度不足，从而影响卷边的密封性，罐身

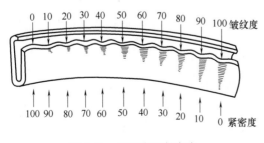

图 3-50 皱纹度和紧密度

接缝盖钩完整率如图 3-51 所示。

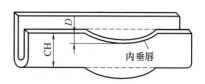

$$盖钩完整率(\%)=\frac{(CH-D)}{CH}\times100\% \qquad (3\text{-}18)$$

卷边解体后，接缝盖钩完整率可目测。

图 3-51 罐身接缝盖钩完整率

（3）叠接率不小于 50%

$$OL(\%)=\frac{BH+CH+1.1t_c-W}{W-(2.6t_c+1.1t_b)}\times100\% \qquad (3\text{-}19)$$

（4）密封性 应在加压试验或减压试验时不泄漏。可按 GB 4789.26 罐头密封性检验方法中任选一种进行。

3. 粘接罐的修整或后加工

经初步检验合格的粘接件，为了装配容易和外观漂亮，需要修整加工，刮掉多余的胶，将粘接表面磨削得光滑平整。也可进行锉、车、刨、磨等机械加工，在加工过程中要尽量避免胶层受到冲击力和剥离力。

第四章　金属两片罐的设计与制造

第一节　两片罐概述

一、两片罐发展简史

金属容器用材中铝是占第二位的金属材料，铝具有资源丰富、质量轻、易加工、耐腐蚀等优点。二十世纪 40 年代英国人将冲压技术应用于罐头容器的生产，制造了铝合金浅冲罐，将传统制造技术应用于包装上，由此引发了罐头容器制造技术的变革与发展。此后，英美等国相继研究和完善了铝质冲压罐的制造技术，20 世纪 60 年代初，美国的 Renolds 公司首创了现代金属两片罐的"D&I"制造方法，实现了铝罐的高效率生产，并于 1963 年制造出了第一个商业化的 355ml 铝制两片罐，同时，美国的铝业公司开发出易拉盖制造技术。这两种技术的结合为铝罐开拓了广阔的市场，也促进了铝罐制造技术的完善及其制造业的发展，市场上第一个两片铝罐出现于 1958 年，由于这种新型金属容器具有成本低、生产率高等特点，一出现便迅速占领了饮料包装的市场。70 年代中后期又相继推出了"缩颈"和"罐底穹面"成形工艺，大量节约了罐用金属原材料的消耗、提高了铝罐的美观度、堆垛性。这些都是金属两片罐制造史上标志性的研究成果。国内铝质两片罐的制造始于 1985 年，先后投资 3 亿美元引进 13 条易拉罐生产线，当时已具备 110 亿只铝罐的生产能力。由于铝生产过程耗能大，使得世界铝价不断上涨，限制了铝的使用。为此，许多国家掀起了回收铝罐的运动（回收铝的能耗理论值仅为冶炼铝的十分之一）。同时，铝罐制造商努力改进制罐工艺和罐型设计，进一步降低罐壁厚度及缩小罐盖直径，以节约铝材降低成本。随着铝材性能的改善和制造工艺的改进，铝罐的重量大大减轻。在使用铝材冲制两片罐的同时，人们也尝试了用薄钢板制作二片冲压罐，现已用镀锡板及镀铬板生产二片钢冲压罐。当前，两片罐生产线已经实现了高速、高自动化生产，9 个人便可以管理一条 2400 罐/min 的高速生产线。人工智能技术在两片罐生产的全过程获得了应用，使生产线实现了智能制造、智能仓储，出现了两片罐智能化生产工厂，人工智能技术带来了颠覆性、替代性的影响。

二、两片罐的种类

按成型工艺的不同，两片罐可分为如表 4-1 所示的几种类型。

表 4-1　　　　　　　　　　　　　二片冲压罐的分类

二片冲压罐	拉深罐	浅拉深罐	一次拉深
		深拉深罐（DRD 罐）	多次拉深
	变薄拉深罐（D&I 罐）		多次拉深

1. 拉深罐

采用常规的拉深工艺制造，主要用于罐装罐头食品，所得的罐身厚度没有显著变化，侧壁和底部厚度基本一致。根据拉深罐的高度与直径之比，拉深罐还可以细分为浅拉深罐和深拉深罐。

（1）浅拉深罐　也称作浅冲罐，这种罐一般只经一次冲压（拉深）即可成型，成型后罐高与罐身直径之比不超过1∶2。浅拉深罐造型各异，有圆形、椭圆形、心形、长方形等，主要用于鱼类、火腿、午餐肉等罐头。

（2）深拉深罐　惯称为深冲罐，国外称之为DRD罐。罐高与罐身直径之比大于1，采用通常的拉深工艺，经过多次拉深后成型，也可以说是经过拉深-再拉深后成型的。主要用于茶叶、饼干、糖果、围棋、咖啡等产品的包装。

2. 变薄拉深罐

变薄拉深罐俗称冲拔罐，国外称为Drawn and Ironed Cans，简称D&I罐或DI罐，在欧洲称为Drawn and Wall Ironed Cans，简称DWI罐。分别采用常规拉深工艺和变薄拉深工艺成型，即先采用一次或二次常规拉深工艺，随后改用变薄拉深工艺使容器成型。变薄拉深工艺的特点是在拉深罐身筒体的同时，使罐身侧壁厚度减薄。变薄拉深时罐身直径通常是不变的。在经历变薄拉深加工时，罐身侧壁的厚度减薄为板厚度的1/3左右，而罐身底部的厚度基本保持原板厚度。变薄拉深罐除具有冲压罐的特点外，还具有罐壁薄、重量轻等特点。由于罐壁薄，罐的刚度相对较低，故变薄拉深罐多用于灌装各种含气饮料、啤酒等，借用含气饮料的气体压力增大罐内压力以维持罐的刚度。

三、两片罐的特点

从结构上看，两片罐具有如下四方面突出的特点：

（1）二片冲压罐是采用适当的冲压工艺，使圆形板坯经若干次冲压拉深后成型的。成型后的杯形或其他形状的罐身，其侧壁完整、光洁、无接缝。

（2）底部和侧壁为一整体，没有传统三片式组合罐的侧壁与底部的卷封接缝。

（3）二片冲压罐很容易加工成各种圆形或异形的容器，即使是圆柱形结构的两片罐，也可以很方便地在柱体（罐身）的上缘部分和下缘部分进行适当的加工修饰，使两片罐结构强度得到改善，容器造型更加美观。

（4）大多数的两片罐都采用了易开启的结构形式，使两片罐的开启方便易行。常见的两片罐容器外形如图4-1所示。

图4-1　两片罐身外形

第二节　两片罐常用选材及内容物

一、常用选材及特点

1. 材料特点

拉深罐的原材料主要有镀锡板、涂料镀锡板、黑铁皮、涂料无锡钢板、铝合金薄板、覆膜铁板等。用作金属罐的钢材要具有良好的综合机械性能和一定的耐腐蚀性。为满足综合机械性能的要求，制罐用的钢板主要采用低碳薄钢板。为保证耐腐蚀性的要求，可在低碳薄钢板的基础上，进行镀锡、镀铬、镀锌及施涂相应的涂料等处理，提高其耐腐蚀性。

镀锡薄钢板又称马口铁，大量用来制造食品和非食品的小型桶罐容器。镀铬薄钢板又称无锡钢板，是制造小型桶罐的主要材料之一，可部分代替马口铁，主要用于制造食品包装容器。

铝合金薄板能满足冲拔拉深时的塑性变形要求，强度比钢材低，生产成本比钢材高，约为钢材的五倍，主要用于有一定内压的含气饮料的罐装。铝材的主要性能是重量轻、无毒、无味、美观、加工性能好、表面具有光泽。铝的表面能生成一层致密的氧化铝薄膜，能有效地隔绝铝和氧的接触，阻止铝表面进一步被氧化。但在酸碱盐介质中易腐蚀，因此铝罐需在喷涂表面涂料后使用。目前通过对模具制作及冲压工艺的调整后，人们也选用镀锡板来制造深拉深罐。

2. 制罐材料的选择

（1）拉深罐由于在冲压过程中金属材料没有变薄，为了保证罐底的厚度，需要采用较厚些的板材，以免罐底发生弯曲变形。

（2）对于冲压较深的空罐，要求采用经调质处理后较软的板材，以适应冲压过程中的压力，使板材具有较好的可塑性，避免在拉深过程中板料断裂，一般要求硬度等级为 T_2 级，如超过 T_4 级就很难进行拉拔。

（3）在拉深过程中板料的镀锡层本身具有一定润滑性能，如使用涂料镀锡板可以使用 $5.6g/m^2$ 镀锡量的薄板，采用素铁拉深则需要 $112g/m^2$ 或 $16.8g/m^2$ 镀锡量的薄板。有的罐头品种采用冲拔成型的两片罐，在空罐制造过程中，需要钢基板涂料能耐冲压及延伸等。

（4）拉深罐使用材料的厚度还取决于内装产品的压力、真空要求和顶盖进行二重卷封的工艺。

（5）浅拉深罐材料主要选用无锡钢板或涂料无锡钢板。

（6）深拉深加工时，材料的变形量大，使用铝合金薄板才能满足冲拔拉深时塑性变形的要求，经过对模具制作及冲压工艺的调整后，目前人们也开始选用镀锡板来制造深拉深罐。

（7）变薄拉深罐的原材料主要有铝合金薄板和镀锡薄钢板，铝板材料的制罐历史较短，但由于铝材具有自己独有的特点，所以它作为食品罐材料逐渐增加。现在人们普遍选用的是美国铝业协会标准（AA 标准）的 3000 系列铝合金。近年由于国际上铝合金的价格不断上扬，国内外许多厂家都转向选用镀锡板来制造变薄拉深罐。

二、包装内容物特性

金属罐装啤酒和软饮料均为铝罐，食品罐则以钢罐为主。浅拉深罐由于罐身较浅无接缝，多用于盛装鱼类、贝类、虾蟹类罐头，可以减少罐壁腐蚀。深拉伸罐采用多次拉伸法制成，罐壁较厚，最适合包装加热保存的食品，使内部形成真空，以控制产品的氧化和防止罐头的变形，主要包装火腿、午餐肉等罐头。

含气饮料的主要品种有啤酒、香槟酒、格瓦斯、汽水、可乐、含气矿泉水和碳酸豆乳等，其中啤酒的消费量在一些国家接近或超过啤酒之外的含气饮料消费量的总和。高浓度稀释啤酒的灌装需要充 CO_2，与汽水灌装工艺相似。啤酒用金属罐装，能够较长时间储存，随着人均消费量的增加，也需要轻型造价低的金属容器包装。这些产品均还有一定的内压，对罐体的强度和罐壁减薄均有助益。同时，在设计时，食品及饮料用罐，还要考虑内容物的化学特性，为防止内容物含高酸、高盐、花青素的强腐蚀和醇类物质的侵蚀作用。在空罐成型后，往往需要对罐内壁进行一次全喷涂补涂，以加强罐壁的保护作用。饮料内容物，如罐装啤酒等，对铁离子含量极为敏感，需要采用细腻致密的涂料。制罐后需喷涂，保证成膜后没有孔隙点，以防止铁离子渗入罐内，而影响啤酒的风味和透明度。

第三节　两片罐的结构与设计

一、两片罐容器的结构要素

两片罐容器的结构要素如图 4-2 所示。两片罐容器的结构有五个部分，分别是罐底、下缘部分、罐侧壁、上缘部分和罐端盖。

（1）上缘部分　上缘部分是侧壁与罐盖封合的部位。由于节约材料降低成本的缘故，两片罐罐盖直径都较小，所以两片罐的上缘部分采取缩颈以缩小两片罐筒体的口径，使之与罐盖相配合。

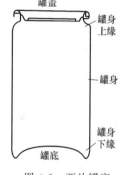

图 4-2　两片罐容器的结构要素

（2）侧壁部分　侧壁部分光滑平整，外表面可以进行涂装修饰。侧壁的结构设计，必须使罐体具有一定的纵向压缩强度（也叫竖筒强度）。

（3）下缘部分　下缘部分是侧壁与罐底的连接部。它常配合罐底脚设计成合适的外形，以保证两片罐具有足够的结构强度和适当的外观造型。

（4）罐底　罐底主要起支撑整个容器的作用。罐底外形主要以圆拱形为主。

（5）罐盖　罐盖主要起密封作用，为提高罐盖的强度在盖面会设计外凸筋和斜坡。饮料用的两片罐通常都是采用统一规格的易开盖。

二、两片罐的结构设计

1. 结构设计及尺寸

两片罐的罐身无侧缝、罐底与罐壁为一整体。罐型、尺寸及封口形式都受到制罐设备的限制，因此两片罐的结构设计实质上只是选定罐型、材料及封口形式，最后在罐的外表面进行装潢设计。一般情况下，制罐设备的设计都考虑到金属罐有关标准的应用条件。表 4-2 所示为两片圆罐规格系列，表 4-3 所示为易开盖金属罐规格。

从罐型上看，各种罐型都各有特点。圆柱形容器具有用料最少容量最大的特点。在容量相同的条件下，方形容器的用料最多，比圆形容器的用料多 40%，其他棱柱形容器也都比圆柱形容器用料多。因此在设计选定容器形状时，应尽量选用圆柱形容器构型，异形容器只在必要时选用。另外，选定罐型时，也应考虑罐的开封形式。常用的开封形式有顶开式、侧面卷开式，以及饮料罐易开盖和整体拉开盖等。规格尺寸、罐容的确定应尽量符合标准化规格要求。当设计新罐型时，则要根据商品的情况、包装要求及包装量，先设计罐型和结构尺寸，然后计算罐容。在设计罐容和罐型时，还应综合考虑其他因素，如商品受热时体积的膨胀，商品填装率等，一般商品的填装率为 $85\% \sim 95\%$。

表 4-2　　　　　　　　　　　　　　　　两片圆罐规格系列

罐号	规格			计算容量/cm³
	公称直径	内径 d	外高 H	
201	153	上 153.4 下 132.0	30	480.70
202	83	83.3	57	294.29
203	73	72.9	42	163.00
204	52	52.3	37	73.04

表 4-3　　　　　　　　　　　　　　　　易开盖金属罐规格

罐代号	内径/mm	外高/mm	公称容量/cm³	罐型
200/200/200×402	50.00/50.00/50.00	140.33	212	马口铁易开盖三片罐
200/202/200×504	50.00/52.30/50.00	132.90	275	马口铁易开盖三片罐
202/202/202/×504	52.30/52.30/52.30	132.90	275	马口铁易开盖三片罐
206/211/209×214	57.00/65.30/62.54	73.45	212	马口铁易开盖三片罐
206/211/209×309	57.00/65.30/62.54	91.50	275	马口铁易开盖三片罐
206/211/209×408	57.00/65.30/62.54	115.20	355	马口铁易开盖三片罐
206/211/209×413	57.00/65.30/62.54	121.95	390	马口铁易开盖三片罐
206/211/209×413	62.54/65.30/62.54	121.95	390	马口铁易开盖三片罐
206/211/209×309	62.54/65.30/62.54	91.50	275	马口铁易开盖三片罐
206/211×310	外径 66.04 缩颈内径 57.40	90.93	250	铝易开盖两片罐
206/211×314		98.95	275	铝易开盖两片罐
206/211×408		115.20	330	铝易开盖两片罐
206/211×413		122.22	355	铝易开盖两片罐
206/211×610		167.84	500	铝易开盖两片罐

2. 罐身上缘部分结构

早期的两片罐上缘采用简单的缩颈方式。随着罐盖直径的进一步缩小，两片罐罐身口径也需进一步缩小。从 20 世纪 80 年代开始，出现了双缩颈、三缩颈、四缩颈等罐型，如图 4-3 所示。英国的 Metal Box 公司发明了旋压缩颈罐，旋压缩颈的结构在加工上有很大的优势，近年越来越多的两片罐都采用了旋压缩颈

图 4-3　缩颈罐型结构

工艺。旋压工艺原理可参阅第六章的有关内容。

3. 罐身的底部结构

罐底主要起支撑整个容器的作用。罐底外形通常设计为圆拱形，要求具有一定的抗弯
强度。如啤酒用两片罐的罐底外形，早期选用 406～
419μm 的较厚板材，其底部设计成如图 4-4（a）所示的外
形，最小抗弯强度可达到 586～620kPa。随着使用板材的
原始厚度的降低，底部外形也设计成较复杂的结构，以保
证罐底有足够的强度。板材厚减为 330μm 时，采用阿尔
考 B-53V 字形，结构如图 4-4（b）所示。罐底可达到技术
要求。而采用阿尔考 B-80 ［结构如图 4-4（c）所示］ 罐底
后，则板厚减为 320μm。

图 4-4　两片罐底部外形图

（a）最早的罐底外形　（b）阿
尔考 B-53V 字形罐底
（c）阿尔考 B-80 罐底

4. 罐盖设计

为提高罐盖的强度可在盖面设计外凸筋和斜坡，保护卷边在罐生产过程不变形、不受
损坏，可根据具体的包装要求和罐径大小进行设计，确定是否需要外凸筋和斜坡及其个
数。饮料用的两片罐通常都是采用统一规格的易开盖，具体内容
详见第七章。

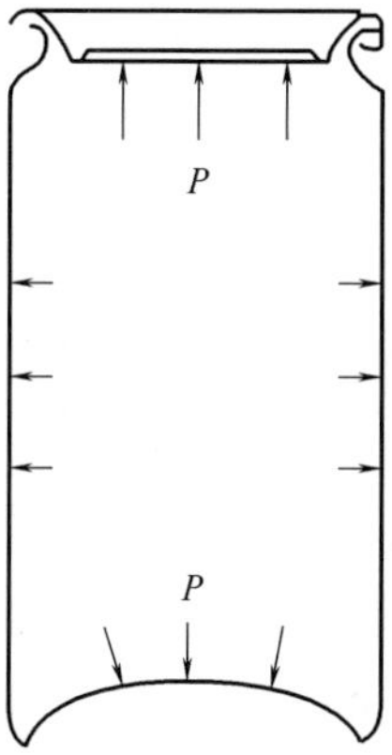

三、罐的优化设计

铝制易拉罐与其他包装容器相比更具有环保性，铝材反复回
收使用，有效的节约了资源。从经济性考虑，易拉罐设计时，需
考虑满足加工工艺要求及使用要求的前提下，罐体、罐底及罐盖
的壁厚尽量的薄，而易拉罐属于压力容器，其受力如图 4-5 所示。
用易拉罐包装的饮料时，易拉罐的底部朝下放置在桌面上，如果
底部中间凸起，易拉罐就会倾倒，因此易拉罐底部结构设计时应
该是中间凹的形状，而且在灌装时，底部应该具有足够的承压强
度，而不会出现向外凸起的情况。采用仿真软件 ANSYS 研究易
拉罐在内部压力的作用下罐盖及罐底抗压能力，以及金属薄壁结
构建模、面载荷及边界条件施加、求解、后处理等有限元分析步
骤，有利于对易拉罐结构底部及顶盖材料厚度选择及结构形式的理解。具体范例见第九章
所述。

图 4-5　两片罐
受力示意图

第四节　两片罐制造技术

一、用料计算

1. 罐壁厚度

对于非压力容器，根据要求选择壁厚，一般为 0.15～0.5mm 左右，选择原则是罐身
直径大选大值，小则选小值。对于压力容器（如含气饮料），则应根据罐内压力大小及材
料的许用应力来确定，罐壁厚度的计算公式（4-1）为：

$$t_b = \frac{pd}{2[\sigma]} \tag{4-1}$$

式中：p——罐内压力，MPa

d——罐内径，mm

$[\sigma]$——罐身材料的许用应力，MPa

t_b——罐身板材最小厚度，mm。

2. 两片罐用料及工艺计算

两片罐冲压拉拔时，先将板材料冲出圆形坯料，然后再经冲拔拉深等工序冲成罐坯。圆形坯料的落料尺寸，可以根据罐坯尺寸依表面积不变的原则或体积不变原则计算。罐身的侧壁厚度可按公式（4-1）确定，必须保证其纵向抗压强度不低于1330N。为了节约原材料，两片罐的罐盖直径部分都较小，所以罐的上缘部分必须采用缩颈结构，如双缩颈、三缩颈等罐型，采用旋压缩颈结构在加工上具有优势。

拉深罐圆形坯料的尺寸按照表面积不变原则计算。拉深罐在冲拔拉深过程中侧壁和底部的厚度基本不变，仍保持原始板料的厚度，所以罐坯的表面积应与圆形坯料的面积相当。由于拉深后修边要裁去冲件上的部分边料，所以圆形坯料的面积应大于罐坯的面积。圆柱形罐坯表面积可参照表4-4中的有关公式计算。

表 4-4   几种坯件表面积计算公式

1	ϕD	$A = \dfrac{\pi}{4}D^2$	6	r, h	$A = 2\pi rh$
2	ϕd_2, ϕd_1	$A = \dfrac{\pi}{4}(d_2^2 - d_1^2)$	7	r	$A = 2\pi r^2$
3	ϕd_2, h	$A = \pi d_2 h$	8	r, h	$A = 2\pi rh$
4	ϕd_2, s, ϕd_1, h, c	$A = \pi s\left(\dfrac{d_1 + d_2}{2}\right)$	9	ϕd, r, h	$A = \pi\left(\dfrac{d^2}{4} + h\right)$
5	r, h	$A = 2\pi rh$	10	ϕd, r	$A = \dfrac{\pi^2 rd}{2} - 2\pi r$

续表

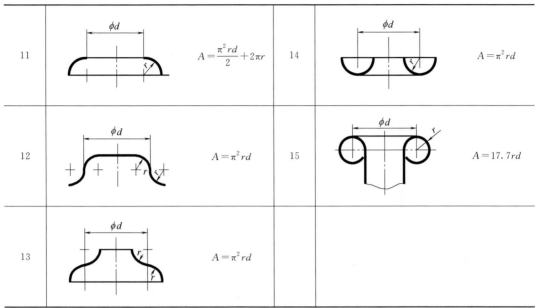

11		$A=\dfrac{\pi^2 rd}{2}+2\pi r$	14		$A=\pi^2 rd$
12		$A=\pi^2 rd$	15		$A=17.7rd$
13		$A=\pi^2 rd$			

（1）拉伸罐的落料尺寸计算　罐坯的结构如图 4-6 所示，计算圆形坯料的落料尺寸。

由图 4-6 可知，该罐坯的结构可看成是表 4-4 中序号为 1、11、3、10 等 4 个图形组合而成，所以可按面积相等的原则得

$$\frac{\pi D_{坯}^2}{4}=\frac{\pi d_1^2}{4}+\frac{\pi^2 r_1 d_1}{2}+2\pi r_1^2+\pi d_2 h+\frac{\pi^2 r_2(d_2+2r_2)}{2}-2\pi r_2^2$$

整理后得圆形的落料尺寸：

$$D_{坯}=\sqrt{d_1^2+2\pi r_1 d_1+8r_1^2+2\pi r_2 d_2+4\pi r_2^2-8r_2^2+4hd_2}$$
$$(4\text{-}2)$$

图 4-6　拉深罐落料计算图

实际落料的尺寸比上述估算的尺寸大些，一般约大 10～30mm。

（2）变薄拉深罐的落料尺寸计算　变薄拉深罐的坯料尺寸，应根据体积不变原则来估算。

经冲拔拉深修边后的罐坯形状如图 4-7 所示（假设罐底为平面），可按下式计算圆形坯料尺寸。

根据体积不变原则，得

$$\frac{\pi D^2}{4}\cdot t_0=\frac{\pi d^2}{4}\cdot t_a+\pi d l_1 t_b+\pi d l_2 t_c$$

经整理后得

$$D=\sqrt{d^2 t_a+4d(l_1 t_b+l_2 t_c)/t_0}$$

考虑到修边工序要裁去部分边料，故

$$D_{坯}=\sqrt{d^2 t_a+4d(l_1 t_b+l_2 t_c)/t_0}+(10\sim30\text{mm})$$
$$(4\text{-}3)$$

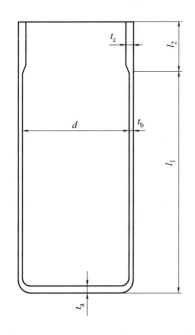

图 4-7　变薄拉深罐用料计算图

表 4-5 所示为两种材料拉深罐的毛坯落料直径 D 的计算值（符号如图 4-7 所示）。

3. 拉深系数与拉深次数

圆筒形工件的拉深系数，即每次拉深变形后圆筒工件的直径与拉深前毛坯（或半成品）的直径之比，即

第一次 $\qquad m_1 = \dfrac{d_1}{D}$ （4-4）

以后各次 $\qquad m_2 = \dfrac{d_2}{d_1}, m_3 = \dfrac{d_3}{d_2}, \cdots\cdots m_n = \dfrac{d_n}{d_{n-1}}$

式中，m_1，m_2，m_3，……m_n——各次的拉深系数；

$\qquad d_1$，d_2，d_3，……d_n——各次半成品直径；

$\qquad D$——毛坯直径。

从拉深系数的概念看出，它可以用来表示拉深的变形程度，且 $0 < m < 1$。拉深系数越小，说明拉深前后的工件直径差别越大，也即该道工序的变形程度越大。在制订拉深生产工艺时，如果拉深系数值 m 取得太小，就容易造成拉深件凸缘处起皱，或者工件筒壁下部断裂或严重变薄报废。因此，拉深系数 m 的减小有一个实际界限，此界限称为极限拉深系数。根据上述分析，一个零件所要求的总的拉深系数 m_0 为

$$m_0 = d/D \qquad (4-5)$$

式中，d——拉深工件的直径；

$\qquad D$——此工件所需毛坯直径。

表 4-5　　　　　　　　　　毛坯落料直径 D 的确定

材料	t_a/mm	T_b/mm	T_c/mm	l_1/mm	l_2/mm	d/mm	D/mm
铝	0.45～0.50	0.15～0.18	0.22～0.25	105	根据卷边比例定	65	约 133
镀锡板	0.35～0.40	0.12～0.15	0.19～0.22	105	根据卷边比例定	65	约 137

一个零件在一次拉深中所能达到的最小极限拉深系数为 m_L，如果一个零件所要求的总拉深系数 m_0 大于按材料及加工条件所允许的极限拉深系数 m_L 时，则此零件只需一次拉深即可制成，否则，必须多次拉深。拉深次数可按下述方法确定：

第一次拉深系数 $m_1 = \dfrac{d_1}{D}$，或 $d_1 = m_1 D$；

第二次拉深系数 $m_2 = \dfrac{d_2}{d_1}$，或 $d_2 = m_2 d_1 = m_1 m_2 D$

第三次拉深系数 $m_3 = \dfrac{d_3}{d_2}$，或 $d_3 = m_3 d_2 = m_1 m_2 m_3 D$

……

第 n 次拉深时，零件直径 $d_n = m_1 m_2 m_3 \cdots m_n D$，因而 $m_0 = m_1 m_2 m_3 \cdots m_n$。现只要求得总的拉深系数 m_0，然后，查得各次拉深系数值，即可推算出拉深次数。

如果首次拉深以后各次拉深系数变化不大，那么可设以后各次拉深系数都是 m 值，此时总的拉深系数 m_0 为：

$$m_0 = m_1 m^{n-1} = d_n/D \text{ 或 } m^{n-1} = d_n/m_1 D \tag{4-6}$$

两边取对数后可得总的拉深次数 n：

$$n = 1 + (\lg d_n - \lg m_1 D)/\lg m \tag{4-7}$$

4. 拉深件工艺性和拉深工序计算

（1）拉深件工艺性要求　良好的拉深件工艺性意味着拉深件的形状尺寸、材料选用及技术精度要求均符合拉深工艺要求，从而能达到保证工件质量、提高生产效率和减少废品率的目的。拉深件的工艺性要求包括：①形状力求简单和对称。②各部分尺寸比例恰当。③拉深件的圆角半径要合适。④孔位的布置要合理。⑤尺寸精度不宜过高。

（2）拉深工序计算　圆筒形拉深件工序计算程序概述如下：

① 选定拉深件高度方向上修边余量 Δh。

② 预算坯料直径 D。对于不同形状的拉深件。其坯料计算公式可在有关手册中查得。

③ 算出坯料相对厚度和相对拉深高度。

④ 确定拉深次数。拉深次数可按公式计算，也可在冷冲压手册的有关表格或曲线图表中查到。

⑤ 计算出各次拉深后的工件直径。

⑥ 验算。根据所得的各道工序拉深后的直径，核查各次拉深系数值。若验算所得的拉深系数小于极限拉深系数，则应进行修正计算。

二、成型过程受力分析

将平板毛坯通过拉深模具制成开口筒形或其他断面形状的零件，或将筒形或其他断面开头毛坯再制成筒形或其他断面形状的零件，这种工序称为拉深（或拉延）。用拉深工艺，不但可以制成多种形状薄壁件，还可以与其他冲压工艺配合制成形状十分复杂的冲压件。在包装工业上，二片结构型金属罐结构件几乎都是拉深出来的，因此，它在金属冲压生产中占据着很重要的地位。

1. 拉深变形过程

通过试验研究，可把圆形平板材料拉深成筒形零件的拉延过程概述如下：由于毛坯金属内部的相互作用，金属板料内各个小单元体内产生内应力，即在径向产生拉伸应力，而在切向产生压缩应力。在这两种应力的共同作用下，拉深件外部凸缘区的材料发生塑性变形而不断地拉入凹模内，成为圆筒形零件（图 4-8）。

以圆形拉深罐为例，其拉深变形现象如图 4-9 所示。用于拉深罐的板材直径 D 要大于凸模的直径 d，其冲压

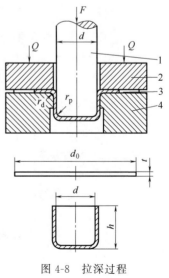

图 4-8　拉深过程
1—凸模　2—压边圈
3—毛坯　4—凹模

过程受力分析如图 4-10 所示，板材从凸模的外径开始将外围部分带下凸模与凹模周边的空隙，在圆周方向产生内应力 P_1，及伸长内应力 P_2。平板圆形坯料经过弯曲变形绕过凹模圆角，然后拉直，形成竖直筒壁。凸缘——变形区；筒壁——已变形区；底部——不变形区。底部和筒壁为传力区。

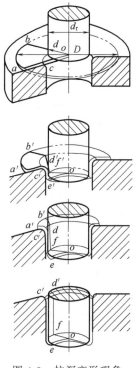

图 4-9 拉深变形现象

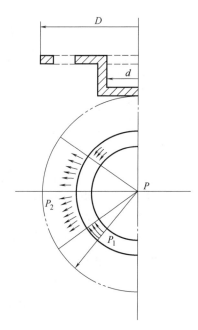

图 4-10 冲压过程受力分析

由生产实践可知，在拉深过程中的不同时刻，毛坯内各部分所处位置不同，其应力应变状态也不同。

2. 拉深变形过程各部分应力应变状态

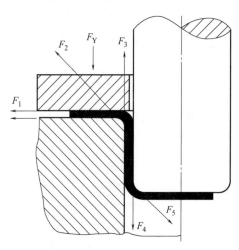

图 4-11 拉深过程受力

拉深变形过程各部分受力状态如图 4-11 所示，其经过凹模凸缘部分的材料在径向拉应力与切向压应力的共同作用下，材料发生塑性变形而逐渐进入凹模。经过凹模圆角部分材料在承受上述应力作用的同时，还受到圆角处的压力、摩擦力和弯曲作用而产生的压应力，这是一个过渡区。筒壁部分材料已经成为筒形，不发生大的变形。凸模圆角部分材料承受凸模圆角作用的径向和切向拉应力，还承受凸模圆角的压力和弯曲作用在厚度方向的压应力。筒底部分在拉深过程中保持平坦，不产生大的变形，只在凸模拉伸力的作用下，承受双向拉应力而略为变薄。

根据应力应变状态的不同，可将拉深毛坯划分为五个区域：其应力与应变状态如图 4-12 所示。拉深过程中某一瞬间坯料所处的状态。根据应力与应变状态不同，可将坯料划分为五个部分，不同部分应力与应变状态如图 4-13 所示。

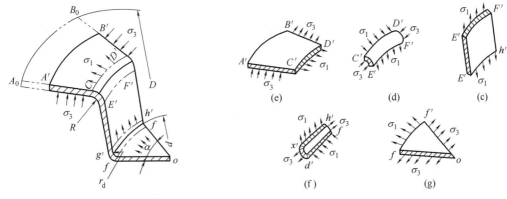

图 4-12　应力与应变状态　　　　　　图 4-13　不同部分应力与应变状态

（1）凹模口凸缘部分　这部分材料在径向拉应力和切向压应力的共同作用下，材料发生塑性变形而逐渐进入凹模。在材料的厚度方向，如果有压边圈的作用，则产生压应力。但是，由于径向拉应力和切向压应力远比此压应力大，使得材料的流动转移主要是向着径向方向延展，同时也向毛坯厚度方向加厚。如果不用压边圈，不产生厚度方向压应力，此时厚度方向的应变增大。在这种情况下，如果板料较薄，材料流动较大，则在毛坯凸缘部分，特别是在外缘部分，在切向压应力作用下会使材料失稳起拱，称为"起皱现象"。

（2）凹模圆角部分　这部分材料除了上述区域那样为径向拉应力和切向压应力以外，还承受凹模圆角处的压力、摩擦力和弯曲作用而产生的压应力，这是一个过渡区。

（3）筒壁部分　这部分材料已经成为筒形，材料不会有大的变形。但在继续拉深时，这部分筒壁起到了传递拉深力的作用。它承受的是单向拉应力的作用，产生少量伸长和减薄。

（4）凸模圆角部分　这部分材料承受着凸模圆角区作用的径向和切向拉应力，还承受凸模圆角的压力和弯曲作用在厚度方向上的压应力，这个区域与上述第 2 区类似，也是一个过渡区。在此区域的筒壁与底部转角的稍上处，由于处于下部而减小了传递拉深力的横截面积，因而产生的拉应力较大。同时，此处所需转移的材料又较少，变形程度很小，因而冷作硬化的程度低，材料的屈服极限也较低，此外，此处不像凸模圆角处那样存在较大的摩擦阻力。因此，在拉深过程中，在筒壁与底部转角稍上处变薄最严重，通常称此处的断面为"危险断面"。如果此处的拉伸应力超过材料的强度极限，则在此处就会发生拉裂，或者造成材料严重变薄而报废。

（5）筒底部分　此处材料在拉深过程中保持平坦，不产生大的变形，只是由于凸模拉伸力的作用，材料承受双向拉应力而略为变薄。

在拉深过程中，拉深件的质量问题突出地表现在破裂和起皱两方面，据生产实践统计，由于破裂与起皱而造成的废品约占整个拉深废品总数的 80% 以上。因此，对破裂与起皱现象进行研究，提出克服这些现象的措施，其意义十分重大。

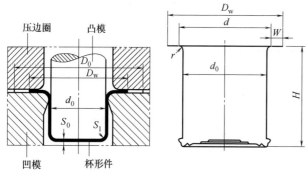

图 4-14 两片罐拉伸示意图

三、两片罐成型工艺

1. 浅拉深罐

浅拉深罐的罐身成型工艺流程是：板料（预先涂料或印刷）→落料→拉深→罐底成型→翻边→修边。

浅拉深罐只要一次拉深即可成型，如图 4-14 所示为两片罐拉伸示意图。板料在凸模的冲压下，在凹凸模的间隙中挤拉成型。

浅拉深罐主要成型工序是在一套复合模中一次完成的。落料拉深复合模结构与原理如图 4-15 所示，成型时复合模的落料凹模 2 下行落料（图中 2 处于落料开始位置），随后拉深模 1 向下进行拉深。凸模 1 到达下死点后开始上升，同时带动已拉深的杯形件 5 上升，上升中 5 被刮件器 6 挡住而刮落脱模，完成落料、拉深及冲底过程，注意凸凹模 7 的双重作用，落料时它是凸模，拉深时又是凹模。罐的底部一般要冲制膨胀圈，有时还压出仿制的二重卷边。

翻边是为罐身与罐盖封合作准备的，翻边部分在封合时形成卷边的身钩。翻边的规格、形状如图 4-16 所示。

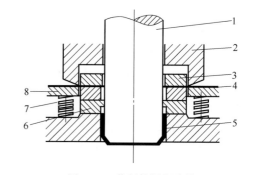

图 4-15 落料拉深复合模

1—拉深凸模 2—落料凹模 3—压边圈 4—条料
5—杯形件刮件器 6—刮件器 7—凸凹模 8—退料板

罐身制造过程还包括其他前处理和后续工序。成型前处理工序有：板料表面处理、涂覆涂料及装潢印刷，若是板料还须先冲裁成波形板条。后续工序有检验、包装等。

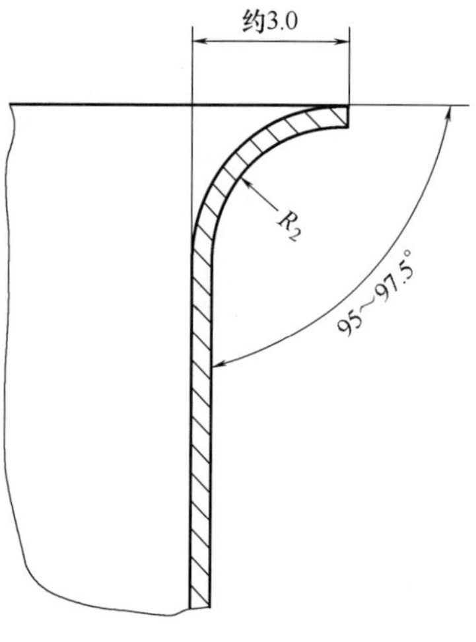

2. 深拉深罐（DRD 罐）

拉深罐由于极限拉深比的限制，需要分若干次拉深，才能达到要求的罐身尺寸。深拉深罐成型工艺过程是：板料→落料→预拉深→再拉深（若干次）→翻边→罐底成型→修边。

深拉深罐的落料和预拉深（也叫一次拉深），是在如前所述的复合模中完成的，冲出较浅的杯状中间毛坯。然后，中间毛坯经过再拉深，才能形成所需尺寸的罐身。再次拉深的工作原理如图 4-17 所示。通常再拉深（若干次）和翻边、冲底等工序是在多工位压力机上以步进方式完成的。

3. 变薄拉深（D&I 罐）

变薄拉深罐的制造成型工艺流程大致为：卷

图 4-16 翻边形状及规格

料展开→涂润滑剂→下料和预拉深→再拉深→多次变薄拉深→罐底成型→修边→清洗→表面印刷→内壁涂覆→缩颈和翻边→检验→包装。

　　D&I罐的下料和预拉深工序与前面介绍的DRD罐相同。再拉深的目的是使罐坯直径进一步缩小，缩小到D&I罐设计内径。再拉深工序有的单独进行，有的与变薄拉深组合成一组工序，变薄拉深原理如图4-18所示。

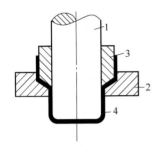

图 4-17　两片罐再次拉深示意图

1—凸模　2—凹模　3—压边圈
4—杯形件

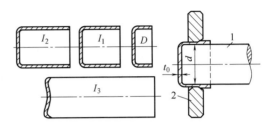

图 4-18　变薄拉深原理

D—初次不变薄拉伸　I_1、I_2、I_3—三次变薄拉伸
1—凸模　2—凹模

　　变薄拉深过程通常是在专用的卧式变薄拉深机上进行的，凸模的一次行程，使工件依次通过拉深模及具有三个不同内径的环形凹模。罐壁厚度在一次行程中经三次减薄，减薄到原来厚度的1/3左右，并形成规定的高度，最后底部冲压成圆拱底。凸模回程时，中间通过压缩空气，顶出活动芯杆，卸件器收缩，三者的联合作用使变薄的工件完好脱出凸模。变薄拉深用乳化液充分润滑、散热，以保持工件及模具的温度基本不变，使得工件的尺寸具有良好的稳定性。

　　缩颈和翻边通常是一次完成的，目前广泛采用旋压缩颈的方法。旋压缩颈的方法可以使缩颈和翻边一次完成，且缩口和翻边的质量均佳。早期采用的是分步缩口法，使口径依次缩小，故而有缩颈罐、双缩颈罐、三缩颈罐之分。

第五节　两片罐的质量控制与包装安全

一、质量控制

　　拉深过程中出现质量问题主要是凸缘变形区的起皱和筒壁传力区的拉裂。凸缘区起皱是由于切向压应力引起板料失去稳定而产生弯曲；传力区的拉裂是由于拉应力超过抗拉强度引起板料断裂。同时，拉深变形区板料有所增厚，而传力区板料有所变薄。这些现象表明，在拉深过程中，坯料内各区的应力、应变状态是不同的，因而出现的问题也不同。因此，需要研究拉深过程中坯料内各区的应力与应变状态。

　　1. 拉深过程中起皱

　　（1）起皱　拉深过程中坯料各部分的应力与应变不均匀，越靠近外缘，变形程度越大，板料增厚越多，凸缘部分全部转变为侧壁时，拉深件的壁厚则不均匀，罐体的起皱如图4-19所示。坯料各处变形程度不同，则加工硬化程度不同，表现为拉深件各部分硬度

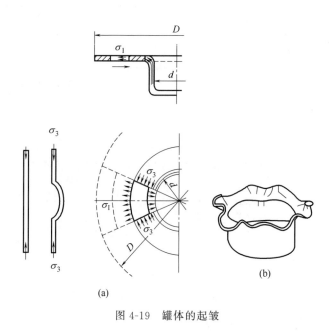

图 4-19　罐体的起皱

不同。起皱现象是由于切向压应力引起板料失去稳定而产生弯曲形成的。拉深过程中，凸缘区切向压应力 α_3 大，则容易失稳起皱。凸缘宽度大，厚度薄，材料弹性模量和硬化模量小，则抵抗失稳的能力差，容易失稳起皱。

（2）防止起皱的主要方法　为防止起皱，主要采用压边圈的方法。采用压边圈后的受力分析如图 4-20 所示。此外，还应从零件形状、模具设计、拉深工序的安排以及材料特性等多方面考虑。在满足零件使用要求的前提下，应尽可能降低拉深深度；应避免形状的急剧改变；零件的转角半径不能太小；拉深工序安排时应使拉深程度均匀，可分多道工序进行拉深成型。

2. 拉深过程中的拉裂

（1）拉裂　拉深过程中筒壁传力区中的拉应力超过筒壁材料的抗拉强度时，拉深件壁部就产生破裂，罐体的拉裂及受力分析如图 4-21 所示。危险断面在圆角与筒壁相切处，罐体的硬度和厚度变化如图 4-22 所示。

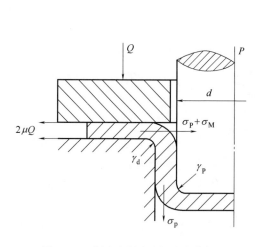

图 4-20　采用压边圈后的受力分析

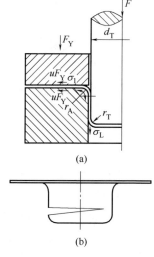

图 4-21　罐体的拉裂及受力分析

（2）防止拉裂的措施　通过改善材料的力学性能，提高筒壁抗拉强度；通过正确制定拉深工艺和设计模具，降低筒壁所受拉应力。如：根据板料的成形性能，确定合理的拉深系数；采用适当的压边力和较大的模具圆角半径；改善凸缘部分的润滑条件；增大凸模表面的粗糙度等。

二、包装安全

1. 两片罐成品质量检验

（1）对罐体的技术要求　罐体的物理性能应符合表 4-6 规定。涂层质量要求。罐体内外涂层必须附着良好，在巴氏杀菌后不得有脱落、变色和起泡等缺陷。外观质量要求如表 4-7 所示。

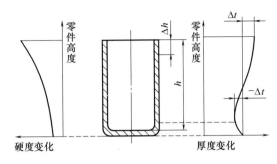

图 4-22　罐体的硬度和厚度变化

表 4-6　　　　　　　　　　　　　罐体的物理性能

项目		性能指标	
		钢罐	铝罐
轴向承压力/kN		≥1.00	
耐压强度/kPa		≥610	
内涂膜完整性/mA	啤酒罐体	单个≤25,平均≤3	单个≤75,平均≤50
	软饮料罐体	单个≤25,平均≤3	单个≤30,平均≤8

表 4-7　　　　　　　　　　　　　罐体外观质量要求

名称	不合格类	缺陷内容	AQL
罐体	A类不合格	内涂层含杂质、罐内明显的油污或其他杂物、针孔、罐身折曲或凹痕导致内涂层损伤、翻边缺损或撞凹、翻边不完全、翻边开裂、翻边有毛刺	0.65
	B类不合格	涂料有罐内壁成滴状和斑点、底部内涂膜有大于 2mm 气泡、底部变形、罐身折曲或凹痕长度大于 10mm 且未导致内涂膜损伤、缩颈褶皱	2.5
	C类不合格	内涂膜斑迹、印色轻微错位、印色以及罩光漆局部不完整、小划痕、印色与色版有轻微差别、缩颈部微折、底部金属轻微损伤	4

（2）检验方法　检验的主要测试项目包括外观质量目测检查、主要尺寸检验、罐体内涂膜完整性检验、罐体耐压强度试验、罐体轴向承压力试验、易开盖启破力、全开力试验、拉环式启破力、全开力试验、留片式启破力、全开力试验、易开盖耐压强度试验、易开盖内涂膜完整性试验、内外涂膜巴氏杀菌试验、易开盖密封性试验、封口胶干膜质量、开启可靠性试验等。

（3）判定规则　检验结果不合格数超过规定数，应判为不合格或拒收，但允许把有缺陷的产品剔除后再次提交验收，其合格程度不变，检验仍不合格则判定为该批不合格。

2. 食品安全

（1）食品罐内涂料

随着全球食品接触材料管理水平的提升，大家都面临着原来未能深入研究的区域，即NIAS（生产食品接触材料组分的过程中的杂质或者降解产物或者中间产物）。以前我们通常的管理方式是对已知的风险物质进行管理，包括添加使用量、迁移量及检测方法等，对于未知的物质，从目前的研究手段来说缺乏相应的检测方法，且大多数的物质没有食品安全暴露评估的资料。针对这类物质的研究很少，但是物质的种类又很多，对于面临的安全性存在太多的未知性，目前全球都在关随着我国最新的食品安全标准《GB 9685—2016 食品接触材料及制品用添加剂使用标准》，该标准包含限量物质 1294 种，虽然该版本已较 2008 版本有 336 个增加，但仍然与欧美及 FDA 有较大数量的差距，最关键的是监管问题。目前我们限量标准很明确，但这 1294 种物质的检测标准严重不足。在 2016 年，我国发布了《食品安全国家标准食品接触材料及制品通用安全要求》（GB 4806.1—2016）等 53 项食品安全国家标准，这些标准对目前的限量物质来说仍然杯水车薪。

环氧树脂于 1960 年开始用做食品罐内涂料，涂布于食品罐内壁隔绝金属罐与内容物，避免发生电化学腐蚀，以及重金属向食品物中迁移，起到保护食品安全，提高货架寿命的作用。双酚 A（BPA）、双酚 A 二缩水甘油醚（BADGE）、双酚 F（BPF）、双酚 F 二缩水甘油醚（BFDGE）、酚醛清漆甘油醚（NOGE）及其衍生物等有害物质作为环氧树脂和聚氯乙烯有机溶剂内涂料的初始原料、增强剂和热稳定剂，并能清除聚氯乙烯有机溶胶涂料在 190℃高温裂解时释放的氯化氢气体。但是微量或痕量的此类有害化学物质随食品进入人体会引发一系列的健康问题，长期摄入会对神经系统、内分泌系统、免疫系统产生影响，并对雌雄动物比例失调起到了不可忽视的作用。如：双酚 A 的接触会引起男性精液质量下降以及女性的性早熟。关于此类有害化学物质国内外制定了大量的标准，GB 4805—94《食品罐头内壁环氧酚醛涂料卫生标准》规定：环氧涂膜中游离酚和甲醛残留量均应控制在 0.1mg/L 以下。

有的罐头品种采用冲拔成型的两片罐，在空罐制造过程中，需要铁皮涂料能耐冲压及延伸等。从以上几个方面可以看出罐内涂料主要起双重保护作用：①保护镀锡板不受内容物的作用而发生腐蚀及脱锡变色等现象。②保护食品不受罐头镀锡板的作用而影响其品质或营养价值。

（2）罐头内壁涂料要求　涂料成膜后应无毒害，不污染内容物，不影响其风味和色泽，低公害性。涂料成膜后能有效地防止内容物对罐壁的腐蚀。涂料成膜后附着力良好，具有要求的硬度、耐冲击性和耐焊热性，适应制罐工艺要求。制成罐头经杀菌后，涂膜不应变色、软化和脱落，溶解。施工方便，操作方便，烘干后能形成良好的涂膜。涂料及所用溶剂价格便宜。涂料贮藏稳定性好。

（3）金属包装食品安全新技术　目前，世界公认金属包装是"最安全环保的产品"，我国已经发展成为世界第二大金属包装制造国，所以我国应该大力发展金属包装，确保罐装食品安全。使用涂层添加剂曾经是行业的普遍做法，却因为有害物质的发现使得企业在想方设法尽量少用涂层添加剂。覆膜铁是指将塑料薄膜通过热熔或粘合法复合在金属基板表面，提高金属基板和金属容器的耐腐蚀性能。覆膜铁由日本东洋制罐株式会社首先研发并投入生产应用。2006 年，奥瑞金立项研发该技术，摸索出了一套覆膜铁生产工艺，小试线于 2009 年开始投产，产品通过各项测试。2013 年奥瑞金在浙江上虞建成了一条年产 5 万 t 的覆膜铁生产线。

因此，在设计食品及饮料用罐时，还要考虑内容物的化学特性，为防止内容物含高酸、高盐、花青素的强腐蚀和醇类物质的侵蚀作用。在空罐成型后，往往需要对罐内壁进行一次全喷涂补涂，以加强罐壁的保护作用。全喷涂料因与内容物直接接触，首先要求对人体无任何毒害，有良好的抗化学性能并与罐内原有涂料附着良好，能起阻隔作用，在操作过程中易于喷涂和烘干固化。如可乐是一种无醇而含气的嗜好性软饮料，其中的主要成分有咖啡因、蔗糖、食用磷酸、香料、色素和其他物质，以及80％以上的水，可乐饮料的感观要求是清亮，无沉淀物。因此在内涂料的选择和工艺设计上就需要了解清楚内容物的特性，要求对人体无任何毒害，一般采用乙烯基涂料和水溶性环氧树脂类涂料。该涂料无臭无味，耐醇性强，透气性小，对金属的隔绝性能优良，适用于饮料及啤酒类金属罐。

第五章　金属气雾罐的设计与制造

第一节　气雾罐概述

一、气雾剂与气雾罐

气雾剂起源于 20 世纪 20 年代末，挪威科学家 Erik·Rotheim 发明一种用于灭虫的"臭虫炸弹"，经历近百年发展，全世界各式各样的气雾剂产品已有数千种之多。在我国，气雾剂工业化规模生产有三十多年的历史，是一个新兴产业，随着生活水平的不断提高，气雾剂产品广泛进入我们日常生活中"衣食住行医"各个方面，已经形成配套完整、门类众多、国际竞争力日益增强的产业，目前产量居世界第二位。气雾剂产业主要集中于珠江三角洲、长江三角洲以及河北、山东等华北地区，经过三十多年的发展，已形成具有国际影响的产业集群。

气雾剂产品是美化生活、提高效率、保护健康的必需品，几乎涉及国民经济的各个领域。随着科技发展日新月异，新结构、新功能的气雾剂产品层出不穷，不断丰富内涵、拓展外延。目前市场上的气雾剂产品琳琅满目，从喷出型态，可分为喷雾型、泡沫型、粉末型、束条型、凝胶型等；从产品燃烧性，可分为极易燃、易燃、不燃；从推进剂类别，可分为易燃推进剂（如液化石油气、二甲醚、HFC-152a）和惰性推进剂（如二氧化碳、氮气、HFC-134a 等）；从内容物基型，可分为油基型、醇基型和水基型；从产品用途，可分为消杀用品、气雾漆、个人护理用品、汽车护理用品、家居护理用品、建材用品（PU填缝胶）、工业技术用品、药用气雾剂等。

气雾罐是气雾剂的重要组成部分，是气雾剂成为压力包装的主体。气雾罐的发展引领气雾剂产品的发展，是气雾剂行业发展的核心要素。最初的气雾剂笨重且使用困难，目前世界上广泛流行的气雾罐主要是马口铁三片罐和一片铝罐，从结构到罐形均发生了翻天覆地的变化，如图 5-1 所示。主要变化包括：结构更合理，更轻便实用，罐壁更薄更省材，外形更美观，阻隔性能更佳更卫生，承压性能更高以满足新型推进剂的要求。随着成型工艺和印刷技术不断改进，异型罐、浮雕罐以及九色印刷、变色印刷、数码印刷层出不穷，极大地丰富了气雾剂产品的货架效果。从某种意义上，气雾罐由包装容器演化为包装的艺术，成为提升气雾剂产品附加值的重要因素。

二、气雾罐的定义、作用及工作原理

1. 定义

用于盛装气雾剂内容物的一次性使用的容量不超过 1000ml 的容器，使用时内容物在预压作用下，通过气雾阀按预定的形态喷射出来。

定义中有两个关键要点，一是一次性使用，即不可重复灌装；二是容量不超过

(a)   (b)   (c)

图 5-1 气雾罐发展变化

（a）早期笨重的气雾罐 （b）现代马口铁三片式气雾罐 （c）现代铝质一片式气雾罐

1000ml，超出此容量即不属于气雾罐的范畴。

2. 作用

气雾罐是气雾剂的重要组成部分，至少承担以下作用：①气雾剂内容物的盛装容器；②承装推进剂产生的内压力；③作为气雾阀门的基座；④印刷标签说明。

3. 工作原理

气雾剂的构成示意图如图 5-2 所示，由气雾罐 5、气雾阀 3、促动器 2、雾化器 1 和引液管 6 组成，气雾罐内盛装物是处于一定压力下的液态物料，加上液相-气相共存的推进剂组成。在充填好的气雾罐内，液态物料的上方都留有一定的空间。当按下促动器 2 打开气雾阀时，外界与罐内相通，由于推进剂的气化作用使罐内气体空间始终充满一定压力，罐内推进剂气相 4 的压力迫使液体物料通过引液管 6 上升，从促动器 2 上（装嵌或连体）的雾化器 1 喷出，同时罐内液态推进剂急剧气化，填补喷出液体的空位。由于液态推进剂变为气体后的体积约为气化前体积的数百倍，所以只要罐内还有液态推进剂（即使所剩留很少），就能维持罐内一定的压力，直到内装物料喷完为止。

当液态物料释放到空气中时，由于压力变化而导致推进剂急剧蒸发，使液态物料分裂成微细的雾化粒子。可以通过选择气雾阀流量孔的数量、孔径、结构、排列方式、促动器和雾化器的尺寸、结构，推进剂的种类与比例，以及内装物料的比例与混合方式，可得到适合于各种用途的

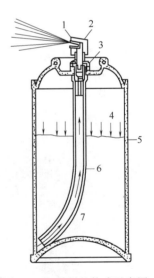

图 5-2 气雾剂的构成示意图

1—雾化器 2—促动器 3—气雾阀 4—推进剂气相 5—气雾罐 6—引液管 7—推进剂液相与内容物成分

雾化粒子的形态，如微细粒子到粗大粒子的喷雾、泡沫、射流、液滴状等。其中控制内装物料和推进剂的混合方式，对内装物料喷出形态起决定性的作用。

当气雾剂使用液化气体为推进剂时，液化气体在气雾罐内部分气化，大部分仍为液

相，并保持气-液两相平衡状态。这时推进剂气相在罐内顶部，液相在罐内底部，内装物料溶解或分散在推进剂液相之中。气相不但对罐壁有压力，对液体也施加压力。所以当气雾阀开启时，内装物料从下伸的引液管压向促动器出口，并在自动压出时形成喷雾形状或泡沫形状，也可能是液态或浆状，这与推进剂的性能及气雾阀的结构有关。

三、气雾罐类型

（1）按罐型分　分为一片罐、两片罐、三片罐。其中两片罐有两种结构形式，即罐身＋底盖，罐身＋顶盖。

（2）按罐形分　分为圆柱形标准罐、异形罐，异形罐包括滚筋罐、膨胀罐、浮雕罐以及兼具滚筋、浮雕和膨胀特点的复合异形罐等。

（3）按材质分　金属材质有马口铁、覆膜铁、铝，此外还有塑料（PET）、玻璃、玻璃/塑料复合等非金属材质。

（4）按承压能力分　分为常规罐、高压罐、超高压罐，其中超高压罐一般带有自卸压装置，当内压超过预定值时，罐底预设的薄弱处裂开卸压。

（5）按罐口尺寸分　按气雾罐与气雾阀口径配合尺寸分为 $\Phi25.4mm$（1英寸）和 $\Phi20mm$ 两种规格。

（6）按成型工艺分　分为焊接组合罐、挤压拉伸罐、挤压拉伸＋组合罐。其中，挤压拉伸＋组合工艺应用于两片罐，罐身挤压拉伸成型，与顶盖或底盖组合而成。

第二节　铁质气雾罐

从气雾罐起源至今，主要以马口铁和铝为材料。近年来，覆膜铁也被应用于气雾罐领域，在挤压拉伸工艺更显优势，与马口铁构成铁质气雾罐的主要材料。图 5-3 为未印刷的马口铁气雾罐。

图 5-3　未印刷的马口铁气雾罐

三片罐是铁质气雾罐的主要罐型，随着新材料、模具技术及制罐工艺的不断发展，两片式铁罐也得到了快速发展，近年来有欧美国厂商推出一片式铁罐，但仍属试探阶段，实际应用并不多。

一、铁质三片气雾罐

1. 结构特点

由罐身、顶盖、底盖三部分组合而成，如图5-4所示。罐身有纵焊缝，罐身反边后与顶盖、底盖双重卷边连接，卷边内注入密封胶。

三片气雾罐按罐身形状分为直身罐和缩颈罐。早期的三片罐，罐身与顶盖、底盖搭接处是向外凸出的，即搭接处的直径比罐身的直径大。后来经过工艺上的改进，在罐身与顶盖、底盖搭接前，先将罐身一端或两端进行缩颈，同时将顶盖或底盖的尺寸也相应缩小，搭接后就不存在凸出罐身的现象，这种结构称为缩颈罐，如图5-5所示。顶端或底端任一端缩颈的称单缩颈罐，顶端和底端均缩颈的称双缩颈罐。

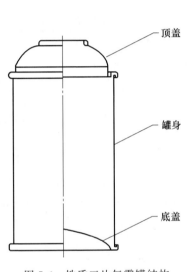

图 5-4　铁质三片气雾罐结构

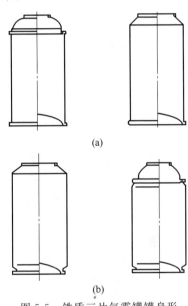

图 5-5　铁质三片气雾罐罐身形
(a) 直身罐　(b) 缩颈罐

三片罐罐口一般为25.4mm，主要尺寸及公差应与气雾阀有效配合，其结构及尺寸如图5-6和表5-1所示。

三片罐顶盖结构复杂，除了罐口尺寸外，还有诸多尺寸需要稳定控制：为保证耐压性能与密封性能，对卷封结构有严格要求；埋头是完成卷封结构的位置，埋装深度尺寸的控制非常重要；卷缘与气雾阀、塑料外盖配合，卷缘高度、卷缘直径、卷缘开口的尺寸控制非常重要。三片罐顶盖结构及尺寸如图5-7和表5-2所示。

2. 规格及耐压性能

（1）罐径、罐高与容量　三片罐罐径有 Φ45、Φ49、Φ52、Φ57、Φ65 五种常规规格，特殊罐径由供需双方协商解决。三片罐高度指罐身高度，不包

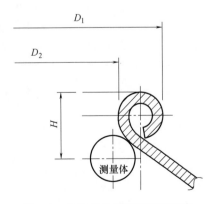

图 5-6　铁质三片气雾罐罐口结构

表 5-1 铁质三片气雾罐罐口尺寸

外径 D_1 /mm	内径 D_2 /mm	接触高度 H/mm			半径 R /mm
		最小值	最大值	平均值	
31.20±0.20	35.40±0.10	3.85	4.15	4.00±0.15	1.45

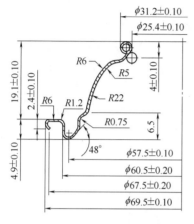

图 5-7 铁质三片气雾罐顶盖结构

表 5-2 三片罐顶盖结构尺寸 单位：mm

序号	尺寸项目	典型指标值	序号	尺寸项目	典型指标值
1	总高度	24±0.12	5	卷缘直径	69.50±0.10
2	罐口内径	25.40±0.10	6	接触高度	4.00±0.10
3	罐口外径	31.20±0.10	7	埋头深度	4.90±0.10
4	卷缘高度	2.40±0.10	8	卷缘开口	67.50±0.10

括顶盖，一般从 96～300mm，偏差为±1mm。

容量与以下术语有关：

① 气雾罐的全容量 V_0。指未装气雾阀时罐内全容积，也称为满口容积。

② 气雾罐的有效容量 V_R。指装上气雾阀后罐内容积，也称为有效容量。

③ 安全容量。指考虑气雾剂安全灌装系数的前提下罐内可灌装的最大容量。气雾剂安全灌装系数一般为小于 85%，基于内容物膨胀特性以及产品风险控制要求的考虑，某些产品安全灌装系数收紧至小于 80%，或者放宽至小于 90%。罐径、罐高与全容量典型规格对照如表 5-3 所示。

表 5-3 罐径、罐高与全容量典型规格对照

规格	罐径/mm					全容积 /ml	有效容积 /ml
	$\Phi 45$	$\Phi 49$	$\Phi 52\Phi$	57	$\Phi 65$		
罐高	96					100	140
	118					125	175
	140	119	105			150	210

续表

规格	罐径/mm					全容积/ml	有效容积/ml
	Φ45	Φ49	Φ52Φ	57	Φ65		
罐高	178	151	132			200	270
		169				225	305
		185	161	136	105	250	335
		222	195	164	122	300	405
			209			320	435
			234			350	488
			244			375	510
				207	157	400	520
				234		450	590
				257	195	500	650
					240	600	800
					300	750	1000

（2）耐压性能　铁质三片罐按耐压性能分为普通罐、高压罐、超高压罐，我国国家标准 GB 13042《包装容器 铁质气雾罐》对常规罐、高压罐的耐压性能要求作明确要求，如表 5-4 所示。超高压罐的耐压性能由代需双方约定。

表 5-4　　　　　　　　　　　**铁质三片罐耐压性能**　　　　　　　　　　单位：MPa

项目	普通罐	高压罐	要求
气密性能	0.8	0.8	不泄漏
变形压力	1.2	1.8	不变形
爆炸压力	1.4	2.0	不爆裂

3. 生产制造工艺

铁质三片罐主要工艺包括马口铁印涂、裁切，罐身成圆、焊接，顶盖与底盖的冲制，罐身、底盖、顶盖的组合，以及检漏、烘干等工序。生产工艺流程如图 5-8 所示。

对于全自动制罐生产线，缩颈、翻边、封口在一台组合机上完成。单机分开生产时，上述缩颈、翻边、封口组合作业不能一次完成，先对焊接好的罐身进行缩颈、翻边，然后再顺次送至两台封罐机分别进行顶盖-罐身和底盖-罐身的封口作业，其余作业相同。以下针对气雾罐的特殊要求，重点讲述焊接、顶盖成形、注胶和检漏四个关键工序。

（1）焊接　焊接是三片罐的关键工序之一，直接关系到气雾罐耐压性能、防腐性能以及整体美观程度。目前大多采用高频电阻焊接，有许多显著优点：减小搭接缝宽，罐体减轻；减少焊料，节省成本；减少焊缝的渗漏问题；增加罐体可印刷面积，整体更美观；为新型的缩颈罐提供了工艺条件。

高频电阻焊接，有时焊缝处会有轻微渗漏，只能通过检测机进行检测。

全自动激光焊接工艺可以克服上述不足，与高频电阻焊接相比：

① 激光焊接是对接不是搭接，使焊缝宽度进一步减小，且焊缝的厚度与罐体相同，

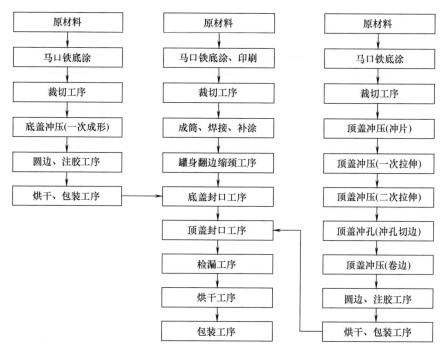

图 5-8　铁质三片气雾罐生产工艺流程

有利于提高封罐质量。

② 激光焊接的焊缝由罐体材料直接连续熔化而成，而不取决于焊机的频率，故焊缝平直、细密、美观，焊缝的强度、塑性及抗蚀能力与罐体等同，避免局部熔化的焊点间可能产生的气密泄漏或强度降低。

③ 激光焊接是非接触焊接，焊接质量受意外因素的制约影响小，不因铜线尺寸精密、滚轮配合等影响焊接质量。

④ 激光焊接对被焊材料的导电性无要求，无需对罐表面进行留空、除污等辅助工艺，工艺更简单。

当然，激光焊接工艺也有其劣势，如对罐体裁切尺寸精度要求高，对罐体成圆对接准确度要求高，对操作人员的操作技能高，设备总体造价更高。

（2）顶盖成型　顶盖的形状较为复杂，需要控制的尺寸很多，一般采用多工位级进冲压生产。所涉及工序一般为：下料、多次拉伸、拉埋关结构、冲孔、切边、罐口卷缘及最后的整形成形，其中拉伸成形部分相对比较重要，而且复杂。

图 5-9 所示为某一顶盖前五工位拉伸的工件图，反映了顶盖拉伸的特点，属于非直壁旋转体，其变形区的位置、受力情况、变形特点等与圆筒形件不同。

多工位级进模具中最重要和最典型的第 V 工位（成形拉伸）结构如图 5-10 所示。

（3）注胶　注胶是影响三片罐密封性能的重要因素，生产制造过程中，顶盖与罐身、底盖与罐身的双缝搭接需借助于密封胶来保证罐体的良好密封。

密封胶一般为水基化合物，在使用前需用充分搅拌，并注意勿混入空气，否则易产生气泡而影响密封性能。采用圆盘注胶机对顶盖、底盖卷边均匀喷注密封胶，注胶后进行烘干；烘干后应贮存 48h（或根据材料或工艺不同适当调整时间），使密封胶水分平衡达到

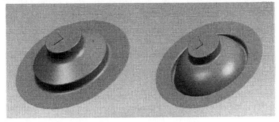

图 5-9　顶盖前五工位拉深的工件

最佳状态、强度达到最大值时，才可将其与罐身进行卷边封装。

　　不同的气雾剂产品，因其内容物材料剂型（水性、油性、乳化型）、pH 高低、对密封胶的溶胀特性等不同，因而应采用与之相匹配的密封胶，并调节恰当的注胶量。

　　（4）检漏　气雾罐是耐压容器，需承受相当强度的内压，一旦发生漏泄，即是致命的缺陷，轻微泄漏可能影响产品使用效果或甚至丧失功能，严重泄漏可能引发事故甚至导致人员伤亡。因此，检漏工序是气雾罐生产过程必不可少的环节，尤其是对三片罐而言——有焊缝，且顶盖、底盖解体风险大，通常必须在线 100% 全检。

　　气雾罐检漏有气压检和水压检两种方式，气压检效率高，更精确、灵敏，一般用于全自动在线检漏；水压检效率低，一般用于手动或半自动检漏，检漏后需烘干。

　　在线自动检机带离合分罐系统，可避免罐子检测过程中擦划产生次品，气压干燥检测避免水检过后腐蚀生锈，可长期稳定运行，对产品进行 100% 全检，有效剔除不良品。空罐由螺杆导入套筒，充填 0.8 ～

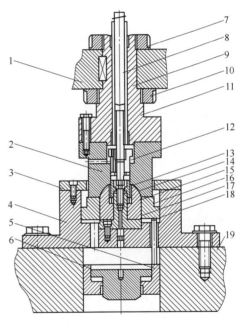

图 5-10　顶盖第 V 工位（成形拉伸）

1—上模架　2—凹模　3—下模座盖板　4—下模座　5—气缸滑块 I　6—气缸滑块 II　7—螺母 I　8—打杆　9—钢套　10—螺母 II　11—模柄　12—滑动芯　13—下模芯 I　14—下模芯 II　15—下模柱　16—压边圈　17—凸模　18—顶杆　19—下模架

1.2MPa 压缩空气，若空罐有泄漏，微小的泄漏导致套筒内的压力变化，机器配备的压力传感器会测到后交由 PLC 程序处理，控制系统会发出信号，在出口处将漏罐排出。

二、铁质两片气雾罐

1. 结构特点

两片气雾罐（以下简称两片气雾罐）是罐身没有焊缝，罐身与顶或底盖连成一体，即

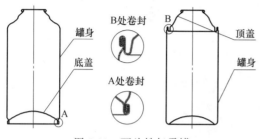

图 5-11　两片铁气雾罐

罐身用整张金属薄铁冲拔拉伸成型，然后罐身与顶或底盖（盖边内注入密封胶），连接而成的金属罐。两片气雾罐的结构分为罐身＋底盖、顶盖＋罐身两种结构，如图 5-11 所示。

两片气雾罐顶部形状有圆弧式和台阶式两种罐形，如图 5-12 所示。

两片气雾罐底部形状有缩径和直身两种形状，如图 5-13 所示。

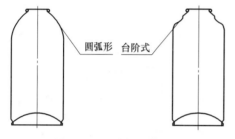

图 5-12　两片气雾罐顶部

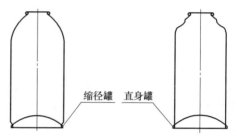

图 5-13　两片气雾罐底部

图 5-14 所示为较常见的罐身＋底盖的两片罐实物。

2. 成型工艺

两片气雾罐主要是利用镀锡（铬）薄铁的延展性，在冲模的挤压作用下产生塑性变形，制成所需的容器形状及高度，工艺流程比较简单，关键工序为罐身冲拔拉伸、冲孔、卷和修边，在冲床或液压机上利用不同的冲拔模具来完成，如图 5-15 所示。

两片气雾罐成型为深冲罐又称多次拉伸罐（DRAWN AND REDRAWN CAN），简称 DRD 罐，罐身和顶或底部用多次拉伸法制成，即先将镀锡（铬）薄铁冲剪成圆片落料并制成杯体，通过多级拉伸，杯体的直径逐步变小，使顶或底的部分材料流

图 5-14　较常见的罐身＋
底盖的两片罐实物

向罐壁，而不是将罐壁部分的材料拉薄，从而使罐身高度逐步升高。这样制成的最终高度与罐径之比大于 1，而成品罐壁和底或顶部与落料总面积基本一致，如图 5-16 所示。

图 5-15　两片气雾罐生产工艺流程

冲杯 → 拉伸 → 顶部成型 → 修边 → 冲孔 → 卷口 → 封底

图 5-16 两片气雾罐成型

3. 材料要求及其选择

两片气雾罐罐身材料为镀锡（铬）薄铁，可再经过表面加工后成为涂料铁和覆膜铁两种包装材料。镀锡（铬）薄铁（俗称马口铁）是指表面镀有一薄层金属锡的钢板，锡主要起防止腐蚀与生锈的作用。它将钢的强度和成型性与锡的耐蚀性、锡焊性和美观的外表结合于一种材料之中，具有耐腐蚀、无毒、强度高、延展性好的特性。

涂料铁是在镀锡（铬）薄铁上覆有高分子有机涂层的包装材料，它的作用是阻隔内容物与镀锡（铬）薄铁接触，防止或减缓罐体腐蚀。

覆膜铁是将高分子树脂薄膜（PET）通过熔融法或贴合法压覆于镀锡（铬）薄铁表面而制成的一种新型环保金属包装材料。它具有高阻隔性、抗磨、耐拉、延伸性好、附着力强等优点，是铁质冲拔拉伸工艺中最佳的材料，其结构如图 5-17 所示。

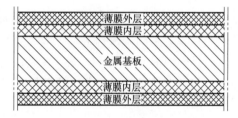

图 5-17 覆膜铁

两片气雾罐罐身材料选择需考虑以下方面：

（1）两片气雾罐采用"DRD"工艺，设计首先要考虑满足承压要求及罐体结构形式，如：罐身＋底盖的结构，当罐身和顶部为一体时，径向和顶部能承受的压力是非常高的。此时，底盖和封卷处成为气雾剂承压最为薄弱的环节。因此，需要选择较厚的材料来达到承压的要求，一般在 0.3～0.5mm，而罐身顶部则可选择较薄的材料，既能够满足安全使用要求又具有良好的经济性。

（2）罐身为多次拉伸的成型方式，材料在制程中需要被反复冲拔拉伸。通常要选择调质度偏低的材料，以适应冲拔拉伸过程中的拉力和压边力、收缩率，使材料具有良好的可塑性，避免在制程中材料出现褶皱、断裂等现象，一般选择调质度为 T1.5～T3 级。

（3）罐身使用材料的厚度取决于产品内容物的承压要求和成型性能，承压要求和顶底盖需进行二重卷封的适应性评估，一般在 0.2～0.4mm，通常材料越薄对气雾剂顶底部结构的设计和成型难度的要求越高。

（4）罐身在冲拔拉伸过程中材料的镀锡层本身具有一定润滑性能，使用涂料镀锡（铬）铁可以使用约 $6g/m^2$ 的镀锡量，使用素铁冲拔拉伸则需要约 $14g/m^2$ 的镀锡。如使用覆膜铁，应在素铁的基础上再考虑附着力、薄膜表面滑度、抗性等方面。

（5）罐身的落料尺寸是按成品容器的展开面积计算的，在实际冲拔过程中，其容器的展开面积一般比计算面积稍大一些，以便于成型后，修边到所需的翻边尺寸。

4. 罐身冲拔拉伸与模具设计

（1）冲拔拉伸的成形过程　冲拔拉伸原理是由凹模向凸模方向冲压，将材料压住并拉伸成型的工作原理。当凹模安装在冲床的滑块上，曲轴带动滑块和模具向下冲压，凹模与压料模先将材料压住。压料模在下面气缸往上压力的反作用力下，与凹模压住材料防止拉伸出现褶皱与断裂。材料在冲拔力和压边力的作用下，会按照模具设计形状从间隙流动形成所需的形状，一般高度方面的尺寸可以调整，直径方向尺寸不可以调整。冲拔拉伸的成形过程如图 5-18 所示。

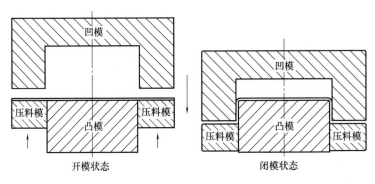

图 5-18　冲拔拉伸的成形过程

（2）冲拔过程中受力分析　两片罐罐身均为圆筒形，用于冲拔罐身的落料尺寸直径 D 要与设计容器的表面积基本一致，直径 d 为凸模成型尺寸。冲拔时，材料从凸模的外径开始将外围部分带下凸模与凹模周边的间隙，并在圆周方向产生内应力 P_1。由于间隙和材料的厚度基本相同，不允许材料收缩后变厚，随着圆周的缩小，材料必然受压适应收缩，只能向半径方向伸长，产生伸长内应力 P_2。当材料继续往凸模内移动时，模口受到的外力最大，相应产生激烈的变形，由于半径方向的伸长力与圆周方向的压缩力相近，材料沿着凹模和凸模的间隙形成罐壁不变薄圆筒形罐身。冲拔过程中受力分析如图 5-19 所示。

（3）冲拔拉伸时各部位的变形　冲拔拉伸时各部位的变形情况如图 5-20 所示。

① 在材料的边缘部位，当材料由大直径向小直径方向收缩，同时又被凹模和压料模压住拉入凸模，这时在圆周方向的收缩，半径方向的伸长和厚度增加是同时产生的，因此应力和变形在这三方面同时发生，外缘部分会产生较大的变形。

② 在凹模口部圆弧角这一部位金属的结晶变化最激烈，它要使平面的材料通过凹模口部圆弧角挤压成直立的圆筒，所以受力最大，应力和变化也是同时发生，厚度相应增加。

③ 在凸模的底面部分，受到四周金属拉力的影响，直径略微增大，但所产生的变形是在金属弹性限度以内，所以厚度基本不会减薄。

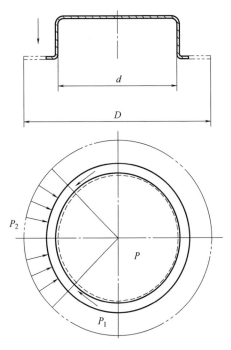

图 5-19　冲拔过程中受力分析

④ 在凸模的圆周部位，金属最先接受凸模的压力，也最先被拉长、厚度减薄，内应力的产生和凹模口部圆弧角相同，也是三方向同时产生的，变形则是在半径方向和厚度方向产生。

⑤ 在凹模和凸模的压料模间隙部位，材料只受到凹模向下的压力，因而伸长，应力主要在半径方向上，而变形是半径方向和厚度方向同时产生。因为金属的体积不变，材料被拉长以后必然在这部分产生金属不同程度的厚度变薄现象。

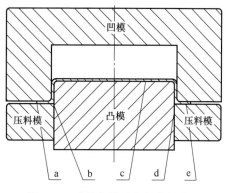

图 5-20　冲拔拉伸时各部位的变形

第三节　铝质气雾罐

铝材是金属包装的主要材料之一，与其他材质的包装相比，铝材包装的优势更加突出：机械性能优良、强度较高，可以制成薄壁、耐压强度高、不易破损的包装容器；加工性能优良，加工工艺成熟，能连续化、自动化生产；具有极优良的综合防护性能，能较长时间保持商品的质量，货架寿命长；具有特殊的金属光泽，易于印刷装饰，使商品外表华贵富丽，美观适销；铝材包装材料具有重复可回收性，是理想的绿色包装材料。

铝质气雾罐一般为整体成形的一片罐，与铁质三片罐和两片罐相比，一片式铝罐的优势明显：承压能力高，变型压力、爆破压力可适应不同的产品配方；阻隔性能好，有效防止有害物质迁移，洁净卫生，符合药典安全要求；防锈防腐优，无焊缝，不生锈；全内涂，全方位保护内容物；装饰效果佳，一片成型，独特异形，货架形象好，吸引眼球；环境友好型，减薄节材，节能减排，可循环利用。同时，由于一片式铝罐制造工艺复杂，不易仿造，使用其作为包装容器可以有效地杜绝假冒行为。

一、结　构　特　点

一片式铝质气雾罐（以下简称铝气雾罐）由单片铝块冲压拉伸成型，罐身、顶盖、底盖为一个整体，没有焊缝，也无需结构组合。

对于铝气雾罐，我国目前有一项国家标准、两项包装行业标准，即 GB/T 25164《包装容器 25.4mm 口径铝气雾罐》、BB/T 0006《包装容器 20mm 口径铝气雾罐》和 BB/T 0075《包装容器 制冷剂专用铝罐》。按照上述标准，铝气雾罐有 Φ25.4mm（1 英寸）、

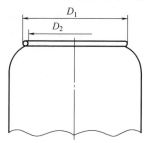

图 5-21　25.4mm 口径罐口

$\Phi20mm$ 两种口径，其中 $\Phi20mm$ 口径有两种结构，如图 5-21 和图 5-22 所示。

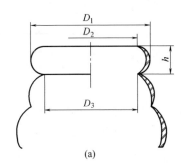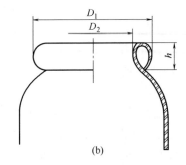

(a)   (b)

图 5-22   20mm 口径罐口

(a) A 型   (b) B 型

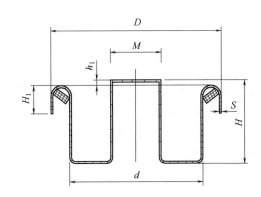

图 5-23   制冷剂专用铝罐固定盖

制冷剂专用铝罐由固定盖和 25.4mm 口径铝气雾罐组成，专用于盛装制冷剂，其固定盖结构如图 5-23 所示。

25.4mm 口径铝气雾罐主要尺寸和偏差如表 5-5 所示，其中，制冷剂专用铝罐对罐口卷边半径不作规定。

制冷剂专用铝罐固定盖的主要尺寸和偏差如表 5-6 所示。

25.4mm 口径铝气雾罐有多种肩型，如圆肩型、拱肩型、斜肩型、台阶肩型等，20mm 口径气雾罐通常为圆肩型，如图 5-24 所示。

表 5-5   25.4mm 口径铝气雾罐主要尺寸和偏差   mm

罐口外径 D_1	罐口内径 D_2	罐口卷边半径	接触高度 h	罐体外径	罐高
31.30 ± 0.10	25.40 ± 0.20	1.50	4.25 ± 0.20	±0.20	±0.5

表 5-6   制冷剂专用铝罐固定盖的主要尺寸和偏差   mm

项目	尺寸	偏差	项目	尺寸	偏差
盖总高度 H	8.0～9.5	—	固定盖内径 d	25.15	±0.08
盖外翻边高度 H_1	3.30	$+0.30$ -0.25			

(a)   (b)   (c)   (d)

图 5-24   铝气雾罐肩型

(a) 拱肩型   (b) 圆肩型   (c) 斜肩型   (d) 台阶肩型

二、规　　格

1. 罐径、罐高与容量

25.4mm 口径铝气雾罐径有 Φ35、Φ38、Φ40、Φ45、Φ50、Φ53、Φ55、Φ59、Φ66 等规格，20mm 口径有 Φ22、Φ25、Φ28、Φ35 等规格，特殊罐径由供需双方协商解决。

铝气雾罐罐高指总高，即从罐口至罐底（此点与三片罐明显不同）。25.4mm 口径罐高一般从 80～240mm，20mm 口径罐高一般从 58～155mm，罐高偏差为 ±0.5mm。

铝气雾罐的容量一般较小，25.4mm 全容积从 62～710ml，20mm 口径全容积从 20～130ml。对于铝气雾罐而言，大容量不难，耐高压也不难，但是大容量且耐高压的难度就非常大，因为承压能力随罐体直径增加而下降。常规的工艺技术，大容量铝罐需增加罐壁厚度才能在提升其承压能力，致使罐体笨重，既不经济也不实用，而且承压能力只是小幅度增加，难以满足市场需求。大容量耐高压铝气雾罐，涉及罐体壁厚控制技术、柔性缩颈技术和罐口修整技术等关键工艺技术。

2. 耐压性能

上述国家标准和行业标准对 25.4mm 口径铝气雾罐、20mm 口径铝气雾罐的常规耐压性能要求作出明确要求，如表 5-7 所示，超高压罐的耐压性能由代需双方约定。

表 5-7　　　　　　　　　　　铝气雾罐耐压性能　　　　　　　　　　　　MPa

项目	普通罐	要求	项目	普通罐	要求
气密性能	0.8	不泄漏	爆炸压力	1.4	不爆裂
变形压力	1.2	不变形			

制冷剂专用铝罐因内容物饱和蒸汽压比常规的推进剂更高，因此对耐压性能有更高的要求，如表 5-8 所示。50℃（122 ℉）时饱和蒸汽压高于 1.32MPa 的制冷剂对铝罐耐压性能有更高要求，由供需双方协定。常见的高饱和蒸汽压制冷剂如表 5-9 所示。

表 5-8　　　　　　　　　　制冷剂专用铝罐耐压性能　　　　　　　　　　MPa

项目	普通罐	要求	项目	普通罐	要求
变形压力	1.8	不变形	爆炸压力	2.0	不爆裂

表 5-9　　常见的高饱和蒸汽压制冷剂 50℃（122 ℉）时饱和蒸汽压参考值

名称	50℃（122 ℉）时饱和蒸汽压（MPa）	名称	50℃（122 ℉）时饱和蒸汽压（MPa）
R134a	1.32	R507	2.36
R407C	2.19	R125	2.54
R404A	2.30	R410A	3.08
R143a	2.31	R32	3.14

三、生产制造工艺

1. 工艺流程

铝气雾罐由单片铝材冲压拉伸整体成型，主要工序包括炒片、冲压拉伸、二次拉伸、修边、抛光、清洗、内涂、底涂、印刷、上光、收颈成型、后洗罐、检漏、包装等。生产工艺流程如图 5-25 所示。

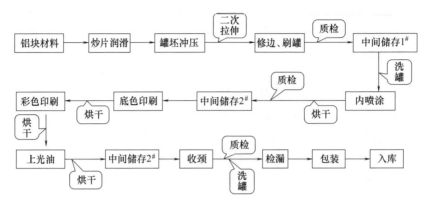

图 5-25　铝气雾罐生产工艺流程

从上述流程可以看到，一片式铝罐的生产工艺有两个显著特点：一是所有工序全部在线自动完成，二是先印刷再收颈成型，且是在圆筒上印刷，而不是在平面上印刷。

图 5-26 所示为全流程实物示意图，展示从铝块到成品的实物变化过程。图 5-27 所示为全流程结构示意图，展示从铝块到成品的结构变化过程。

图 5-26　铝气雾罐全流程实物示意图

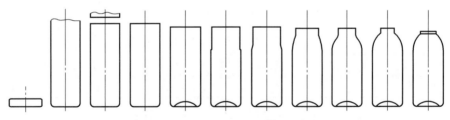

图 5-27　铝气雾罐全流程结构示意图

2. 生产线设备

典型的铝气雾罐全自动生产线设备装配示意图如图 5-28 所示。各工序之间由斜传、输出、输入机构连接装置连接起来，各主机由传感器和 PLC（可编程控制器）监控，构

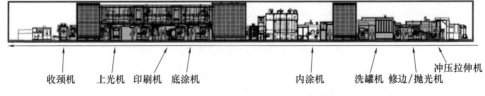

图 5-28　典型的铝气雾罐全自动生产线设备装配示意图

成机电一体化的全自动生产线。操作人员只需要对产品质量进行必要的检验和监控，正常情况下无需干预生产运作。

3. 关键工艺

上述工艺流程中，每一个环节都将影响生产效率及成品质量，其中炒片、冲压拉伸、内涂、印刷、收颈成型等工艺尤为关键。

（1）炒片　用于生产铝气雾罐的铝材为含铝量大于 99.5％ 的铝合金，一般选用 1070A 牌号铝合金，硬度为 HB17-23。为了改善冲压拉伸性能，冲压前需用润滑粉或润滑膏进行润滑，即俗称的"炒片"，炒片机就是一个由电机通过减速箱带动能够翻转的装置，如图 5-29 所示。

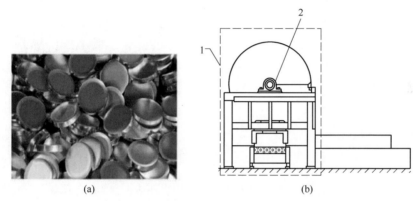

图 5-29　"炒片"润滑工序
（a）铝片　（b）炒片机
1—保护装置　2—电机

（2）冲压拉伸　采用大吨位的冲压机（通常为 200～400t）冷挤压拉伸工艺，高压挤压产生高热，铝材处于融熔状态塑性大幅提高，在底模和冲杆的配合下，挤压拉伸成为直筒罐坯，如图 5-30 所示。

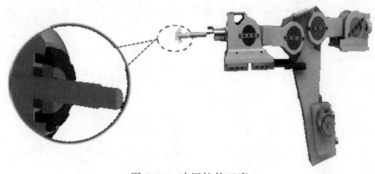

图 5-30　冲压拉伸工序

为了减薄罐壁，可对冲压拉伸成型的罐坯进行再次拉伸，即"二次拉伸"，如图 5-31 所示。二次拉伸不是简单重复拉伸，因为经过一次冲压拉伸后铝材晶体结构变化，塑性降低，需专门的二次拉伸设备才能完成。

（3）内涂　内涂是确保铝气雾罐防腐性能以及与气雾剂内容物相容性能的关键因素。

根据内容物的特性，选用对应的内涂材料和喷涂工艺。通常采用九枪三次喷涂，每个罐进行三次覆盖喷涂，如图 5-32 所示，涂料在恒温、无尘的环境下喷涂、干燥固化，要求涂膜均匀、致密性良好，以专用涂层导电测定仪测试内涂层的完整性。

图 5-31 二次拉伸

图 5-32 九喷枪内涂工序

（4）印刷 图像所需的各个颜色汇集在一片中间胶版上，通过旋转一周压印到罐身上，多个颜色同时进行，就做成了彩印。目前可以达到 9 种颜色，即"九色印刷"，如图 5-33 所示。通常来说，印刷指的是一个大工序，包含底涂-印刷-上光三个环节，分别由三台设备完成，即印刷三机。

图 5-33 多工位收颈成型工序

铝气雾罐印刷的最突出的特点是在圆筒形罐体上印刷，而不是像三片罐那样在平版上印刷，因此对套印精度和印刷机的稳定性要求比较高，设备的造价也相应较高。同时对油墨和光油的性能要求相当高，需承受收颈成型过程的强力碾压，常规的油墨和光油不能满足要求。

近年来，多家欧洲设备厂商开发应用于铝气雾罐的数码印刷设备，并已投入商用，可以满足小批量多品种的个性化印刷要求，环保性能也更优越，当然设备造价也更高。

（5）收颈成型　收颈成型工序共有三个功能：一是罐底打底，将罐底由平面冲成穹形，提高罐体承压能力，同时提高铝罐摆放的稳定性；二是通过多工位模具拉伸-挤

图 5-34　多工位收颈成型工序

压逐步变形，收颈成型；三是反边卷口形成罐口。图 5-34 所示为多工位收颈成型工序。

第四节　金属气雾罐设计与制造发展方向

一、设计要点

气雾罐既是包装容器，也是气雾剂的重要组成部分，它的质量状况决定了气雾剂的安全性和储存期。而气雾罐的质量，很大程度上取决于其设计的合理性。气雾罐的设计要点主要包括以下方面。

1. 材质

材质是气雾罐设计的前提和基础，其选型决定了罐型结构、容器性能及应用范围。对于金属气雾罐而言，主要是铁、铝两种材质。铝质气雾罐更精致、性能更高，成本相应更高，主要用于药品、化妆品、食品以及某些有独特性能要求的高端工业产品，而铁质气雾剂广泛应用于一般日化产品和工业产品。

铝质气雾罐的材质比较单一，一般使用 1070A 牌号铝合金，铝含量（质量分数）99.70%，硬度值 HB17～23，内部金相要求晶粒度不大于 $0.026mm^2$。如果使用其他牌号铝合金或再生铝，对炒片、冲压拉伸、二次拉伸、收颈成型等工艺有相应影响。

铁质气雾罐的材质一般为镀锡薄钢板（马口铁）和覆膜铁。铁质气雾罐对马口铁的有严格要求，一是镀锡量，视气雾剂配方及对气雾罐防腐性能要求确定相应的镀锡量，对罐内罐外防腐性能要求相近的，选用等厚镀锡方式，一般选用 5.6/5.6 镀锡量，若对罐外防腐性能要求不高，可选用差厚镀锡方式，如 2.8/5.6 镀锡量（2.8 为外表面，5.6 为内表面）；二是调质度，罐身、顶盖、底盖所用的材料，因印铁烘烤、冲压延伸、卷圆等工艺

差异，需选择合理的调质度。

与传统马口铁相比，覆膜铁具有优良的耐腐蚀、抗锈蚀等特性：由于是塑料薄膜的复合板，可以解决传统马口铁普遍存在的耐腐蚀性和附着力的不足；外观光洁、爽滑、装饰性好、手感好；化学稳定性好、耐候性能、耐老化，可以适应恶劣的环境而不会发生脱落和锈蚀；加工性能优良，具有耐深冲、耐磨，在加工中不易破损；表面爽滑，有润滑作用，在金属罐的加工中更易成形。这里有一点必须特别注意，切口部位需做防腐抗蚀处理。

2. 罐型结构

一片罐、两片罐、三片罐的制造工艺差异大，生产设备也完全不一样，不同的罐型结构只能在相应的设备上生产。换而言之，罐型结构取决于生产设备，设计时不能超越装备硬件条件——装备确定后，可以改变的只是规格尺寸和形状。

3. 规格容量

铁罐气雾罐和铝质气雾罐，罐径已系列化，由于模具制作周期长、造价高（尤其是铝罐），除非有特殊要求，一般不建议使用系列以外规格罐径。容量大小可以通过改变罐高进行灵活调整，最高不超过 1000ml（国际上对气雾剂容量的最高限值是 1000ml，在实践中大容量气雾剂一般不超过 840ml）。通常地，随着容量增大，耐压性能下降。

4. 耐压性能

气雾罐必须能承受正常工作条件下和异常情况或极端条件下的耐压要求，具体取决于产品配方（尤其是推进剂的种类及配比）、工作条件、储存环境等因素。现行国家标准和行业标准规定了气雾罐的变形压力和破裂压力，超出标准要求耐压性能时，需特殊约定。提升耐压性能有多种方法，常见的如增加壁厚、罐形结构改进、罐口卷边结构改进、减小容量。某些特殊用途的气雾剂产品，除了要求更高的耐压性能，还必须设置自动卸压装置，当罐内压力超出设置值时，自动释放罐内物料以避免罐体爆破或爆炸。

5. 耐蚀性能

气雾剂产品一旦发生腐蚀，轻则微泄漏影响产品使用效果或者丧失功能导致产品报废，重则大量泄漏引发火灾爆炸事故。因此，耐蚀性能是气雾罐关键质量指标之一。相对而言，铁质气雾罐的耐蚀性能弱于铝质气雾罐，因而设计时需更加注意耐蚀问题，一是罐内壁与罐内物料（包括推进剂、溶剂、有效成分及其他组成物）相互不发生反应，不因发生腐蚀而造成渗漏。锡元素本身比较惰性，对油基型配方相对稳定，但对于水基型及含氯溶剂较多的配方则极不稳定，因此需要在内壁涂以环氧树脂、酚醛树脂之类的保护层，涂层的选择及厚度，必须与产品配方相匹配，通过试验最后确定。二是顶盖和底盖注胶的材质选择及注胶工艺，确保注胶材质与产品配方的匹配性，注胶量适当且均匀。三是有焊缝补涂的（三片罐），需确保完整试验后补涂范围内无线状腐蚀或密集腐蚀点。

铝质气雾罐没有焊缝、无需注胶，耐蚀性能主要取决于内涂层的材质和喷涂工艺（膜厚、均匀度、完整性、烘烤温度、烘烤时间等），同时也与洗罐工序的清洗剂选型及洗罐工艺有关。其中，内涂层完整性（导电率）是关键指标，通过专用涂层导电测定仪，电流值不应超过 30mA。

6. 密封性能

密封性能也是气雾罐的关键质量指标之一。密封性能好坏与诸多因素密切相关，主要有以下几个方面：一是罐口结构、卷边尺寸与精度、接触高度与精度，这些均与气雾阀的配合直接相关并影响封阀效果；二是顶盖、底盖与罐身的组合工艺及精度；三是注胶材质密封性能以及均匀程度；四是焊缝的质量。

正常情况下，气雾剂成品在放置过程中会发生缓慢的泄漏，即所谓的自然泄漏。对于常见的气雾剂成品而言，有效期内泄漏量 3～5g 不会影响产品的正常使用。一般认为，在 45℃储存条件下，气雾剂成品自然泄漏率应小于 10mg/d，相当于 3.6g/a 或 0.000116mg/s，属正常的自然泄漏，若超出此数值则属异常，可能与气雾罐密封性能不良有关。

7. 强度性能

气雾罐需具有一定的机械强度，如在压力下将气雾阀固定盖封装在罐口卷边上时，卷边及罐其他部位不应有变形现象出现，气雾罐各部位在碰到一般性撞击时不会产生变形，这与气雾罐的材质、结构、罐形等因素有关，设计时需综合考虑。

8. 尺寸精度

气雾罐卷边口直径、接触高度、平整度、圆度、与罐底的平行度、罐体高度等尺寸指标，直接影响其与气雾阀封装的密封性能和牢固度，相关国家标准和行业标准对这些尺寸的精度有严格要求，设计时必须遵循。

二、发 展 趋 势

随着消费者喜欢更小巧轻便，更易于使用、价格便宜、吸引眼球、性能好、对环境友好的气雾剂，一系列创新技术涌现出来。如再生铝（ReAl）技术，使气雾罐包装减轻 10%；DigiStrip 技术，使马口铁气雾罐焊缝宽度从 5mm 缩小至 1.5mm；带膨胀活塞的气雾罐，可实现自密封；ICON V-Drive 垂直减薄拉伸技术可生产出罐身更薄的铝罐，使铝罐减材约 20%。印刷技术也有长足的进步，传统印刷和 UV 印刷完美结合，防伪印刷、高保真印刷、深冲预变形印刷等技术均有突破性创新。为了增强货架视觉冲击力，制罐厂商在外观和手感上下功夫，形状造型多样化，肩型有圆肩、斜肩、台阶肩、槽肩、子弹肩等，罐体有滚筋罐、膨胀罐、浮雕罐、纤体罐、阶梯罐等各种造型，成为促销新手段。

三、新材料应用

在新材料应用方面，我国的覆膜铁及其制罐技术引起业界关注。对比测试表明，覆膜铁罐在室温、37℃和 55℃时，均表现出优于涂料铁罐的耐蚀性能。制罐材料的减薄，从成本和资源节约角度为金属包装行业注入活力，DR 材（二次冷轧镀锡板、镀铬板）在三片罐的应用改变了 0.2mm 厚度的一次冷轧板材统领马口铁气雾罐罐材的局面，逐步向 0.18mm、0.16mm 厚度过渡，我国业界的目标是 0.10～0.12mm 厚度。为了迎合绿色环保潮流，越来越多的气雾剂品牌商选用氮气、二氧化碳等压缩气体为推进剂，其压力比常用的液化气体高，对气雾罐的承压能力带来挑战。按常规标准，气雾罐 20℃耐压 9.5bar 已足够，而对于高压推进剂而言，需满足 50℃耐压 15bar，对罐形结构、卷边结构、焊缝工艺等有更高要求。

四、标准化方向

气雾罐的质量状况决定了气雾剂产品的安全性和储存期，承压能力不足，可能随时引致爆炸；密封性不良易于引起渗漏，使喷雾功能消失；内涂层不良，涂层容易脱落以致碎片堵塞阀门，甚至引起罐壁腐蚀穿孔。因此，气雾罐的生产制造受严格监管，必须进行严格的质量检验。同时，作为危险品包装的气雾罐，对外贸易需要满足国际上更高的质量要求，由此推动了我国气雾罐标准化不断发展。我国气雾罐标准参照欧洲标准为主，主要有德国 DIN 标准、欧洲气雾剂联合会（FEA）标准及欧盟 EN 标准，其标准化历程反映了我国气雾罐工业的发展方向，是一个不断融入国际化的过程。

气雾罐工艺技术日新月异，材料、结构、生产工艺不断发展，对标准化工作提出新的要求。材质方面，应涵盖铁-铝混合两片罐和铁质（钢质）一片罐，并适用于覆膜铁（马口铁镀锡量可降低）；结构方面，应适用于滚筋罐、膨胀罐、浮雕罐、阶梯罐等异型罐以及螺口罐（配按压泵，使用喷雾剂，不充填推进剂）；标准项目方面，应增加针对环境影响及人体危害方面的内容，体现减薄省材、绿色包装等技术发展水平。

第六章　异形容器的设计与制造

金属容器主流是圆柱形罐，也存在一定量的异型罐和异形容器。把不同于常规圆柱形罐的一类特殊的罐形或容器，统称为异形容器。本章主要介绍非圆罐容器的设计与成型加工技术，以及局部变形加工技术和新型金属罐容器。

第一节　异形罐特点及包装应用

一、常见异型罐的分类

（1）按容器横截面形状分类，根据国际国内有关标准可以形成下面几种容器系列：金属罐罐身截面形状（图 6-1）有方形罐、椭圆形罐、扁圆形罐、梯形罐、马蹄形罐等。

（2）按容器外部几何特征形状分类（图 6-2），可以分为圆台（锥）形罐、棱柱形罐、棱台（锥）形罐等。

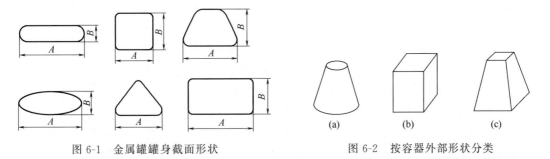

图 6-1　金属罐罐身截面形状　　　　　图 6-2　按容器外部形状分类

（a）圆台形　（b）棱柱形　（c）棱台形

二、异形罐的特点

目前异型罐常见的有扁圆罐、椭圆罐、瓶罐、碗罐等，还有一类容量比普通罐大的如 4L 的矩形罐和 18L 的方罐，由于容积比较大，也称作 4L 矩形桶和 18 升钢提桶。这些异型罐的制造工艺和设备与常见的圆柱形制罐工艺和设备有较大的区别。两片罐里面的异形罐主要为浅拉伸，如长方形罐、椭圆形罐。拉伸罐里的异形罐，一般只需要一次拉伸即可成形，成形后罐高与直径之比不超过 1/2。

方罐的典型代表是 18 升（或 18L）方罐。由于容积大小无严格界限，有时方罐又称方桶。方罐最大的优点是在贮存和运输时空间利用率高，节省流通费用。

近年推出的碗罐颇具特色，食品罐头“零食化”的趋势，让小罐走俏市场。碗罐符合传统饮食习惯且容量适当，碗罐食品在杀菌后同样具有货架寿命长、食品安全性高、包装可 100% 循环利用等优势。碗罐中的金属材料有助于保持即食加工食品的风味和商业无菌状态，碗罐的大口径使内容物更容易倒出。此外，也易堆叠在货架上，并可将空罐套装在一起节省运输成本。

三、异形罐的包装应用与选材

二片浅冲罐，其截面形状有椭圆形，长方形等，因罐身比较低，主要用作鱼类、火腿、午餐肉等罐头容器。三片异型罐普遍用于文具类包装如铅笔盒、儿童储钱罐、颜料盒、首饰盒、礼品盒等，食品包装如茶叶盒、糖果盒、饮料罐、月饼盒、饮料瓶等。奶粉罐领域如"美赞臣腰型罐"、"飞鹤异形罐"等异形罐。碗罐材料有铝、马口铁、覆膜铁之分，罐型多样，可以配合内容物的特性和目标客户的喜好制作不同的外观。18L 方罐制罐一般采用 0.32mm 厚的镀锡薄钢板或无锡薄钢板，制罐前需预先进行罐内涂覆和罐外印刷。现在使用 TFS 板制罐的比例越来越大，所以有相当多的 18L 方罐采用粘接方法制成。18L 方罐常用来包装油脂、食品、涂料、化学品等。

第二节　异形罐的结构与规格

一、异形罐罐型

按容器罐身截面形状，根据国际国内有关标准可以形成以下几种容器系列：椭圆形罐、扁圆形罐、梯形罐、马蹄形罐等。

两片罐异型罐如图 6-3 所示，三片罐异型罐如图图 6-4 所示，铝制瓶型罐如图 6-5 所示，异形铝碗罐如图 6-6 所示，其他异形罐如图 6-7 所示。

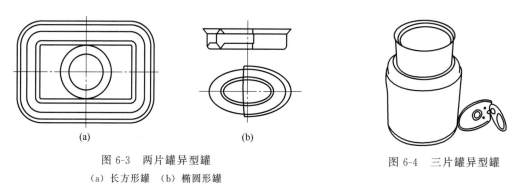

(a)	(b)

图 6-3　两片罐异型罐
（a）长方形罐　（b）椭圆形罐

图 6-4　三片罐异型罐

异型罐的结构各异，成型时的工艺技术需要具体分析，如碗罐的罐体变形均为纵向变形，在冲床可适情况下，DRD 制罐生产线通常只需要更换模具和输送系统，可为制造异形罐工艺的首选。如碗罐通常是上大下小的浅冲罐，拉伸难度并不大，但其罐体斜度较大，有的位置甚至超过 45°，轴向承压不当很容易造成罐体变形。如何在确保罐体承压达标的前提下，采用最经济的材料厚度，是模具设计的难点。

特殊的气雾功能包装加上新颖的罐体造型也是吸引消费者购买气雾罐产品的重要因素。虽然目前普遍采用的是圆柱形气雾罐，但有些企业成功研发了一些异型铝质整体罐的造型设计（图 6-8），进行了胀出加工试验，罐体上装饰了浮雕状花纹，具有鲜明的特色和视觉冲击力。

图 6-5　铝制瓶型罐
1—皇冠盖　2—螺旋盖

图 6-6　异形铝碗罐

图 6-7　其他各类异型罐

图 6-8　异型铝气雾罐

二、异形罐的结构要素

异型罐的结构大都与前述圆柱罐类似，18L 方罐有其独特之处，以此为例，具体介绍其结构要素。18L 方罐常用的罐形结构主要由罐体、罐口及手环组成，罐体由一片或相等的两片筒板构成，18L 方罐的形状如图 6-9 所示，实际上方罐在结构上很类似于上述三片异形罐。注入口和口盖型式如图 6-10 所示，注入口的位置一般在上盖板的边缘或中央部位，根据其形状、尺寸及结构密封性，由用户和制造者商定。手环形状如图 6-11 所示，一般有两种，通过点焊固定在上盖板上。

三、异形罐的规格及容量

1. 异型罐的规格尺寸

在容量相同的条件下，异形容器的用料较多，其中方形容器用料最多，比圆形容器的用料多 40%，在设计选定容器形状时，异形容器只在必要时选用，以突出产品的特色和个性化。选定异形罐型时，也应考虑罐的开封形式，常用的开封形式有顶开式、侧面卷开

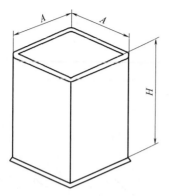

图 6-9　18L 方罐的形状

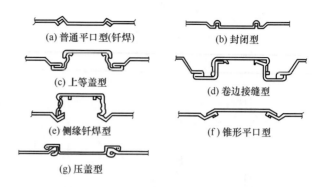

(a) 普通平口型(钎焊)　(b) 封闭型

(c) 上等盖型　(d) 卷边接缝型

(e) 侧缘钎焊型　(f) 锥形平口型

(g) 压盖型

图 6-10　18L 方罐的注入口和口盖型式

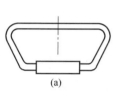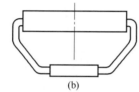

(a)　(b)

图 6-11　18L 方罐的手环

（a）普通手环　（b）带环手环

式、易开盖式和整体拉开盖式等。规格尺寸、罐容的确定应尽量符合标准化规格要求，如表 6-1 所示为三片及两片异形罐规格系列。同时需根据商品的情况、包装要求及包装量计算罐容。

罐身的异形结构在设计时要考虑相关材料的物理属性，在材料变形区的内、外表面上引起的应力应小于材料的屈服极限，避免过度加工，造成破坏。具体的方法可采用有限元优化设计，在设定材料性能和罐身结构后，虚拟仿真罐身的受力状态，作为罐身设计加工的参考依据，相关方法见后续的章节介绍。

表 6-1　　　　　　　　　　　　　三片及两片异形罐规格系列

罐号	公称尺寸	规格/mm			计算容量 /cm³	罐型
		内长 L	内宽 b	外宽 H		
Ⅰ-1	165×63	165	63	240	2.21	扁圆罐
Ⅱ-1	114×61	114	58	181	1.07	方罐
Ⅱ-2	128×86	128	86	202	2.10	方罐
Ⅱ-3	165×85	165	85	261	3.53	方罐
Ⅱ-4	165×118	165	118	240	4.32	方罐
301	100×88	100.0	88	113.0	941.60	方罐
302	145×98	141.5	97.5	49.0	593.24	方罐
303	142×98	141.5	97.5	38.0	441.48	方罐
304	93×47	92.8	46.8	92.0	375.91	方罐
305	95×51	95.0	51.0	82.0	368.22	方罐
306	93×47	92.8	46.9	56.5	220.74	方罐
501	145×71	145.2	70.8	24.5	327	椭圆罐
502	145×71	145.2	70.8	35.5	238.18	长圆罐

续表

罐号	公称尺寸	规格/mm			计算容量 /cm³	罐型
		内长 L	内宽 b	外宽 H		
601	160×108	159.5	107.5	37.5	464.6	冲底椭圆罐
602	175×95	175.0	95.0	36.0	430.39	冲底椭圆罐
603	165×91	165.0	90.5	34.5	369.43	冲底椭圆罐
604	126×83	125.5	83.0	31.0	229.07	冲底椭圆罐
701	顶 74×51 底 78×61	74.3 78.0	51.3 61.0	92.0	367.98	梯形罐
801	190×144	190.0	143.5	90.0	实测	马蹄形罐
802	163×117	162.5	116.5	67.0	实测	马蹄形罐
803	116×117	162.5	116.5	51.0	实测	马蹄形罐
804	145×99	144.5	98.5	49.0	实测	马蹄形罐
805	123×87	123.0	87.0	48.0	实测	马蹄形罐

罐身的变形可采用诸如胀形、滚凸筋、缩颈、旋压、局部整形等加工方式达到设计预期，均需要通过相关模具来加工，模具的介绍也将在后续的章节予以阐述。

2. 罐容的计算方法

（1）椭圆罐的罐容为

$$V = \frac{D_i \times d_i \times 0.7854 H_i}{1000} \tag{6-1}$$

式中，D_i——罐内长径，mm；

$\quad d_i$——罐内短径，mm；

$\quad H_i$——罐内高度，mm。

（2）方罐的罐容

$$V = \frac{A_i \times B_i \times H_i}{1000} \tag{6-2}$$

式中，A_i——罐内长，mm；

$\quad B_i$——罐内宽，mm；

$\quad H_i$——罐内高度，mm。

（3）梯形罐的罐容

$$V = \frac{H_i}{6} [(A_b + A_c)B_c + (A_b + 2A_c)B_b] \times 10^{-3} \tag{6-3}$$

式中，A_c——罐盖内长，mm；

$\quad A_b$——罐底内长，mm；

$\quad B_c$——罐盖内宽，mm；

$\quad B_b$——罐底内宽，mm；

$\quad H_i$——罐内垂直高度，mm。

第三节　异形罐的变形特点

异型罐的变形特点有别于圆柱罐拉伸件，现以盒型件和球面件为例进行阐述。

一、盒型件的拉深变形

1. 变形特点分析

矩形盒型件从几何形状特点看，可由两个长边（$A-2r$）和两个短边（$B-2r$），加上 4 个半径 r 的圆弧及高度 H 组成。盒型件的拉深变形与圆桶件一样，也是径向伸长切向缩短，径向口部伸长越多，切向圆角部分变形大，直角部分变形小，圆角部分的材料向直边流动，可见盒型件拉深不完全等同于简单的圆形件的拉深其变形是不均匀的。图 6-12 为盒形件拉深变形的网格分析图。拉深前，坯料的直边划等距网格，圆角部分画出等角度的镜像放射线与等距离的同心圆弧组成的网格。拉深后的网格（图 6-13）直边部分网格横向尺寸逐渐缩小，而直边中部变化较小。圆角部分拉深后同心圆弧的网格间距不再相等，径向放射线变成了口部宽、下部窄的斜线，同心圆弧不位于同一水平面内。

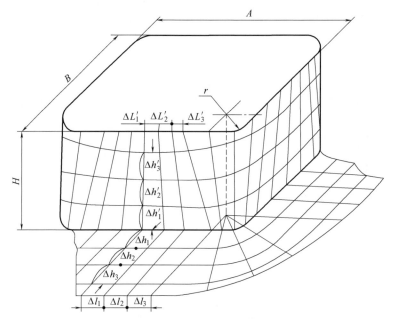

图 6-12　盒形件的拉深变形网格分析

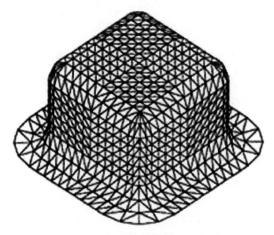

图 6-13　盒型件拉深后的网格图

　　比较盒型件和圆桶件的应力分布可见，变形的不均匀导致应力分布不均匀（图6-14）。在盒型件圆角部的中心点 σ_1 和 σ_3 最大，向两边逐渐减小，到直边的中点处最小。盒型件的破坏，首先发生在圆角处，又因材料在拉深时可向直边流动，所以盒型件与相应的圆桶件比较，危险断面处受力小，可采用小的拉深系数而不起皱。盒型件拉深时，圆角部分和直边部分为一整体，两部分之间相互影响，直边部分产生弯曲变形和径向拉伸、切向压缩的拉伸变形。相互影响的程度因相对圆角半径（r/B）和相对高度（H/B）的不同而不同。

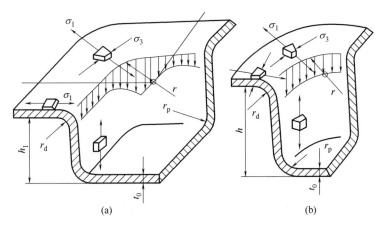

图 6-14　盒形件拉深的应力分布

（a）盒型件　（b）圆桶件

2. 盒型件拉深毛坯的尺寸确定

　　毛坯工艺尺寸的设计应根据盒件的相对圆角半径（r/B）和相对高度（H/B）值来确定，分为低盒型件（$H \leqslant 0.3B$）和高盒型件（$H \geqslant 0.5B$）。罐身多采用的是高盒型件，可以根据表面积相等原则计算。

　　（1）高盒型件毛坯　如高度比较大的方盒形件，因需要多道次拉深工序，可采用圆形毛坯，如图 6-15 所示。其毛坯直径为：

$$D = 1.13\sqrt{B^2 + 4B(H - 0.43r_p) - 1.72(H + 0.5r) - 0.4r_p(0.11r_p - 0.18r)} \qquad (6\text{-}4)$$

　　对高度和圆角半径都比较大的盒型件（$H/B \geqslant 0.7 \sim 0.8$），如图 6-16 所示。拉深时，圆角部分有大量材料向直边流动，直边部分拉伸变形也大，这时毛坯的形状采用成长圆形或椭圆形，其圆弧半径为：

$$R_b = D/2 \qquad (6\text{-}5)$$

毛坯长度

$$L = 2R_b + (A - B) = D + (A - B) \qquad (6\text{-}6)$$

毛坯宽度为

$$K = \frac{D(B - 2r) + [B + 2(H - 0.43r_p)](A - B)}{A - 2r} \qquad (6\text{-}7)$$

　　（2）盒型件拉深变形程度　盒形件初次拉深，圆角部分的受力和变形比直边大，易发生起皱和拉破，初次拉升时的盒型件的极限变形量由圆角部传力的强度确定。变形程度用

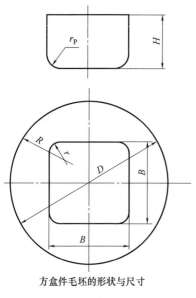

方盒件毛坯的形状与尺寸

图 6-15　方盒件的毛坯尺寸

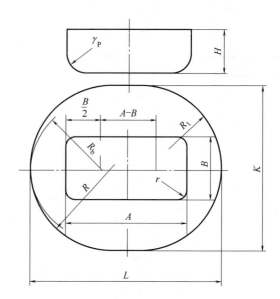

图 6-16　高盒形件毛坯尺寸

拉深系数表示为

$$m = d/D \tag{6-8}$$

式中，d——圆筒体直径，mm

　　　D——圆筒体展开毛坯直径，mm

　当 $r = r_p$ 则

$$D = 2\sqrt{2rH} \tag{6-9}$$

$$m = \frac{d}{D} = \frac{2r}{2\sqrt{2rH}} \tag{6-10}$$

式中，r——盒件底部和角部的圆角半径，mm

　　　H——盒件高度，mm

上式表明 H/r 越大，表示变形程度越大。一次成型能达到的相对高度如表 6-2 所示。

表 6-2　　　　　　　　　　　　　　盒型件初次拉深的最大相对高度

相对角度圆角半径 r/B	0.4	0.3	0.2	0.1	0.05
相对高度 H/r	2-3	2.8-4	4-6	8-12	10-15

（3）高盒型件工序件尺寸设计

① 高方形盒件。方盒件拉深的半成品形状和尺寸如图 6-17 所示，由图的几何关系可知 $(n-1)$ 道工序半成品直径为

$$D_{n-1} = 1.41B - 0.82r + 2\delta \tag{6-11}$$

　一般

$$\delta = (0.2 - 0.25)r$$

相当于用直径 D_0 的毛坯拉成直径为 D_{n-1}、高为 H_{n-1} 的盒形件。

② 高矩形盒型件

高矩形盒型件多工序拉深半成品的形状及尺寸如图 6-18 所示，其长轴和短轴的曲率

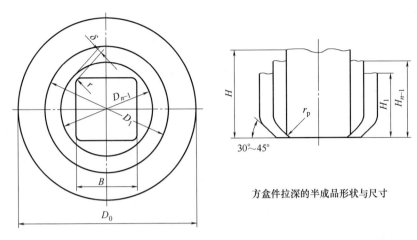

方盒件拉深的半成品形状与尺寸

图 6-17　方盒件拉深的半成品形状和尺寸

D_0—坯料直径　H—盒高　B—盒宽　δ—方盒件角部的间壁距离　r—盒件角部的内圆角半径

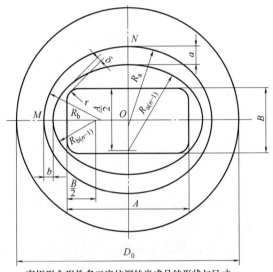

高矩形盒形件多工序拉深的半成品的形状与尺寸

图 6-18　高矩形盒型件多工序拉深半成品形状及尺寸

A—矩形盒长　B—矩形盒宽　D_0—坯料直径　a—长轴壁间距离　b—短轴壁间距离

半径计算公式为

$$\left.\begin{array}{l} R_{a(n+1)} = 0.707A - 0.41r + \delta \\ R_{b(n-1)} = 0.707B - 0.41r + \delta \end{array}\right\} \tag{6-12}$$

由 $n-1$ 道拉深得到的半成品形状是椭圆形筒，如平板毛坯不可以一次拉深成型，便需要进行 $n-2$ 道工序的计算，这时应保证

$$\frac{R_{a(n+1)}}{R_{a(n+1)} + a} = \frac{R_{b(n+1)}}{R_{b(n+1)} + b} = 0.75 \sim 0.85 \tag{6-13}$$

得到椭圆形半成品之间的间壁距离 a 和 b 后，即可选定半径 R_a 和 R_b。如平板毛坯还不能冲拉成功，则应依次类推继续前一道工序的计算。实际生产中不可能采用数学方法进行精确计算，但计算方法是近似的，如调试模具调整时发现圆角部分出现材料堆聚，应当

适当减小圆角部分的壁间距离。

二、球面件的拉深变形

在一些如儿童玩具及文具里，容器有时会采用球面设计，下面来介绍一下球面件的拉深特点。

1. 拉深特点

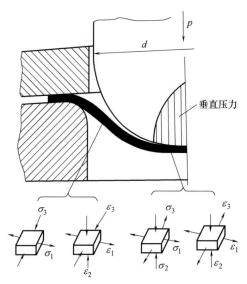

图 6-19　球形件的拉深

曲面形状件。如球面零件的拉深（图 6-19），其变形区的位置和受力情况，变形特点等都与圆筒形件不同，所以在拉深中出现的各种问题和解决方法也与圆筒形件不同，对于这类零件不能简单的用拉伸系数衡量成型的难易程度，也不能用它作为模具设计和工艺过程设计的依据。

拉伸球面零件时，毛坯凸缘部分的应力状态和变形特点与圆筒形件相同，而中间部分的受力情况和变形情况却比较复杂。在凸模力的作用下，位于凸模顶点附近的金属处于双向受拉的应力状态，随着与顶点距离的加大切向应力 σ_3 减小，而超过一定界限以后变为压应力。在凸模与毛坯的接触区内，这部分材料两向受拉一向受压。

2. 拉深方法

各类球面零件如图 6-20 所示，可分为半球形件 ［图 6-20（a）］ 和非半球形件 ［图 6-20（b）～图 6-20（d）］ 两大类，不论哪种类型，均不能用拉伸系数来衡量拉伸成型的难易程度。

可用相对厚度（t/D）来确定拉深的难易程度。

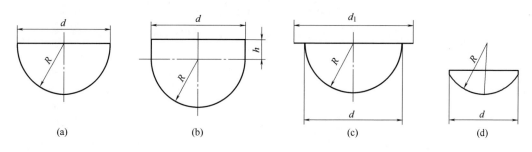

图 6-20　各类球面件
（a）球面件　（b）直边球面件　（c）凸缘球面件　（d）浅球面件

当 $t/D>3\%$，采用有底凹模一次成形；

当 $t/D=0.5\%\sim3\%$，采用压边圈的拉深模；

当 $t/D<0.5\%$，采用有拉伸筋的模具或反拉深凹模。

对表面质量和精度要求较高的球面件，可先拉深成直边球面件［图 6-29（b）］，$h=$（0.1～0.2）d 和凸缘球面件［图 6-29（c）］，$(d_1-d)/2=(0.1～0.15)d$，然后再将直边和凸缘切除。

对于高度小于球面半径的零件，其拉伸工艺按几何形状可分为两类，当毛坯半径 r 较小时，为避免产生一定的回弹，常采用带底拉伸模。当毛坯半径 r 较大时，起皱将成为必须解决的问题，常采用强力压边装置或带拉伸筋的模具拉成一定宽度凸缘的球面零件，变形含拉深和胀形两种形式，其加工余量在成形后切除。

第四节　异形罐的用料计算及成型工艺

一、用 料 计 算

三片罐异型罐的用料计算可以参考第三章的相关公式进行计算，以下只列举部分罐型，如长方罐的板料长：

$$L=2(a+b+2t_b)+9\pm0.5 \tag{6-14}$$

式中，a——罐内长，mm

　　　b——罐内宽，mm

　　　t_b——罐身板材厚度，mm。

椭圆罐罐身板长：

$$L=\frac{\pi}{2}(d_1+d_2+2t_b)+9\pm0.5 \tag{6-15}$$

式中，d_1——罐内长径，mm

　　　d_2——罐内短径，mm

　　　t_b——罐身板材厚度，mm。

二片异形罐成型后，罐身表面积可参照面积不变原则及相关公式进行计算。单片罐异型罐，可参照第四章体积不变原则的相关公式进行计算。也可以查表获得，如表 6-3 所示为 18L 方罐的尺寸和容量。

表 6-3　　　　　　　　　　　　　　　　18L 方罐的尺寸、质量和容量

项目	上盖板和下盖板的边长/mm	高度/mm	质量/g	容量/L
数值	238.0	349.0	1140	16.25
允差	±2.0	±2.0	±60	±0.45

二、异形罐的成型工艺

1. 胀形工艺

（1）罐身胀形　罐身的变形可以是由圆柱形变为圆锥形、圆鼓形、矩形、半圆锥形等，如图 6-21 所示。图中实线为毛坯，虚线为胀形后的形状。

非圆柱形罐的制造工艺和设备与常见的圆罐制造设备有较大的区别，应用于罐身非圆成形最广泛的工艺是胀形。胀形时毛坯的塑性变形局限于一个固定的变形区内，仅限于径

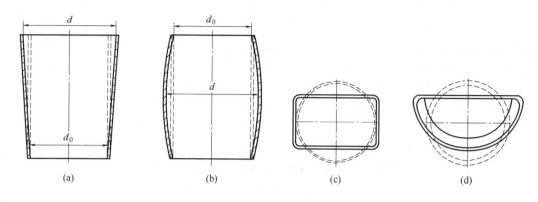

图 6-21　罐身的变形结构

（a）圆锥形罐　（b）圆鼓形罐　（c）矩形罐　（d）半圆锥形罐

向尺寸的变形。变形区内板料处于双向拉伸状态，表面积实现局部增大，厚度变薄。可采用分瓣模或胀块来使罐身变形，钢体分瓣模胀形如图 6-22 所示，胀块胀形如图 6-23 所示。分辨模胀形通过芯模的锥面与分瓣凸模的相互作用力，使凸模扩张，产生变形，其数目越多，罐身的精度越高。

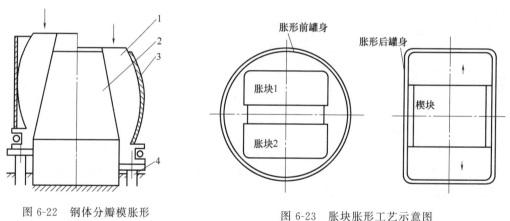

图 6-22　钢体分瓣模胀形

1—分瓣凸模　2—芯子

3—罐身　4—气垫顶杆

图 6-23　胀块胀形工艺示意图

　　而胀块胀形则是利用楔块的移动，使罐身胀形为矩形。无论采用哪种胀形方法，都要求胀形件应符合工艺尺寸要求，应圆整均匀，无裂纹，胀破等缺陷。胀形的变形特点主要是材料受切向和母线方向拉伸。胀形的变形程度受材料的极限延伸率限制，常以胀形系数 K 表示胀形变形程度：

$$K = \frac{d_{max}}{d_0} \tag{6-16}$$

式中，d_{max}——胀形后的最大直径，mm

　　　　d_0——坯料原来直径，mm

　　胀形系数 K 和坯料延伸率 ε 的关系为

$$\varepsilon = \frac{d_{max} - d_0}{d_0} = K - 1 \tag{6-17}$$

或 $K = 1 + \varepsilon$

由上式可知，只要知道材料的延伸率便可以求出相应的极限胀形系数。表 6-4 所示为一些材料的极限胀形系数和极限变形程度的实验值。

表 6-4　　　　　　　　　　　　　　胀形系数实验数值

材料	厚度（mm）	材料许用延伸率 ε（%）	极限胀形系数 K
高塑性铝合金	0.5	25	1.25
纯铝	1.0	28	1.28
	1.2	32	1.32
	2.0	32	1.32
低碳钢	0.5	20	1.20
	1.0	24	1.24
耐热不锈钢	0.5	26～32	1.26～1.32
	1.0	23～34	1.28～1.34

（2）局部胀形

局部成形就是在罐身或罐盖上压出各种形状，如压筋、压包、压字、压花等。如图 6-24 所示带凸缘的圆筒件，凸缘为直径 d_1，圆筒直径为 d，当 $d_1/d > 3$ 时，属于局部成形，而 $d_1/d < 3$ 时，则属于拉深变形。随材料加工硬化情况、模具几何尺寸和压边力大小而有所不同，如图 6-25 所示为平板毛坯胀形原理图，毛坯在带有筋的压边圈内压紧，变形区限制在筋以内的毛坯上，在凸模力的作用下，与球形面接触部的板料处于两向拉应力状态，沿切向和径向产生拉伸变形。胀形成形的极限是以制件是否发生破裂来判断的，影响其极限的因素主要是材料的伸长率和硬化指数。根据要求，局部胀形可以压出各种形状。如罐身的压筋，因为材料加工硬化的作用，就能够有效地提高制件的刚度和强度。

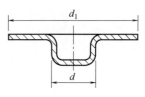

图 6-24　局部胀形

2. 缩口工艺

缩口是金属包装容器常用的一种成形工序，食品金属罐很多都具有缩口结构，它是将预先拉深好的圆筒形件或管件坯料通过缩口模具将其口部直径缩小。这样有利于罐盖的减小，从而节省材料降低成本。如表 6-5 为

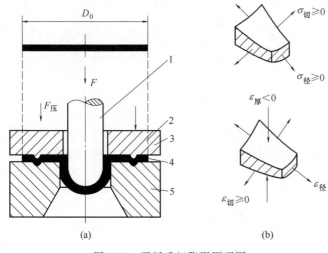

图 6-25　平板毛坯胀形原理图

1—凸模　2—拉深筋　3—压边圈　4—毛坯面　5—凹模

（a）胀形示意图　（b）胀形的应力与应变状态

缩颈翻边罐体的主要尺寸和极限偏差。

表 6-5 缩颈翻边罐体的主要尺寸和极限偏差/mm

规格		206 型		209 型	
符号	尺寸名称	基本尺寸	极限偏差	基本尺寸	极限偏差
D	罐体外径	66.04	±0.18	66.04	±0.18
H	罐体高度	122.22	±0.38	122.22	±0.38
d	缩颈内径	57.40	±0.25	62.64	±0.13
B	翻边宽度	2.22	±0.25	2.50	±0.25

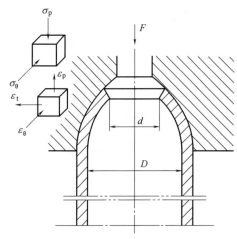

图 6-26 缩口变形示意图

如图 6-26 所示为缩口工序的变形示意图。在缩口变形过程中，材料主要受切向压应力，使直径减小，壁厚和高度增加。缩口时，切向压应力的作用使坯料易于失稳起皱。筒壁的非变形区承受全部缩口压力，也易失稳产生变形，因此缩口的极限变形程度是受失稳条件的限制的。

缩口变形程度用缩口系数 m 表示：

$$m=\frac{d}{D} \tag{6-18}$$

式中，d——缩口后的直径，mm

D——缩口前的直径，mm。

极限缩口系数的大小主要与材料种类厚度、模具形式和坯料表面质量有关。

表 6-6 是不同材料、不同支承方式的允许缩口系数参考数值。

表 6-6 缩口系数/m

材 料	支 承 方 式		
	无支承	外支承	内外支承
软钢	0.70～0.75	0.55～0.60	0.3～0.35
铝	0.68～0.72	0.53～0.57	0.27～0.32
硬铝（退火）	0.73～0.80	0.60～0.63	0.35～0.40
硬铝（淬火）	0.75～0.80	0.68～0.72	0.40～0.43

缩口后，工件高度会有变化，缩口形式不同，如图 6-27 所示，其缩口毛坯高度就不同，图 6-27（a）所示毛坯高度为

$$H=1.05\left[h_1+\frac{D^2-d_n^2}{8D\sin\alpha}\left(1+\sqrt{\frac{D}{d_n}}\right)\right] \tag{6-19}$$

图 6-27（b）毛坯高度为

$$H=1.05\left[h_1+h\sqrt{\frac{d_n}{D}}+\frac{D^2-d_n^2}{8D\sin\alpha}\left(1+\sqrt{\frac{D}{d_n}}\right)\right] \tag{6-20}$$

缩口凹模的半锥角 α 一般小于 45°，最好在 30°以内。

3. 异形罐身的翻边

罐身翻边工艺是钢板在完整性不被破坏的情况下产生的永久性塑性变形，是一个渐变成型过程。滚压翻边工艺适用于圆罐，但不适用于异型罐加工，异形罐需采用挤压翻边和胀形翻边工艺。

如锥形罐的模具挤压翻边工艺如图 6-28 所示，多采用液压传动。罐身定位后，罐身边缘在压头的作用下沿压模圆弧曲线面向外翻移，至翻边宽度达到工艺要求，限位于压模外圈的台阶。

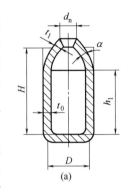 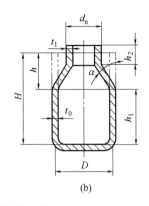

图 6-27 不同缩口形式

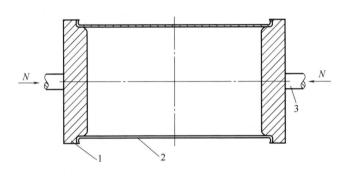

图 6-28 模具挤压翻边工艺示意图

1—压模盘 2—罐身 3—压模顶杆

常用于矩形罐翻边工序的胀形翻边工艺过程示意如图 6-29 所示，它是由定位盘、夹罐芯、胀形块等部件组成。首先将罐身定位，再将胀锥凸模块沿径向向外胀开，迫使罐边向外翻出。胀形模分为多瓣，翻边效率高，质量好，但设备复杂，体积较大。

起初翻边模具施于罐身板材的掰弯力矩不大，在变形区的内、外表面上引起的应力小于材料的屈服极限，产生弹性变形。随着外弯力矩不断增加，超过材料屈服极限时，表面由弹性变形过渡到塑性变形状态，向中心逐渐扩展完成成型。

翻边的质量对于后续的罐盖与罐身的卷封工艺起着重要的作用。如加工矩形罐，其四个圆角处属于伸长类翻边，在设计翻边模时圆角处的翻边宽度要小于直角处的翻边宽度，才能避免翻边后圆角处出现皱褶。

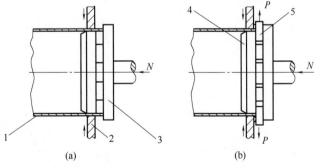

图 6-29 胀形翻边机工艺过程示意图

1—罐身 2—夹罐块 3—定位盘 4—夹罐芯 5—胀形块
(a) 定位夹紧 (b) 胀形翻边

在下料排样时，同样要考虑轧制方向，要求罐身成圆方向与轧制方向一致，翻边方向与轧制方向垂直，以防止翻边裂口，一般情况下，圆角处的翻边宽度小于直边处翻边宽度 0.8～1mm。

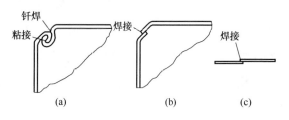

图 6-30　18L 方罐罐体成型方式

（a）粘接-钎焊　（b）电阻焊　（c）电阻焊

三、方罐的加工工艺流程

三片异型罐加工常使用的是电阻焊罐和粘接制罐，现以 18L 方罐为例，如图 6-30 所示为 18L 方罐罐体不同的成型方式。18L 方罐电阻焊制造工艺流程如图 6-31 所示，粘接制罐工艺如图 6-32 所示。除罐身接合方式不同之外，其他工序大体差不多。

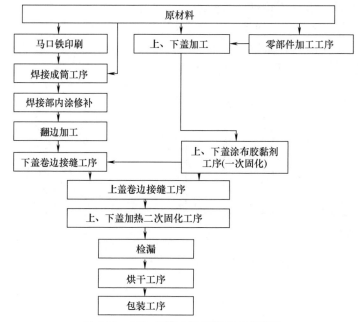

图 6-31　18L 方罐电阻焊接造工艺流程

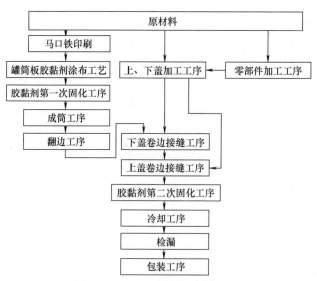

图 6-32　18L 方罐粘接制罐工艺

第五节　其他异形金属容器

一、金　属　软　管

1. 金属软管的特点

金属软管是由具有良好的塑性和韧性的金属制成的管状包装容器。其一端折叠压封或焊封，另一端形成管肩、管颈和管口，可将内装物从管口挤出。

金属软管主要具有以下特点：可避免污染和氧化，金属软管可以挤压变形，在挤出填装物后，空气不易进入；隔绝性能优于塑料软管和复合软管，可进行高温杀菌，具有良好的保护性能，可用于食品包装；具有金属光泽，经过装潢印刷，产品外观美观大方；使用范围，通过内喷涂料处理实现；生产效率很高，可在高速生产线上印刷、灌装。质量小、强度高且容量范围较大；使用方便，对内装物分批取用时，易再封。

2. 内容物特性和常用选材

金属软管发明于 19 世纪中期，世界上第一支金属软管是锡制软管，用于包装绘画颜料。目前通过内喷涂料处理，拓展了应用范围，其内容物包括工业制品、药品、食品、化妆品、洗涤用品以及其他家用膏状制品的包装，一些被塑料软管取代的趋势。

金属软管材料应有以下几点要求：塑性好、易成型；机械强度好；化学性能稳定，耐腐蚀；材料本身不会对内装物产生污染。最常用的金属材料有铅、锡、铝等材料。

铅材价格最低，具有化学性能稳定、加工性能好、对人体有剧毒等特点，一般只用在鞋油、胶黏剂、油漆等，不可做食用、药用产品的包装。

锡材具有化学稳定性最好、价格高、外观优良的特点，锡铜合金具有更好的刚性，可用于盛装食品、药品或其他需要考虑纯度的产品，特别是易发生化学反应的医药品的包装。

铝材具有容易成型，密度小，产品重量轻、强度好，化学性能不稳定，易腐蚀等特点。通过管内喷涂树脂形成保护膜被广泛用于药膏、化妆品等产品的包装。常用的内涂层材料有漆、苯酚树脂、乙烯基树脂、环氧树脂等。

3. 结构组成及选用

金属软管结构及各部分名称如图 6-33 所示，包括管盖、管颈、管肩、管壁、封折等。

（1）管嘴　用于控制内装物的输出量，其常用类型如图 6-34 所示。如图 6-34（a）～图 6-34（d）所示，管嘴内径为标准孔，只负责控制内装物的输出量，主要用于牙膏及膏状化妆品的包装。如图 6-34（e）～图 6-34（g）所示，管嘴螺纹前部延长一细长管，用于控制内装物的准确输出位置，常用于眼药膏、鼻药膏等医药制品。

（2）管盖　按材料分有铝质管盖和塑料管盖两种。按形状分主要有短盖、长盖、全直径盖，按结构特点分有普通管盖、顶盖和塞盖。顶盖内有用于刺穿管口密封的刺穿工具，塞盖内有锥体，该锥体与管盖一体成型，用来封闭管口。

（3）管底封折　管底是软管强度最薄弱的部分，一般采用多重封折结构，如图 6-35所示，包括平式单封折、平式双封折、平式鞍形折、平式反向双封折、波纹单封折等。

（4）管肩　管肩为管身与管嘴之间的过渡部分，一般为锥形结构。

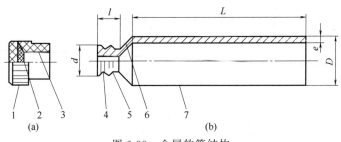

图 6-33　金属软管结构

(a) 管盖　(b) 软管

1—旋钮　2—密封件　3—管盖内螺纹　4—管颈　5—管颈外螺纹　6—管肩　7—管身　d—管嘴外径

l—管颈长度　L—管身长度　e—管身厚度　D—管身外径

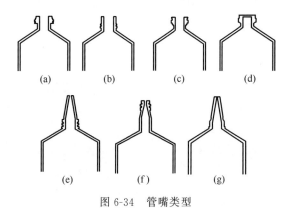

图 6-34　管嘴类型

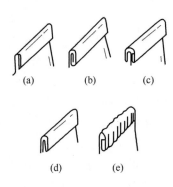

图 6-35　金属软管管底封折结构

(a) 平式单封折　(b) 平式双封折　(c) 平式鞍形折　(d) 平式反向双封折　(e) 波纹单封折

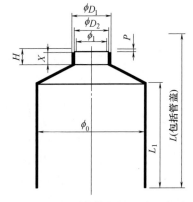

图 6-36　金属软管规格尺寸示意图

图 6-36 为金属软管的规格尺寸示意图。

4. 生产工艺流程及工序

金属软管的制造已实现了自动化大批量生产，全部生产过程是在联合机上进行的。下面以应用最广的铝管为例。

铝管的制造过程如下：轧制、冲裁→挤压→精整→内涂→烘箱干燥→底涂→印刷→封盖→注入填充

铝管的生产过程如图 6-37 所示。

(1) 轧制、冲裁　将铸好的铝材轧延后冲压成坯料，形似硬币而称为铝片。有时为减轻冲压时的挤压压力，在铝片中心打上孔或将中间制成凹形，铝片直径由所冲压的铝管直径确定，一般与铝管直径相等，其厚度决定了铝管的壁厚。

(2) 冲管、精整　冲管是用装在冲床上的模具，根据冷冲压加工工艺技术，在一定压力及速度下挤压铝片，使之产生塑性变形，形成管状的工艺过程。将初步成型的软管送入修切机进行整型或整修，包括加工螺纹边、去除管尾管肩毛刺、切除管尾多余部分和管颈上的飞边。此时，铝管容器基本成型。然后将铝管送入退火炉进行退火，恢复铝管的柔韧

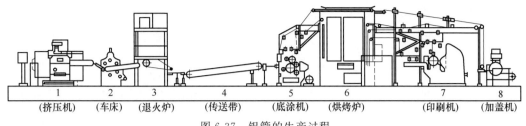

图 6-37 铝管的生产过程

1	2	3	4	5	6	7	8
(挤压机)	(车床)	(退火炉)	(传送带)	(底涂机)	(烘烤炉)	(印刷机)	(加盖机)

性能（退火温度为 450～500℃）。

（3）内涂　将退火后的铝管输送至内涂机。为防止铝管受内装物影响而产生腐蚀，常用的内涂材料为酒精和树脂混合物。内涂一般按管壁、管肩、管颈分步骤喷涂，其内喷涂管壁、管肩的喷枪与喷涂管嘴的喷枪在结构上不同，如图 6-38 所示。

内喷涂后的涂料固化一般要经过预热和干燥两个步骤。预加热温度为 80～100℃ 左右，预热使涂料中溶剂部分蒸发，涂层呈半固体状，为防止涂料单面聚集，可使管子滚动通过；在干燥炉内完成干燥，使涂料完全固化，干燥温度为 300℃ 左右。

（4）底涂　底涂是在铝管外表涂一层白色涂层，以便印刷并达到较美外观效果。一般采用环氧类和乙烯类油墨，其主要成分是醇酸树脂、氨基树脂以及颜料、辅助料和溶剂，其中醇酸树脂为成膜物质，氨基树脂为胶联剂。然后送入远红外烘箱加热成膜。

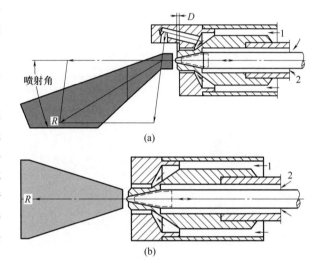

图 6-38　内喷涂喷枪结构示意
1—雾化空气入口　2—内涂漆入口
（a）管壁管肩喷枪结构　（b）管嘴喷枪结构

（5）印刷　软管在底涂后，要进行印刷，一般采用凸版印刷，有两种方式：一种是叠套印刷，另一种是分别进行印刷，多次叠套印刷在软管上。再涂覆上光漆，提高印刷面的光泽，改善印刷面的耐磨性能。再进行烘干，烘干温度一般为（130±5）℃，烘干时间为 3～5min。

（6）封盖　封盖使用的原料主要是尿素树脂、苯乙烯树脂、聚乙烯树脂，使用最多的是尿素树脂。封盖可用手工封盖，也可以自动封盖机封盖。

二、复 合 软 管

1. 结构特点

复合软管结构如图 6-39 所示，包括管头（与管肩为一体）、管体、管尾、管盖。管体通常分为四层，分别是外保护层、印刷层、阻隔层、内保护层。其中印刷层用于印制图文，一般在材料复合前完成印刷，也有在管体卷成后印刷的，印刷的图文必须印刷在指定的图文印刷区中。为了提高阻隔性，复合软管管头的管肩部分一般都要加一层辅助隔层，如图6-39所示为复合软管结构，其黑色部分一般可用脲醛塑料作辅助隔层。管盖可用聚丙烯注射或热压成型，在聚丙烯中加入钛白粉，可以增加管盖的遮盖性能。管身常用的基材有纸、玻璃纸、塑料薄膜、金属箔等柔性材料，铝箔材料用得较广。组成管身的外保护层、印刷层、阻隔层、内保护层。管体各层材料组成各有不同。

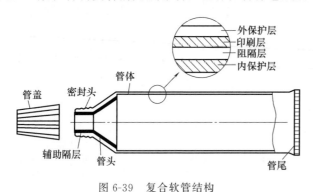

图6-39　复合软管结构

铝基复合材料的铝箔通常厚度在 0.007～0.015mm，纯度在 99.5% 以上，一般都由铸造铝锭通过热轧以后再冷压延而成。铝基复合材料的生产工艺方法则很多，常用复合工艺有干式复合、挤出复合、湿式复合、特殊涂布复合和热常溶胶涂布等。

2. 一般工艺流程

复合软管的一般工艺流程如下：

分切材料→卷筒→切筒→管口切平→拧盖

首先，将经过印刷等加工的复合材料分切成单列卷材，卷材经过卷筒制成管形；再经过切筒，将软管切成要求的长度；然后，经过装头、管口切平、拧盖等工序，即制成用于包装的空复合软管；在填充内装物后，将管尾含封，即可完成全部复合软管包装。

三、铝箔容器

1. 铝箔容器的特点

铝箔容器有一系列优点：质轻、美观、阻隔性及传热性好，既可高温杀菌，又可低温冷冻，能承受温度的急剧变化；隔绝性好，对光、水、气体、化学及生物污染有完全的隔绝作用；加工性能好，可以制成各种形状满足各方面的需要；容器主体可彩印；开启方便；使用后易回收处理等。因此，使其应用范围越来越广，是方便加热或烘烤的快餐包装容器，其对食品的流通，甚至饮食方式的改变产生重大影响。

2. 铝箔容器的分类

主要铝箔容器通常采用稍硬的合金铝箔制造。

（1）浅盘式铝箔容器　这种容器不带盖，主要用做食品容器，如蛋糕托、面包盘等。无盖铝箔容器的各种边缘形状如图6-40所示，周边为珠状小圆圈。容器形状有圆形、矩

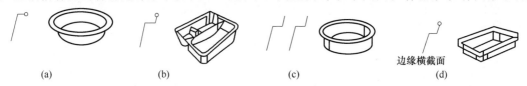

（a）　　　　　　　（b）　　　　　　　（c）　　　　　　　（d）

图6-40　无盖铝箔容器的各种边缘形状

（a）边缘全卷边　（b）直立全卷边　（c）直立折边凸缘　（d）直立卷边凸缘

形、三角形、椭圆形等；铝箔杯和其他容器也有不带圆圈卷边的。

（2）带盖的铝箔容器　形状与前者相同，容器凸缘直边折叠，将纸或透明塑料盖嵌在其中实施密封，铝箔容器的边缘结构和封盖类型如图 6-41 所示。但这种类型的容器易在流通过程中发生容器变形而破坏盖封的密封性，因此仅限于冷冻食品或飞机上用餐包装。

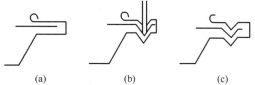

(a)　　　　　(b)　　　　　(c)

图 6-41　铝箔容器的边缘结构和封盖类型

（3）光滑壁铝箔容器　容器侧壁光滑，水平凸缘平滑，内表面涂有热塑性树脂。容器成型时易构成连体的盖材，在平滑的水平凸缘面上进行热合密封，形成全密封容器，用于 100℃ 以下低温杀菌的食品，如干菜、果酱等的包装。

（4）铝箔蒸煮袋　属于软罐头包装袋，是将铝箔用干式贴合法，与高密度聚乙烯（HDPE）或聚丙烯（PP）薄膜复合成复合薄膜，再制成蒸煮食品袋。

3. 加工方法

铝箔容器的加工过程一般包括如下工序：

坯料开卷→润滑→冲压成型→接料（垛料）→检验→消毒→包装→入库

带皱褶的铝箔容器，从外观上看，在侧壁的凸缘面上有无数纵向皱褶。铝箔容器的箔材都是冷冲压成型的，铝箔厚度为 0.05～0.10mm。

光滑壁铝箔容器所用模具与上相似，但要防止产生皱纹，为此对模具和铝箔材料的要求较高。要求铝箔塑性极好、晶粒细小，常用为含铝 98%～99% 的铝材。模具必须非常精密，因此光滑壁铝箔容器的模具成本要比皱壁容器模具高 3～5 倍。

四、瓶 罐 容 器

随着人们对海洋塑料等环境问题意识的不断高涨，停止销售塑料瓶装商品，改为金属罐装或瓶装的趋势日益明朗。如 2019 年底富士通公司内的 1500 台自动贩卖机结束提供塑料瓶装饮料，每年预计可减少约 700 万个塑料瓶的使用。金属瓶罐外形与塑料、玻璃瓶类似，可回收复用。

1. 瓶罐容器特点

（1）结构设计和容器造型新颖，具有酷感和运动感，深得青年人喜爱。结构如玻璃、塑料瓶，可多次复用。直径为 28mm 的饮口配置，便于饮用，不易洒出、外溢。瓶盖为皇冠盖、螺旋盖两种类型。

（2）耐低温贮存，冷却迅速，适于多次饮用。内外 PET 薄膜涂覆，阻隔性好，食物保存性良好。

（3）铝瓶重量轻、结实，如 500ml 罐的重量只有 PET 瓶的 60% 左右，可轻量化包装，适合长途运输，可循环回收利用。

（4）环境保护性比较好。PET 涂薄的应用解决了双苯酚的环境激素问题，且制罐过程中不会产生废水和废液，环境保护性比较好。

（5）瓶罐罐身采用两片罐深冲加工技术，属于薄壁正压容器。铝瓶加工较塑料、玻璃困难，加工成本高。

2. 选材及内容物特点

瓶罐规格主要有 500ml、450ml 和 350ml 三种型号，内容物主要包括：啤酒和充气正压产品，茶、酒类、运动饮料和果汁等热充氮产品等。罐身主体为铝合金，内层和外层均复合以 PET 薄膜材料。

3. 加工技术及工艺流程

瓶罐的生产制作过程中需应用连续曲面斜肩成型技术、罐身内外复合 PET 薄膜技术、金属螺纹技术、铝合金盖材涂 PET 技术以及铝合金罐冲压成型技术、三片罐罐底卷封技术、罐身薄壁轻量化技术和在生产过程中的环境保护技术等。其加工技术工艺流程为：铝合金薄板卷→裁切成圆坯→冲压成罐身→罐体翻转→原罐底加工成圆肩瓶口→瓶口直径为 28mm→瓶口裁切整形→气孔检查→印刷→卷曲成圆口→螺纹加工→整形→卷封瓶罐。

五、其他新罐容器

随着消费者对金属罐使用的便利性和多样性的需求日益增长，将温度和金属罐结合一体的新罐形陆续问世。

图 6-42　自热功能金属罐
1—拉绳　2—水袋　3—加热剂

1. 自热功能金属罐

如图 6-42 所示为自热功能金属罐，罐体内包装有食品金属罐，夹层中间放入带拉绳的密封水袋及氧化钙药包，使用时用力拉绳让水袋破裂，氧化钙和水反应，沸腾的水将中间装食物的罐体加热，从而达到自热的目的。这类罐逐步开发体积更小、发热量更大的药粉，从过去单一使用生石灰，到选用发热量更大的电石，再到现在比较常见的利用铝粉和氢氧化钠溶液反应产热的原理配置的发热包。

2. 自冷功能金属罐

如图 6-43 所示为自冷功能金属罐，被首先应用于冷咖啡罐上，其原理是向一个密封的高压容器内装入液氮，使用时打开排气孔，液氮降压后气化并大量吸热，使饮料温度下降。

3. 自热式保温餐盒

如图 6-44 所示为自热式保温餐盒，其结构和原理与自加热金属罐一样，让底部持续发热，达到保温效果。为防止激烈的化学反应导致温度过高而容易烫伤使用者，及大量排出的氢气存在极大的安全风险，在结构上设计了排气孔和防烫把手。目前国内的企业研制了温度可控自热自冷全密封金属罐。它是通过化学平衡的原理，选用反应过程中不产生气体的药粉药剂配方；通过控制反应，使反应温度始终保持在药剂的沸点；发热源完全密封起来。冬天喝热的暖身，夏天喝凉的爽心是大众普遍的食用习惯，以最适宜的温度，从而更好的体现口感和风味，满足食用最佳的感官体验，同时外形和传统包装完全一致，灌装过程也和普通易拉罐没有区别，未来消费者对自热自冷功能罐的欢迎和接受是可以预见的。

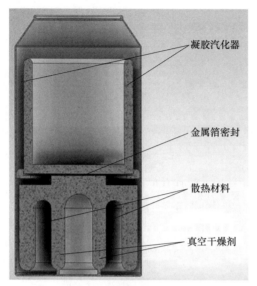

图 6-43　自冷功能金属罐

图 6-44　自热保温餐盒
1—排气孔　2—防烫把手　3—航空餐内盒

第七章　金属封闭器的设计与制造

第一节　金属封闭器概述

金属封闭器（metal closure）是指加在容器上的一套封闭装置，其目的是使内装物保持在容器里以防止内状物污染，可用于各类材质容器的密封，其属于金属包装行业的分支。

一、金属封闭物的种类和功能

1. 种类

金属封合物用于刚性包装容器的封合，主要用于各种瓶、罐、桶的封口。为使封口密封性好，常在盖子凸缘上涂覆橡胶或树脂等涂料。

（1）瓶用金属盖　主要用于各类塑料、玻璃及金属瓶的封合，分为以下几类：

① 压盖封口。密封可靠，易于启封，常用于啤酒、汽水等含气饮料的玻璃瓶的封口。

② 扭断盖（又名防盗盖）封口。密封严密可靠，启封方便，外形美观，启封时可留下痕迹，以辨识产品是否被用过，适于高档酒类瓶装封口。

③ 滚边封口。主要用于广口玻璃瓶罐的封口，是将圆筒形金属盖的底边，经滚卷变形后紧压在瓶口凸缘的下端形成封口。瓶口与瓶盖之间有环形弹簧胶垫，使封口得到可靠的密封。

④ 旋盖封口。瓶盖与容器以螺纹连接方式封口，是各种瓶罐容器的常用封口方法之一。

（2）金属罐盖　用于金属罐的封合，最常见的是：①切开式盖；②拉开式盖。

（3）气雾阀　主要用于气雾罐的封装。

（4）桶用封闭器　主要用于各种桶的封口。

2. 功能

金属封闭器是附加在塑料、玻璃和金属包装容器上的开启和封合装置，包括各种金属盖、金属罐盖、易拉盖、桶用封闭器等。产品装入包装容器后，需要将包装容器封合或密封起来，封合质量的好坏对包装功能的实现起着至关重要的作用，它将与包装容器一起完成如下功能：

（1）保护功能　对内容物进行有效密封，并采用纸、塑料、金属箔或多种材料的复合物制成弹性衬垫材料放在封合物与容器之间，压紧形成紧密安全的密封。

（2）方便和控制功能　金属封闭器提供符合标准、法规，满足容器开启性、开启控制等要求，如易拉盖、防盗盖、儿童安全盖等。

（3）信息功能　封合器是容器引人注目的部位，是传达视觉信息的理想位置，可提供视觉、听觉等信息。如封合器上可印刷的信息内容包括商品牌号、营养成分、生产日期、开启使用说明等，图形标志常常是公司或产品的标识，且它的外形、表面特征和颜色会影响到商品的价值。

二、密封的类型和设计要点

1. 密封的类型

（1）普通密封型　指对容器没有具体的耐内压要求的密封结构，一般在容器内留有顶隙，以满足内装物因温度升高而体积增大的容积要求，进而减低压力，避免因内部压力变化给封口密封带来不良的作用。

（2）加压密封型　如果容器的内装物对封盖产生一定的压强，这种密封结构为内压密封型。显然，施加在内压密封型封盖上的压力，要大于没有内压的普通密封型罐盖上的压力。盖承受内压的面积越大，需加在盖上的压力也就越大，盖的强度要求也就相应提高。

（3）真空密封型　亦称气体密封，是指容器顶隙有一定的真空度，内外产生压差，盖及其内衬是在压差的作用下与容器口形成紧密接触并实现密封的。真空密封型要求使用配有橡胶垫圈或是溶胶内衬的金属盖，避免因内部的真空将内衬吸入容器。容器内部的真空度，一般是在热灌装、密封灭菌的生产过程中产生的。

2. 密封结构设计要点

密封结构设计包括封闭物与容器、封闭物与密封内衬、密封内衬与容器口，以及多功能封闭物结构与配合关系的设计。通过盖与容器口的连接配合，把盖固定在容器口上，同时能够按一定方式开启或复盖；为密封接触面提供足够的压力，且应压力均布，在容器开启前或更长的时间内，压力要维持恒定；对无内衬的罐盖结构，与容器口接触密封部位应平滑、均匀，接触良好；开启、复盖简便、快捷、无泄漏。为使密封内衬准确地压向密封接触面，密封内村在盖内应当定位准确，大小尺寸合适。密封内衬与容器口的配合设计，需要确定接触方式、接触面积、接触宽度及密封内衬的厚度，保证足够的弹性和必要的刚性要求。多功能封闭物结构是由多件组成，其中与容器口配合件应当固定，限制转动和移动，与其他组建配合共同实现某些功能。设计原则以最少的组件实现更多的功能。

第二节　瓶用金属盖类型与结构

一、金属盖类型及应用

1. 冠型瓶盖（crown cap）

冠形瓶盖亦称王冠盖，用组合软木、塑料或溶胶内衬，盖边制成波纹型（有 21～24 个波褶）与瓶口啮合密封。从 20 世纪初开始一直广泛应用于白酒、啤酒、调味品和饮料的包装瓶，适于普通密封、压力密封和真空密封。随着市场上对开启方便性要求的提高，出现了易开型皇冠盖，其封盖速度可达 10000 个/min。

王冠盖多采用厚度为 0.23～0.28mm 镀锡薄钢板和镀铬薄钢板冲制。通用的标准冠形瓶盖结构如图 7-1 所示。使用如图 7-2 所示形状的轮颈，给盖的顶部加压的同时，压出褶固定到瓶口上，使盖裙与瓶口封锁环啮合密封，开启需用专用启盖器（俗称起子）开启。近年来开始采用易开启的方便皇冠盖，如旋扭皇冠盖、圆滑旋扭皇冠盖、提拉皇冠盖等。

标准冠形瓶盖的耐压指标，合格品≥800kPa，优质品≥1000kPa。用于啤酒、汽水等饮料的冠形盖，其内衬应无毒、无异味，平整均匀，另外还应有耐高温的要求，以适应高温灭菌的工艺过程。

2. 螺旋盖（screw cap）

螺旋盖指在内表面有连续螺纹的圆筒形盖，形状如图7-3所示。材料多用马口铁，也有用铝板制成的，用途很广，如药品、酱油、醋等各种食品，几乎都用此盖。可用极简单的机械方法提供足够的力，形成有效的密封、开启和再封合。具有开启控制的螺纹盖可用金属和塑料结合制成，为满足密封严密的要求，可在盖与容器口之间加一衬垫。螺旋盖成型加工简单、生产能力较好、价格低廉。只要瓶口、盖的成型尺寸在标准规格内，嵌合就好，但如果瓶与盖的嵌合太紧，内装物黏附在螺纹上并固化时，就不易开启。

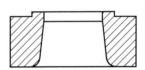

图 7-2　封盖机轮颈

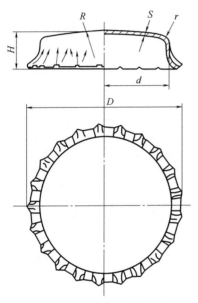

图 7-1　标准冠形瓶盖结构图

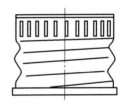

图 7-3　螺旋盖

制作时首先用压力机将材料压成圆筒形，在其末端留下若干边缘并向外翻卷。然后，制出与瓶相吻合的螺旋纹，涂布衬垫材料或插进衬垫材料。用做螺旋盖的衬垫材料多是PVC复合物、橡胶复合物、纤维基衬垫材料。

3. 滚压盖（roll on cap）

滚压盖是用延展性较好的铝质材料制成的一种特殊的螺纹盖，当配有衬垫的未压螺纹的盖坯套在瓶口上后（衬塞结构如图7-4所示），封盖机的机头施压使衬垫材料被压在容器口上，而形成有效封合；然后封盖机头的压辊使铝壳与容器螺纹的外形吻合，利用螺纹啮合来完成密封和再密封，如图7-5所示为滚压盖。滚压盖可用于普通密封、真空密封或压力密封。

滚压盖的一种特殊结构形式是防盗盖，作为一种商业安全措施在密封盖的结构上增加显现或阻止非法开启、盗用内装物的结构，也就是防盗结构。由铝盖体与衬垫两部分构成。盖体由0.22～0.23mm的铝合金薄板冲压拉伸而成，衬垫材料有聚乙烯（PE），乙

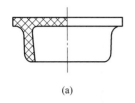
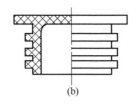
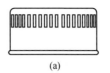
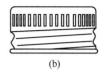

图 7-4　滚压盖衬塞

（a）斜群塞　（b）环群塞

图 7-5　滚压盖

（a）盖坯　（b）成型盖

烯-醋酸乙烯共聚物（EVA）和聚氯乙烯（PVC）等，因内装物不同而使用不同衬垫。加

工时在滚压螺纹的同时滚压出
防盗扭断线，滚压盖与防盗环
通过扭断线上的 6～8 个连接
点连接，防盗环紧紧箍在瓶颈
加强环上。当打开瓶盖时，必
然断开扭断线上的连接点，使
防盗环留在瓶颈上，显然，瓶
盖开启后将无法恢复原状，如
图 7-6（a）所示为扭断式单排
滚花铝防盗盖，图 7-6（b）所

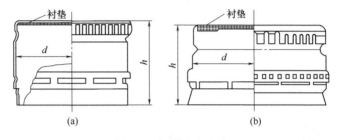

图 7-6　扭断式防盗盖

（a）单排滚花铝安防盖　（b）双排滚花铝安防盖

示为扭断式双排滚花铝防盗盖，这类盖多用于碳酸饮料、果汁、保健口服液等的包装。

还有一些属于特殊的防盗盖，其结构如图 7-7 所示，如加长防盗盖、保香防盗盖、带
式盖、双螺旋盖等。如图 7-8 所示为铝安防盖、筒铝安防盖和铝塑组合安防盖，这类盖多
用于酒类包装。

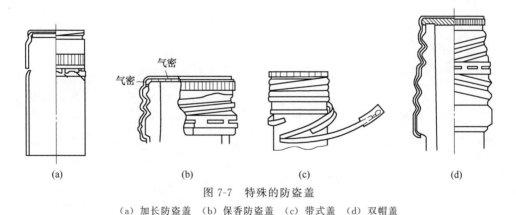

图 7-7　特殊的防盗盖

（a）加长防盗盖　（b）保香防盗盖　（c）带式盖　（d）双帽盖

4. 其他盖

凸耳盖因盖内有 2～6 个凸耳而得名，结构如图 7-9（a）所示。撬开盖是一种用于玻
璃容器的预先成型的金属盖，仅通过瓶盖内侧壁、内衬与瓶口外表面之间的摩擦力而起到
密封作用，结构如图 7-9（b）所示。压合盖可用撬、压等简单动作快速封口，可反复使
用，结构如图 7-9（c）所示。撕裂盖是一种用于杯状玻璃容器的盖，多用于酒和果汁饮料

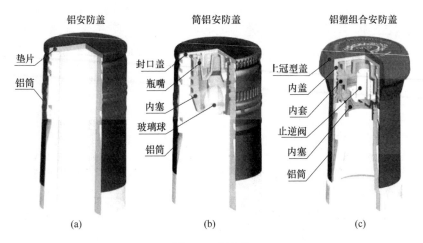

图 7-8 安防盖

（a）铝安防盖 （b）筒铝安防盖 （c）铝塑组合安防盖

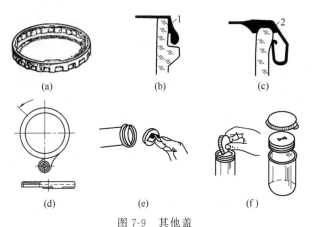

图 7-9 其他盖

（a）凸耳盖 （b）撬开盖 （c）压合盖 （d）撕裂盖
（e）"POP-LOK"瓶盖 （f）安全钥匙盖
1—撬开盖 2—压合盖

的包装，一旦开启，不能再封，其结构如图 7-9（d）所示。还有面对危险家用产品设计的儿童安全盖，要求在开启瓶盖的同时做两种不同的动作，如压—转、挤压—转、压—拔等，使大部分学龄前儿童难以启盖。如图 7-9（e）所示的"POP-LOK"瓶盖和如图 7-9（f）所示的安全钥匙盖均是为了避免儿童受到伤害而设计的安全盖。

二、包装安全与质量检测

金属盖在生产和使用过程中常会出现一些质量问题，如封盖不良，冠盖涂印面漆料脱落严重，附着力不良，影响封盖外观质量，黏附在内衬垫的漆料碎屑在封口时误入瓶内，影响内装物的品质。冠盖内衬胶垫（PVC 粒料）翘垫脱离、缺料等，影响罐密封性，易造成渗漏或慢性漏气。因此要对瓶盖材料、瓶盖外观、瓶盖特性、密封垫片进行检测。如瓶盖特性需进行瓶盖漆膜滚动损耗实验、瓶盖耐腐蚀实验、瓶盖耐压实验等，具体实验方法见相关标准。只有对冠盖的印涂工艺及冲盖工艺有全面的认识和了解，才能针对不同的质量缺陷查找原因做出相应的工艺调整，保障产品质量。瓶盖须先用聚乙烯袋包装，外层用编织袋、纸箱或按用户要求包装进行储运。

第三节 金属罐盖（底）

对于金属罐而言，都需要罐盖封顶，且罐盖品种很多。金属盖的加工原理和制造技术大同小异，最常见是切开式罐盖和拉开式罐盖。易拉盖看似简单，却是先进制造技术在包装领域深加工应用的范例。喷雾金属罐的封闭器，即气雾阀则更加复杂。

一、罐盖的种类及特点

1. 种类

金属罐罐盖以切开式和拉开式最为常见，如图 7-10 所示为其中的大部分类型。拉盖式可分为大口盖和小口盖。小口易拉盖撕开压痕片后为一梨形孔，多用于液体内容物，大口易拉盖拉起拉环后可撕开整片盖板，多用于粒状、奶粉、固体饮料、液体胶、油漆等内容物，均不必附加任何开罐器。易开盖也可分为拉环式、留片式和全开式。

2. 外形特点

（1）膨胀圈　三片罐的罐盖和罐底结构相似，通常需要冲有膨胀圈。罐头在杀菌过程中，罐内残留的空气受热会急剧膨胀增大罐内压力。而罐头冷却后，罐盖又需要恢复到原来的状态，保持原有的形状。所以膨胀圈的作用主要是使罐盖具有足够的结构强度和弹性，保证罐头卷边密封结构，不致因罐头膨胀而破坏，又可在冷却时恢复原状。

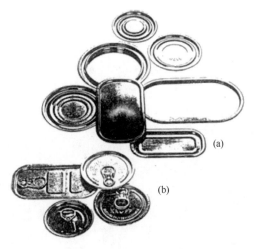

图 7-10　常见的食品罐盖

（a）切开式罐盖　（b）拉开式罐盖

（2）易开结构　为方便使用，金属罐一般设计易开结构。对于粒状、粉状、固体饮料、液体胶、油漆等内容物，采用整体易开盖，可反复使用，盖内设计箔片，防止空气渗入。对于液体类内容物，采用小口梨型或椭圆形易开盖，过去多采用拉环式，用后废弃造成污染。目前小口式易开盖多采用非全撕裂结构，即留片式，拉环拉起时不脱落，而是推入罐内，避免了拉环随地乱扔伤人和污染环境。

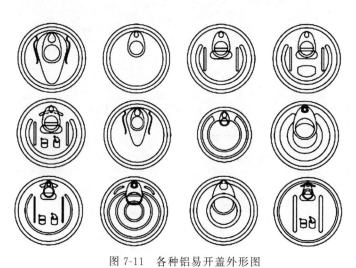

图 7-11　各种铝易开盖外形图

（3）罐盖外形　根据所用材料不同，盖的外形设计也会有差异，如图 7-11 所示为各种铝易开盖外形图，图 7-12 所示为典型马口铁易开盖外形图，图 7-13 所示为铝箔易撕盖外形图。

二、金属罐盖（底）的选材及应用

金属制罐材料容易被腐蚀，一般均需内外覆涂层加以保护。制盖马口铁多为 0.20mm T4-

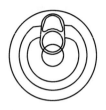

图 7-12 典型马口铁易开盖外形图

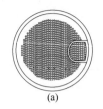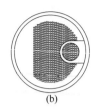

(a)　　　　　(b)

图 7-13 铝箔易撕盖外形图

(a) 502-O 形盖　(b) 502-D 形盖

CA 铁，常用的有 D200（50mm）、D202（52.3mm）、D209（62.4mm）盖，厚度按盖型选用 0.18～0.25mm，镀锡量使用较多的为两面均为 2.8g/m² 的镀锡薄板。也可采用 0.20mm 镀铬铁，最小平均金属铬层质量为 30mg/m²。包装常用的铝合金薄板为铝镁合金和铝锰合金，即防锈铝合金，其特点是耐腐蚀性强、抛光性能好、可长期保持光亮的外观，无毒、轻巧耐用，常用的铝材为 5052-H19，表 7-1 所示为常用制盖铝材技术要求。所采用的密封胶主要有水基（胶乳）、溶剂基和热塑型，用于食品包装金属罐的密封胶，需不含对人体有害的成分，化学性质稳定，耐老化性能、流动性能、附着力、耐高温性好。便于施涂，能耐受加工、储运过程的冲击和振动。表 7-2 所示为罐盖铝材性能及应用，表 7-3 所示为制盖用镀锡板材料性能与应用。

表 7-1　　　　　　　　　　　　制盖用铝材性能及应用

铝罐类型		铝材合金类型	板厚/mm	铝材状态	力学性能		制耳率/%	典型用途
					σ_b/MPa	$\sigma_{0.2}$/MPa		
易拉罐	罐盖	5082	0.27	H19	303	193	2	有内压的啤酒、碳酸饮料罐盖用
		5182	0.27		421	393	2	
		5052	0.25		300	270	2	无内压的食品饮料罐盖用铝材
		8011	0.25	H14	140	130	2	无内压的饮料、西式酒类的防盗用
		3003	0.25	H14	160	150	2	有内压的饮料罐盖、西式酒类的防盗盖用
		3105	0.25	H34	180	170	2	中等强度、食品饮料罐盖用铝材
		5N01	0.6	H24	150	130		光泽性好、化妆品用
		5657	0.7	0	140	50	2.4	光泽性极好，打火机、化妆品用

表 7-2　　　　　　　　　　　　制盖常用铝材技术要求

合金型号	厚度/mm	厚度允许偏差/mm	供货状态	力学性能			制耳率/%	用途	涂层/(g/m²)
				σ_b/MPa	$\sigma_{0.2}$/MPa	δ/%			
5182 5082	0.33～0.34	±0.008	H19	350～384	293～354	≥6	—	罐盖用	内层 12～18；外层 3～5
5052	0.30	±0.008	H19	≥350	≥309	≥2	—	拉环用	—

表 7-3　　　　　　　　　　　　　　镀锡板材料性能与应用

调质度	洛氏表面硬度 /HR30T	屈服强度 /MPa	抗拉强度 /MPa	压下率 /%	伸长率 /%	用途
T50	≤52	252～329	329	<1	29	喷嘴、封盖
T52	48～56	294～364	364	1～2	28	环盖、栓盖、封盖
T57	54～61	329～378	378	2～3	26	罐身、罐盖
T61	57～65	364～427	427	2	18	罐身、罐盖
T65	61～68	406～469	469	2	17	罐身、罐盖
T70	66～73	505～553	553	2	11	刚性容器

三、金属盖的结构特点

1. 罐盖各部分名称

如图 7-14 所示为罐盖各部分名称。

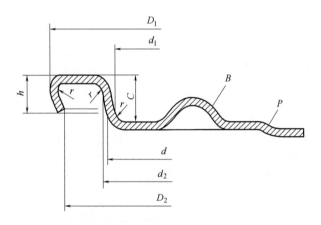

图 7-14　罐盖各部分名称

d—罐内径　d_1—肩胛底内径　d_2—肩胛顶外径　D_1—圆边后盖边外径　D_2—圆边后盖边内径

C—埋头度　r—管边圆弧半径　B—膨胀圈凸筋　p—膨胀圈斜坡　h—盖边厚度

2. 罐盖外形结构

罐盖的外形截面图如 7-15 所示，包括切开式和拉开式外盖，开启后外盖均不能再复用。易拉盖结构图组成如图 7-16 所示，刻痕是为了方便开启，拉环铆合在易开盖上，开启后梨形盖片脱离，不能复用。

3. 压盖易开罐及铝箔易撕盖结构

压盖易开罐结构图如图 7-17 所示。该罐盖可整体打开、可复用、箔片可防空气渗入。图 7-18 为铝箔易撕盖结构，其是在 $50～60\mu m$ 厚的铝箔上加拉环，铝箔热封在镀锡薄钢板盖圈上，与罐身贴紧固定。

图 7-15　罐盖的外形截面图

1—圆边　2—卡紧面　3—外凸筋　4、5、6—斜坡　7—盖面　8—拉环铆钉

（a）切开式盖外形　（b）拉开式外形

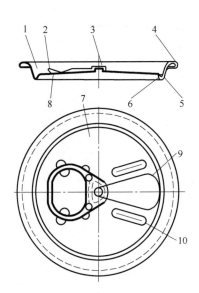

图 7-16 易拉盖的典型结构

1—基本盖 2—拉环 3—铆钉 4—卷边
5—嵌环 6—封门胶 7—外表面 8—内
表面 9—切痕 10—加强筋

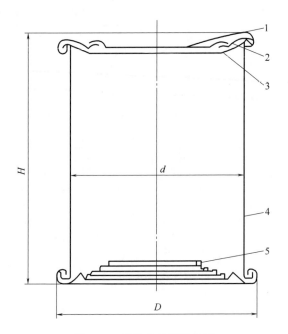

图 7-17 压盖易开罐结构图

1—易开盖 2—罐盖环 3—箔片 4—罐身 5—罐底

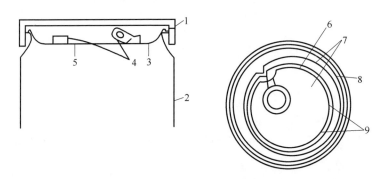

图 7-18 铝箔易撕盖结构

1—外盖 2—罐身 3、8—镀锡薄钢板圈 4、6—拉环 5、7—铝箔内盖 9—连接处

开启时，铝箔可以全撕开，外盖可以复用，封闭罐体。

4. 罐盖局部结构

（1）圆边

圆边是罐盖/底边缘向内弯曲的边钩，与罐身翻边做卷边密封，它的形状及质量对卷边的性能有较大的影响。圆边的结构如图 7-19 所示，图中的 d_1 和 h_1 依罐径的不同而不同，圆罐系列：$d_1 = 3.8 \sim 4.3$mm，$h_1 = 1.9 \sim 2.2$mm。大罐取高值，小罐取低值。异形罐罐盖的盖边厚度 h_1 和盖边与卡紧面（盖肩）的距离 d_1 可参考《罐头工业手册》中的有关数据。

（2）膨胀圈

膨胀圈的结构如图 7-20 所示，其结构形式与内容物品种、组织及真空度有关。如罐内顶隙小真空度低，则膨胀圈强度要大，如罐内顶隙大真空度高，则膨胀圈要有较好的回弹性能。

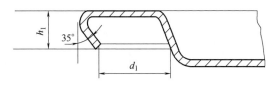

图 7-19　圆边结构

其中：$R \approx 20t$；$H \leqslant 0.25B$；$r \geqslant 2t$；$R_0 > 25mm$，t 为板材厚度。

经冲压膨胀圈和圆边后的罐盖结构如图 7-21 所示。

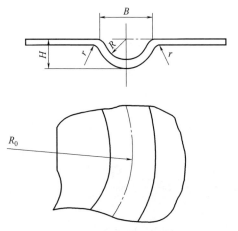

图 7-20　膨胀圈结构

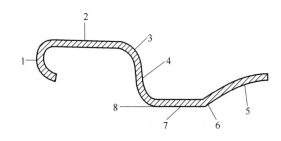

图 7-21　罐盖/底圆边结构

1—圆边　2—卷边结合面　3—卷边面倒圆　4—夹壁　5—膨胀圈/凸筋　6—夹紧面倒圆　7—夹紧面　8—平壁倒圆

四、金属盖/底的尺寸设计

1. 罐盖/底落料尺寸

一般按下式计算：

$$D_1 = D + K \tag{7-1}$$

式中，D_1——罐盖/底板落料计算尺寸，mm

　　　D——罐内径，mm

　　　K——修正系数，K 值得选取与设备条件、罐形大小、薄钢板和胶膜厚度有关，可参照表 7-4 选取。

表 7-4		罐盖（底）落料计算尺寸修正系数			
罐内径/mm	52.3	65.3～72.9	83.3～98.9	105.1	153.4
k 值/mm	15.5	16.0	16.5	17.0	18.0

2. 膨胀圈设计

罐盖膨胀圈设计以罐盖直径大小而定，可参考表 7-5 选取。

3. 罐盖/底结构尺寸

（1）金属罐盖/底　其主要结构与尺寸如图 7-22 和表 7-6 所示。

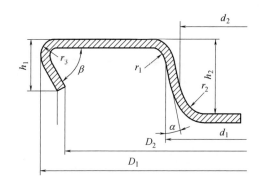

图 7-22 金属罐盖/底主要结构尺寸

d_1—肩胛底内径 d_2—肩胛顶外径 D_1—圆边后盖边

外径 D_2—圆边后盖内径 h_2—埋头度 r_1、r_2、

r_3—盖边圆弧 h_1—盖边厚度

表 7-5 圆罐罐盖膨胀圈设计选取规则

内径/mm	罐盖/底膨胀圈结构组成
52.5	外凸筋1个,或外凸筋1个+一级斜坡,或无凸筋、斜坡
65	外凸筋1个+一级斜坡
74	外凸筋1个+一级斜坡
83.5	外凸筋1个+二级斜坡
99	外凸筋1个+二级斜坡
108	外凸筋1个+二级斜坡
153	外凸筋2个+三级斜坡

表 7-6 金属罐盖/底主要尺寸表

项目	尺寸/mm						
公称内径	52	65	73	83	99	105	153
空罐内径 d	52.3	65.3	72.9	83.3	98.9	105.1	153.4
肩胛底内径 $d_1 \pm 0.02$	51.99	65.05	72.57	83.10	98.75	104.88	153.04
肩胛顶外径 d_2	52.59	65.65	73.17	83.76	99.45	105.58	153.80
圆边后盖外径 $D_1 \pm 0.10$	61.39	74.95	82.57	93.30	108.95	115.08	163.64
圆边后盖内径 $D_2 \pm 0.10$	60.39	73.95	81.42	92.15	107.75	113.88	162.39
埋头度 $h_2 \pm 0.10$	2.90	2.90	2.95	2.95	2.95	3.05	3.15
盖边厚度 $h_1 \pm 0.10$	1.9	1.9	2.0	2.0	2.0	2.1	2.1
盖边圆弧 r_1、r_2、r_3	1.0	1.0	1.2	1.2	1.2	1.2	1.2

（2）铝易开盖的主要尺寸 铝易开盖分为拉环式、留片式、全开式，表 7-7 所示为常见铝易开盖主要尺寸。

表 7-7 常见易开盖的主要尺寸要求

代号		钩边外径 D_1	钩边开度 b	埋头度 c	钩边高度 h	50.80mm盖的个数
拉环式	113	54.40	≥2.50	5.40	2.00	24~27
	200	59.10	≥3.07	6.00	2.20	22~25
	202	61.24	≥3.07	6.00	2.20	22~25
	206	64.77 ±0.25	≥2.72	6.35 ±0.13	2.00 ±0.20	24~27
留片式	200	59.10	≥3.07	6.00	2.20	22~25
	206	64.72	≥2.72	6.40	2.00	22~27
全开式	209	72.14	≥3.07	4.80	2.00	24~27

（3）马口铁易开盖品种及主要尺寸 目前，国内常见的马口铁易开盖有圆形、椭圆

形、方形、长圆．形、马蹄形等系列。按开口形式的不同，还有全开式、小开式、中开式的区别。表 7-8 所示为圆盖系列马口铁易开盖主要品种，表 7-9 所示为椭圆盖系列马口铁易开盖主要品种，表 7-10 所示为方罐系列马口铁易开盖主要品种。

表 7-8　　　　　　　　　　　圆盖系列马口铁易开盖主要品种

盖型	对应金属罐公称直径/mm	备注	盖型	对应金属罐公称直径/mm	备注
202	52		209	62	
211	65		214	70	
300	73		305	80	
307	83		309	87	平底盖
401	99		315	95	
403	102	平底盖	404	105	
502	126		603	153	

表 7-9　　　　　　　　　　　椭圆盖系列马口铁易开盖主要品种

盖型	公称直径(对应金属罐的长轴 mm×短轴 mm)	盖型	公称直径(对应金属罐的长轴 mm×短轴 mm)
T501	155×80	T604	135×93
T601	170×117		

表 7-10　　　　　　　　　　　方罐系列马口铁易开盖主要品种

盖型	公称直径(对应金属罐的长轴 mm×短轴 mm)	盖型	公称直径(对应金属罐的长轴 mm×短轴 mm)
F304	97×51.7	F312	1407×767
F311	104×60	F313	140×110

如图 7-23 所示为圆形全开式马口铁易开盖，表 7-11 所示为圆形全开式马口铁易开盖主要尺寸。如图 7-24 所示为长圆形马口铁易开盖，表 7-12 所示为长圆形全开式马口铁易开盖主要尺寸，表 7-13 所示为铝箔易撕盖规格及适用内容物。

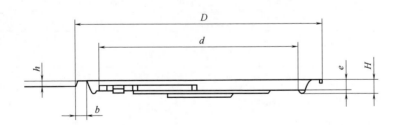

图 7-23　圆形全开式马口铁易开盖

表 7-11　　　　　　　　　　　圆形全开式马口铁易开盖主要尺寸　　　　　　　　　　mm

项目	盖型代号					
	202	209	211	300	307	401
公称直径	52	63	65	73	83	99
钩边外径(D)	61.70±0.15	72.52±0.15	74.75±0.15	82.09±0.15	93.20±0.15	108.85±0.15

续表

项目	盖型代号					
	202	209	211	300	307	401
刻线直线(d)	45.70	55.70	58.80	66.00	76.00	91.50
钩边高度(h)	1.98±0.12			2.15±0.10		
埋头度(H)	4.14±0.1	4.95±0.10		5.06±0.10		
平面深度(e)	3.33±0.08	4.10±0.08		3.94±0.8		
钩边深度(b)	3.10					

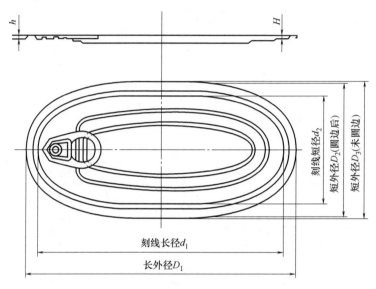

图 7-24　长圆形马口铁易开盖

表 7-12　　　　　　　　　　长圆形全开式马口铁易开盖主要尺寸　　　　　　　　　　mm

盖型代号	长外径 (D_1)	短外径 (D_2)	短外径 (D_3)	刻线长径 (d_1)	刻线短径 (d_2)	埋头度 (H)	钩边高度 (h)
501	156±0.15	80.52±0.15	81.63±0.15	≥138.50	≥64.00	3.40±0.10	1.95±0.10

表 7-13　　　　　　　　　　　　铝箔易撕盖规格及用途

铝箔盖规格型号	马口铁厚度/mm	铝箔厚度/mm	拉环形状	开启后形状	罐装物适用类型
300	0.21	0.06	平面	O 形	干粉类
307	0.21	0.07	平面	O 形	蒸煮类
307	0.21	0.06	平面	O 形	干粉类
401	0.21	0.07	平面	O 形	蒸煮类
401	0.21	0.10	平面	O 形	干粉类
401	0.21	0.10	平面/拉环	O 形/D 形	干粉类
401	0.25	0.10	平面/拉环	O 形/D 形	干粉类
502	0.21	0.10	平面/拉环	O 形/D 形	干粉类
502	0.25	0.10	平面/拉环	O 形/D 形	干粉类
603	0.21	0.10	平面	O 形/D 形	干粉类

第四节　金属罐盖制造技术

最典型的金属罐盖是板材经冲压成型，通常有膨胀圈和圆边等基本结构的圆形盖。典型制造工艺流程为：剪切下料→落料冲制成型→圆边→注胶→干燥→包装。与工艺配套的制盖设备主要包括：切板下料设备、冲盖设备、圆边设备、注胶设备、烘干设备和包装设备等。

排样设计是罐盖剪切下料前的重要工艺设计步骤。合理的排样应是在保证零件质量、有利于简化模具结构的前提下，以最少的材料消耗，冲出数量最多的合格产品。

一、排样设计原则

1. 排样方法

根据材料经济利用程度，分为有废料排样、少废料排样和无废料排样。

有废料排样是指沿工件的全部外形冲裁，工件与工件之间、工件与条料之间都有工艺余料（搭边）存在，冲裁后搭边成为废料。

少废料排样是指沿工件的部分外形轮廓冲裁，只在工件之间或是工件与条料侧边之间有工艺余料存在。

无废料排样是指工件与工件之间、工件与条料侧边之间均无工艺余料存在，条料沿直线或曲线切断而得工件。

2. 排列形式

根据工件在材料上的排列形式，可分为直排法、单行排列法、多行排列法、斜排法、对头直排法、对排斜排法，如图 7-25 所示为直排法和多行排列法有废料和无废料对比图。

实际生产中，在确定排样时，一般是先根据工件的形状、尺寸，排列出几种可能的方案。如果工件的形状复杂还要用制图软件先画出几个样件，用样件摆出各种不同的排样方案，然后再综合考虑原材料供应、压力机的型号、工件的精度、生产批量、经济性、模具结构、生产率、操作与安全等各方面因素，最后决定出最合理的排样方法。

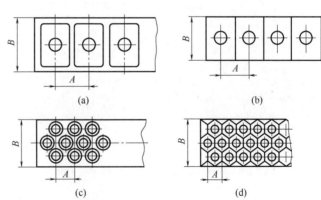

图 7-25　直排法和多行排列法

（a）直排法有废料排样　（b）直排法无废料排样　（c）多行排列法有废料排样　（d）多行排列法少废料排样

二、切开式罐盖的制造工艺

切开式罐盖制造工艺流程为：切板→涂油→冲盖→圆边→注胶→烘干。罐盖制造工艺流程及生产线示意图如图 7-26 所示。

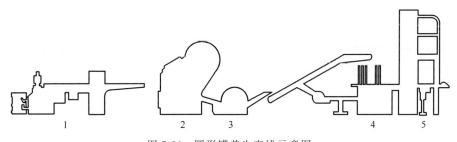

图 7-26　圆形罐盖生产线示意图

1—切板机　2—冲盖机　3—圆边机　4—注胶机　5—烘干机

1. 切板

切板是将整张镀锡板切成板条，以便在冲盖机上冲盖。为提高板材利用率，减少边角废料，需要设计罐盖的落料排列方式。圆罐系列的最佳落料排列是交叉排列，为此需要采用波形切板机。异形罐的落料排列方式按实际要求排布，其原则仍是节约用材。

剪切下料一般采用圆刀剪板机和波形剪板机，圆刀剪板机因材料的利用率较低，在盖料的剪切中逐步被淘汰。波形剪板机在制盖尺寸改变时，需相应更换上下刀口，也就是说一种盖型需要一种波形刀，这种剪切方式应用广泛。排样可根据盖的落料尺寸和冲床精度确定剪切排版尺寸，其排版可参考如图 7-27 所示的双排波剪排版和如图 7-28 所示的整板冲排版。

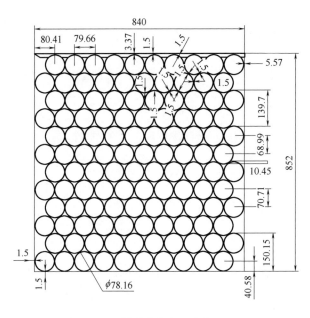

图 7-27　双排波剪排版（单位：mm）

2. 冲盖和圆边

冲盖机有半自动式和全自动式，可一次完成落料、拉伸、成型工序。

罐盖的落料和成型原理与前述拉深原理相同，在冲盖机模具中一次落料成型。生产不同尺寸、形状的金属盖时需更换相应的冲模，冲床的压力也有不同的规格。首先由冲盖机冲出坯的盖边，通过圆边机将盖边滚压使之向罐盖中心弯曲成 35°的盖沟，再与罐身翻边配合进行卷边。多头自动冲床其生产速度可达 2000 只/min 以上。

3. 注胶

注胶是在罐盖圆边沟槽内加注密封胶液的过程。胶液干燥后，能充填卷边内的盖钩与身钩间的空隙，以增加卷边的密封性。大多数注胶机适用于水基及溶剂型密封胶的注胶，可注胶的罐盖，直径为 50～127mm，出盖速度达到单通道 100～500 盖/min。对于溶剂型密封胶压力应当在 206～344kPa 范围内，对于水基密封胶则在 103～206kPa 范围内。注胶喷嘴的孔径一般为 0.5～0.9mm。圆罐系列的罐盖注胶时，采用罐盖绕其中心旋转，向其圆边沟槽注胶。这种注胶方法可以得到均匀的胶层。异形罐采用"印"的方法，故也称为"印胶"。使用与异型罐罐盖沟槽同形的印模沾取胶液，而后转移到罐盖沟槽内。

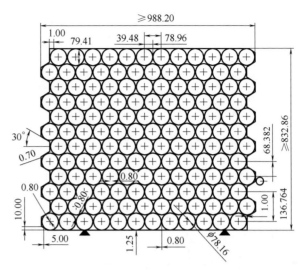

图 7-28　整板冲排版（单位：mm）

4. 烘干和硫化

烘干设备一般有隧道式烘干机、立式烘干机和中频烘干机三种类型。隧道式烘干机生产效率较低，能耗大。立式烘干机适合于品种规格少、产量大的产品生产，具有密封性能好、能耗低、占地面积小等特点。中频加热烘干机对罐盖体内直接加热，加热效率高、均匀且速度快，产品合格率为 100%。

烘干的原理是使胶液干燥成膜，其实质是一个复杂的化学过程——硫化。在加热条件下，天然乳胶与硫磺作用，改善了天然乳胶的性能，使胶膜具有良好的抗水、耐热、抗油等化学稳定性和良好的弹性。注胶罐盖在卷封前必须彻底干燥，否则可能会导致挤胶。溶剂性密封胶的干燥不需要加热，而水基密封胶则必须加热干燥。罐盖须达到 85%～95% 的干燥度后方可包装、运输和使用。

三、易开盖的制造工艺

易开盖开启方便，开启时只要提拉其上的拉环，稍用力撕拉即可开启罐盖。拉环式易开盖有两种形式：一是小口式，拉环拉起时罐盖开启一小口，由此小口可吸出或倒出流体内装物；另一是大口式的，拉环拉起时几乎整个的盖被撕开，以便于取出固体、粉状或高度粘稠的内装物。

1. 盖体的制造工艺

采用换位冲压机（也称复合机）生产易拉盖，从拉环成型到拉环被铆合、刻痕的形成等都在同一台机上完成。机上装有两套模具，一套用于铆钉形成及铆合拉环等，称为通道模。另一套用于拉环成型的多级进给拉环模。根据生产规模需要，在同一台冲床上，通道模可以装上两套以上，拉环模具只需一套工位数与通道模数相同的就可以了。

各种样式的易开罐盖，制造方法大同小异，最常见的拉环式易开盖生产流程（不包括拉环生产流程）为：板料→切板→落料及盖成型（包括冲铆钉鼓包）→铆钉成型→压开口槽（安全折叠预成型）→刻痕→压安全折叠→嵌入拉环→铆合→圆边→涂胶→烘干。如图 7-29 所示为工序中基盖在组合中进模工位的半成品。

下面介绍具体的关键工序：

（1）刻痕　易开盖成型过程中的刻痕最为关键，在高速冲压及传送过程中，要确保生

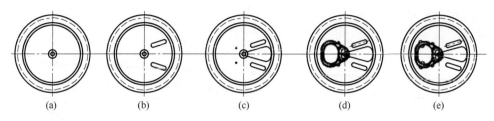

图 7-29　基盖在组合中进模工位的样品

（a）铆钉预成型　（b）铆钉成型、加强筋成型　（c）刻痕　（d）拉环套入预铆　（e）拉环紧铆

产的每只盖的刻痕余量稳，刻痕均匀性应在十几微米内，需要机床、模具有极高的稳定性和精度。采用双面刻痕技术，刻痕圈精度可达微米级，即确保盖内刻线涂膜不被破坏，同时在不降低刻痕余量的前提下，使易开盖更容易开启。刻痕深度为关键参数，既要撕开方便省力，还要有足够的强度以抗内压力和震动。刻痕深度与罐径有关，口径大的刻痕可浅些，口径小的一般为板厚的 1/2。铝质易开盖刻痕深度一般为盖材厚度的 2/5～1/2，钢质易开盖的刻痕深度可为板厚的 2/3。

（2）圆边　圆边是将基本盖冲模冲出的盖边卷成圆弧状，可由冲床模具压出圆弧边，卷边尺寸比较稳定，盖形质量较高；还可由圆边机完成，简单且使用广泛。这种圆边机主要由转动盘、外模和托板组成，圆边原理如图 7-30 所示。

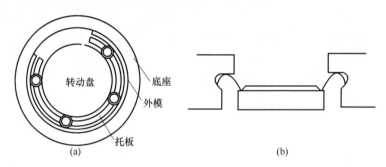

图 7-30　圆边原理示意图

（a）圆边机结构　（b）圆弧状凹模与盖

当盖进入到圆边机后，转动盘带动盖自转沿外模的圆弧状凹模滚动，外模与转动盘间距逐步减小，压迫盖沟沿外模圆弧槽变形实现圆边的过程。

2. 拉环生产工序

拉环是用条料在多工位冲床上以连续步进模冲制成型。拉环冲制的主要工序为：条料→冲拉环孔和辅助孔→冲拉环外沿→压制铆合槽→冲铆合舌→拉环孔翻边→拉环外沿预翻边→冲铆钉孔→拉环孔和拉环外沿翻边完成→冲压拉环提拉压痕→拉环成型。为便于生产过程的高速度和自动化，在拉环整个冲制过程中，拉环根部始终与条料相连，直至拉环与易拉盖铆合后才最后与条料脱离。

3. 不同材质易开盖生产工艺

不同材质易开盖工艺会稍有区别，下面分别给予介绍：

（1）铝易开盖生产工艺　易开盖的制造工艺过程是：落料→基本盖冲压成型→圆边→注胶→起泡-→刻线→铆合→压拱（汽水盖）→入库。其中，基本盖成型过程同三片罐底盖的成型基本相同：落料→冲压成型→圆边→注胶。与三片罐底盖不同的是易拉盖无膨胀圈，但具有拉环和刻线，组装拉环和冲制刻线的工艺过程是：起泡→刻线→铆合→压拱（汽水盖）。

（2）马口铁易开盖主要生产工艺　马口铁易开盖一般分两类工艺流程

工艺流程一：涂覆镀锡（铬）薄钢板→波剪→基本盖成型→注胶→易开组合成型→刻线补涂→检验→包装。

工艺流程二：涂覆镀锡（铬）薄钢板→波剪→基本盖成型→注胶→易开组合成型→刻线实涂→电泳补涂→光检→包装。

其中，易开组合成型工序能同时完成三次起泡、刻痕、打膨胀圈、拉环成型（拉环卷料开卷、送料、拉环成型、落环）、铆合、整形等步骤。

（3）易撕盖生产工艺　工艺流程：送盖→冲孔→卷边→封铝箔→压花→检测和包装。

将已成型的基本盖送入易撕盖生产设备，将基本盖的中间冲出孔，再将盖中间的孔边向外径方向卷边，将冲压好的铝箔采用热封方式黏合在盖上，将中孔封闭起来。在铝箔上压制花纹，然后对每个盖进行在线检测，检测其密封性后自动包装。

四、异形罐盖制造工艺

1. 异形罐盖成型工艺

从异形罐盖的几何形状特点来看，它的变型和圆形罐盖的变型有质的区别，其最大的区别是罐盖周边上的变形不均匀。罐盖的直边部分和圆角部分在拉伸时，变形情况完全不同，拉伸变形前，毛坯表面圆角部分，以放射线和同心圆弧组成的网格。直角部分由相互垂直的等距离平等线组成的网格。拉伸变形后，异型罐盖侧壁的网格发生了横向压缩和纵向拉伸的变形，其网格分布是不均匀的。在中间部位拉伸变形最小，靠近圆角部分的拉伸变形最大。变形在高度方向上的分布也不均匀，靠近底部位置上最小，靠近上口的部位最大。现以比较常见的矩形罐盖为例，说明异形罐盖毛坯尺寸的设计方法。

一次拉深成型盒盖（$H \leqslant 0.3B$，B 为短边长），拉深时仅有微量材料从角部转移到直边，圆边与直边相互影响小。因此直边按弯曲变形展开计算，圆角部分按拉深变形展开计算，再修正既得毛坯尺寸，如图 7-30 所示。

按弯曲变形展开的直边部分长度为 l_0。

$$l_0 = H + 0.57r_p \tag{7-2}$$

$$H = H_0 + \Delta H \tag{7-3}$$

式中，H_0——工件高，mm

ΔH——盒型件修边余量，mm

ΔH——$(0.03 \sim 0.05)H$。

把圆角部分看成圆筒件，直径为 $d = 2r$，高为 H，则展开毛坯半径为

$$R = \sqrt{r^2 + 2rH - 0.86(r + 0.16r_p)} \tag{7-4}$$

通过如图 7-31 所示盒型盖毛坯的作图法，用光滑曲线连接直边和圆角部分，即得毛坯的形状和尺寸。

根据上述计算来设计模具的落料尺寸，可一次性冲压成功，且不用修边，并得到几何尺寸最佳，边宽最合理的矩形罐盖。异形罐盖在冲压成型前，需利用复合模具直接在盖钩

部位边缘压出一个直边，以代替圆边。

2. 异形罐盖注胶工艺

异形罐盖注胶工艺与圆盖注胶工艺不同，采取罐盖不动，喷枪沿盖钩做仿形运动，向盖钩内注入密封胶。为了使密封胶均匀地覆盖在盖钩内，一般采取加热密封胶，使密封胶变稀，便于流动（流平）。要得到符合质量要求的胶膜，主要是控制注胶量和均匀度，影响注胶量和注胶均匀度的因素有注胶压力、喷枪高度、喷枪口径、胶液温度等。

五、包装安全及质量控制

易开盖在生产过程中会存在一些常见缺陷和质量问题，其需满足的物理性能如表7-14所示。

铝制易开盖生产中常见如下缺陷：如铆钉直径偏小，铆钉不圆或呈椭圆，铆钉头上部裂漏，铆钉头下部裂漏，拉环带卡阻，拉环毛边，拉环铆合错位或掉拉环，开启失效或启破值高，刻线破裂，刻线深度不符合规格范围，刻线裂漏，盖变形，盖转动（刻线转动）等问题。罐盖成型常见质量问题，如底盖外凸边宽窄不一，底盖冲破，底盖擦伤，盖面压印，外凸边起皱，无法吸片，脱盖不佳，毛边，盖边呈三角形等。建议参考杨文亮、辛巧娟主编的《金属罐制造技术》提出的原因查找及解决方法。

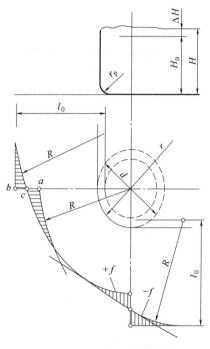

图 7-31　盒型盖毛坯的作图法

表 7-14　易开盖的物理性能

项　目　名　称		性　能　指　标
耐压强度/kPa		≥610
密封性		不允许泄漏
内涂膜完整性/mA	啤酒盖	单个≤75,平均≤50
	软饮料盖	单个≤30,平均≤8
启破力/N		≤30,平均≤20
全开力/N		≤45,平均≤36
开启可靠性		开启时拉环(片)不脱落及完全开启
封口胶干膜质量/mg		25～50

马口铁易开盖在生产时要注意如：马口铁材料要求；涂膜质量，易开盖所用的涂料与普通底盖有很大的区别，要求其涂膜有更好的抗腐蚀性、延展性和耐加工性，加工过程中不允许涂膜有明显损伤。外涂膜厚度一般不低于 $6g/m^2$，内涂膜不低于 $9g/m^2$；规格尺寸要求尺寸偏差尽可能控制在 $\pm0.10mm$；圆盖的启破力不宜低于 16N，而 300 盖的全开力在 $45\sim65N$ 之间；耐压强度常用加压试验法测试，如 401 以下圆盖，爆破强度达到 200kPa 以上；内涂膜完整性可用分度值不大于 0.5mA 的内涂膜完整性测试仪，如经电泳

补涂处理的易开盖，一般内涂膜的完整性平均值应≤3mA，单个最大值应不超出 8mA。易开盖应保持内涂膜的完整并具有相应耐腐性能，可进行抗酸蚀、抗硫蚀和加速腐蚀试验。应控制密封胶干膜量、密封胶耐油性能和耐水性能。盖钩边内胶膜的正确涂位分布为钩边内约 70%、平面自主约 30%；外形上要求盖形完整无缺，钩边无明显变形，盖面清洁、平整、色泽基本一致，膨胀圈纹清晰，深浅一致。刻痕线应无任何损伤，拉环表面光滑，位置正确，铆合牢固。密封胶涂敷均匀，无断胶、堆胶、拖尾、溢胶、溅胶、无明显气泡及烘焦老化等缺陷。

高质量的易撕盖，要求铝箔要预先在两面进行涂层复合，外表面为保护涂层，一般为 250℃下覆膜，内层为涂印热封涂料，易黏合具耐腐蚀性。

第五节　气雾阀的结构及技术要求

阀门是控制气雾罐内产品流动与喷出特性的关键构件，不同的阀门和触动器可喷出泡沫状、雾粒状或喷流状的产品。阀门的设计形式很多，其原理基本相同。

一、标 准 阀 门

标准阀只要按触动装置，内装物就可以连续喷出，其结构如图 7-32 所示。其喷雾原理为：按压按钮 1，阀杆 2 下移，使阀杆喷孔 12 与阀体空间相通；同时气雾罐内产品在气雾剂气体压力作用下经阀体喷体喷孔 8 进入阀体空间，再经已打开的阀杆喷孔 12 入阀杆通道，最后从触动器喷孔 13 喷出；少部分液化气经排气孔 6 进入阀体协助产品雾状喷出；放松触动器，阀杆在弹簧 10 作用下复位，使阀杆喷嘴孔与阀体空间不通，恢复到不工作位置，罐内产品处于密封状态。

大多数的阀都属于下压式阀杆工作的类型，也有阀杆向一方倾斜的类型。通常这种类型的阀门对阀杆密封垫的依赖性高，需慎重选择。

（1）阀门喷孔　气雾阀喷孔的形状和尺寸是影响气雾特性的主要因素之一，一般喷孔孔径在 0.5～5mm。阀门通常有四个孔：阀体喷孔、排气孔、阀杆喷孔与按钮喷孔。喷孔孔径表示方法的排序为：阀杆喷孔×排气孔×阀体喷孔，如喷发胶用阀门喷孔规格为 0.33mm×0.33mm×

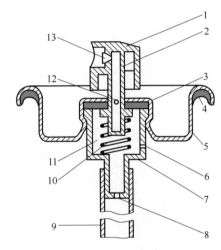

图 7-32　标准阀门的结构示意图

1—按钮　2—阀杆　3—阀座　4—衬垫
5—U 形盖　6—排气孔　7—阀体　8—阀
体喷孔　9—导管　10—弹簧　11—混
合室　12—阀杆喷孔　13—喷孔

1.57mm。排气孔的作用是让少量推进剂由此进入阀门与内装物混合，进一步分裂雾滴，对于不混溶的水基内装物效果较好。如为改善推进剂与内装物不混溶的三相系统的气雾状态，可采用按钮喷孔机械分散涡流室结构，涡流使内装物呈中空锥体喷出，然后分散成极其细小的雾滴。

（2）阀门衬垫　阀门内衬材料必须具有耐化学性，可根据内装物的性质分别采用氯丁橡胶（适用于水基内装物及含二氯甲烷系统）和丁腈橡胶，还需具有良好的力学性能，如刚度、弹性、重复强度等，不会因内装物作用而收缩或溶胀。

（3）汲管（导管） 汲管的作用是将内装物导入阀内，一般采用 PVC 材料。为了达到流量控制效果，采用内径为 0.4mm 的毛细管，有时为了在倒立情况下依然可以使用，采用 6～10mm 的大口径。

二、特 殊 阀 门

特殊阀门主要有以下几种：

（1）密封阀门，用于长期贮存或贮存条件差的场合，以消除贮存过程中的阀门渗漏。用金属衬垫防止内装物与阀门垫圈套相接触，启用后金属衬垫碎裂。

（2）计量阀门，主要用于名贵香水、医药品等。计量阀门为两套阀门结构，一开一关。当上开下关时，两阀门之间的内装物由推进剂压力作用而定量喷出。而上关下开时，容器中的压力又补弃内装物于阀内，适用于液态喷射剂与内装物混溶的两相系统，如图 7-33（a）所示，计量阀门输出定量内装物后自动关闭阀门。

（3）泡沫阀门，在标准阀门上设计泡沫喷孔，较大的孔和一个作为膨胀室的长阀杆，混合物一进入长阀杆就开始发泡，如图 7-33（b）所示。

（4）混合阀门主要用于热剃须膏和染发剂。混合阀门允许两种内装物混合后一起喷出，推进剂、氧化物与内装物装在主室，过氧化氢装在副室。当按动按钮时，少量的过氧化氢与剃须膏泡沫中的氧化物（比例大约为 1∶4）在阀门处混合发生放热反应而产生热量，如图 7-33（c）所示。

（5）喷粉高压阀门选用高压阀座且阀座尽可能靠近喷孔，以防止喷孔堵塞。推进剂的密度要接近于粉状物。

（6）自容式压力阀门只能用于湿式气雾。如图 7-33（d）所示，有一根虹吸管伸入推进剂容器的中心或一侧，内装物与推进剂单独分开，可以避免相容性问题。由于内装物不带压力，可以使用玻璃、塑料或其他材料的容器。

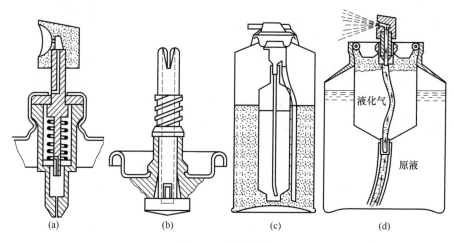

图 7-33 特殊阀门
（a）计量阀门 （b）泡沫阀门 （c）混合阀门 （d）自容式压力阀门

第六节　桶用封闭器

钢桶顶上应根据开口类型设置桶口件，桶口件或称封闭器，目的是便于开启、方便使用，并保证内装物不泄漏。各类型的钢桶由于开口不同，桶口件的封闭方式也不同。同一开口的钢桶所采用的桶口件种类型号也可不同，这要根据内装物的性能来决定。

一、桶口件的类型

1. 螺旋式

(1) 旋塞型　带有外螺纹的桶塞，与带有内螺纹的桶顶螺圈配合形成密封，由桶塞、螺圈、垫圈、衬圈、封盖组成，用于小开口钢桶，如图7-34 (a) 所示。

(2) 旋盖型　由内螺纹盖与外螺纹啮合密封的桶盖结构，适用于小开口钢桶与钢提桶，如图 7-34 （b）所示。

2. 揿压式

(1) 压塞型　通过揿压方式与桶口形式密封，适用于小开口钢桶与钢提桶，如图 7-35 (a) 所示。

(2) 揿盖型　带有锯齿状边缘和密封垫片的搭锁式弹力盖，可与特殊的压扣颈口配合形成揿压式封闭，适用于小开口钢桶与钢提桶，如图7-35（b）所示。

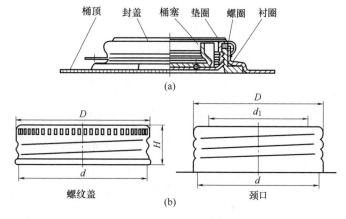

图 7-34　螺旋式桶口件

（a）旋塞型　（b）旋盖型

3. 顶压式

(1) 压盖型　通过揿压方式与桶口形成密封，适用于中开口钢桶，如图 7-36 所示。

(2) 螺栓式　顶压盖由盖、三角圈、垫圈、螺栓及螺母组成，适用于中开口钢桶，如图 7-37 所示。

4. 封闭箍式

封闭箍是一种成型环带，用以固定全开口钢桶和缩颈钢桶的活动桶盖，按固定装置的不同可分为螺杆型封闭箍和杠

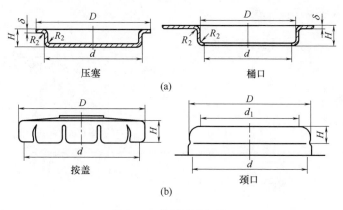

图 7-35　揿压式桶口件

（a）压塞型　（b）揿盖型

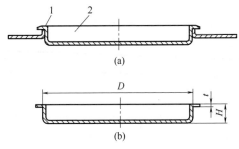

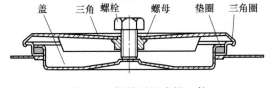

图 7-36　压盖顶压式桶口件

1—桶口　2—压盖

（a）压盖与桶口结构　（b）压盖尺寸

图 7-37　螺栓顶压式桶口件

杆型封闭箍。

（1）螺杆型　用螺杆连接成型环带两端，实现桶盖固定的装置，如图 7-38（a）所示。

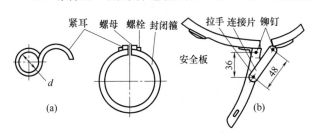

（2）杠杆型　通过杠杆连接成型环带两端，只要搬动拉手即可实现桶盖固定的装置，如图 7-38（b）所示。

图 7-38　封闭箍式封闭器

（a）螺杆型　（b）杠杆型

二、桶口件选用原则

（1）对密封性能要求不高的内容物　对密封性能要求不高的货物，如润滑脂等，一般选用撬压式封闭结构较宜，使开启和封闭方便；

（2）对密封性能要求高的内容物　对要求密封性要求高的物品，则选用螺栓压紧式或螺旋顶压式桶口件，直开口桶及缩颈开口采用螺栓型或杠杆式封闭箍。杠杆式封闭箍比螺栓型封闭箍结构复杂，成本高但使用方便，螺栓型封闭箍比较坚固，用户可根据实际选用，如表 7-15 所示为桶口件类型与应用范围。

表 7-15　　　　　　　　　　　桶口件类型及应用

类别	类型	应用范围	类别	类型	应用范围
螺旋式	旋塞型	小开口钢桶	顶压式	螺栓型	中开口钢桶
	旋盖型	小开口钢桶、钢提桶		压盖型	
撬压式	压塞型		封闭箍式	螺杆型	全开口钢桶、缩颈钢桶
	撬盖型			杠杆型	

三、钢桶封闭器结构尺寸及工艺

钢桶封闭器类型主要为以上四种，现主要以螺旋式旋塞型和封闭箍式封闭器为例进行介绍。

1. 旋塞型封闭器的结构尺寸

由图 7-34 可知，旋塞型封闭器由桶塞、螺圈、垫圈、衬圈、封盖组成，下面分别介绍其零部件的具体结构和尺寸。

（1）挤压桶塞结构尺寸及制备工艺

典型的挤压桶塞如 G2、G3/4 桶塞，其结构如图 7-39 所示，尺寸要求如表 7-16 所示。

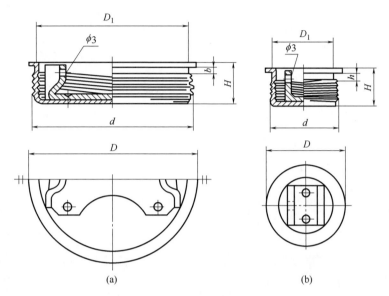

图 7-39　挤压桶塞结构图

（a）G2 桶塞　（b）G3/4 桶塞

表 7-16　　　　　　　　　　　　　挤压桶塞结构尺寸　　　　　　　　　　　　　mm

名称代号	D	D_1	H	b	d
G2 桶塞	61.2±0.3	56.0±0.3	15.4±0.3	3.0±0.3	G2
G3/4 桶塞	28.2±0.3	22.9±0.3	13.6±0.3	3.0±0.3	G3/4

挤压桶塞生产工艺过程如下：下料-落料拉伸-压周边圆弧--螺塞滚丝-板扣凸焊，

旋塞型封闭器螺纹为 G 桶用管螺纹，其基本尺寸要求：G2 桶塞螺圈，25.4 牙数 11 个；螺距 2.309，牙形角 55°；G3/4 桶塞螺圈，25.4 牙数 14 个；螺距 1.814，牙形角 55°。

为了螺塞的装卸方便，要求在螺塞上点焊一个板扣，如图 7-40 所示为 G2 螺塞板扣结构，其制造工艺流程为：落料→压形→折弯压点→钻孔。

（2）螺圈结构及尺寸　螺圈结构如图 7-41 所示，其尺寸如表 7-17 所示。

表 7-17　　　　　　　　　　　　　螺圈结构尺寸　　　　　　　　　　　单位：mm

名称代号	D_1	d	H	h	S	D
G2 螺圈	62.3±0.2	60.4±0.2	18.8±0.3	10.5±0.4	77.8±0.2	G2
G3/4 螺圈	29.0±0.2	27.2±0.2	15.8±0.3	8.6±0.4	43.7±0.2	G3/4

其制造工艺流程如下：

下料→落料拉伸→整形冲孔→八方切边→螺圈扩孔

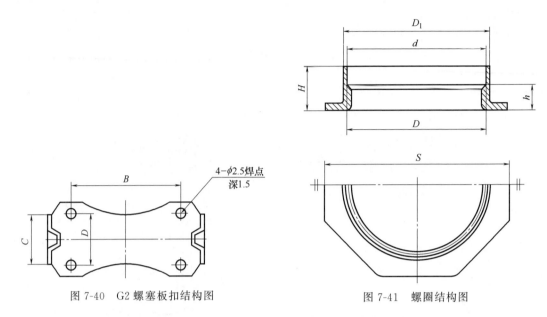

图 7-40　G2 螺塞板扣结构图　　　　图 7-41　螺圈结构图

（3）垫圈、衬圈结构及尺寸　垫圈、衬圈分为橡胶材料的矩形圈和 O 形圈，其结构如图 7-42 所示，尺寸如表 7-18 所示。

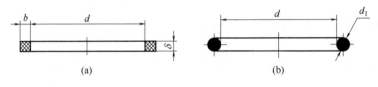

图 7-42　垫圈、衬圈结构图

（a）矩形圈　（b）O 形圈

表 7-18　　　　　　　　　　　　　垫圈、衬圈尺寸　　　　　　　　　　　　单位：mm

名称代号	内径 d	矩形圈		O 形圈
		δ	b	d_1
G2 垫圈	50.0±0.5	2.6±0.2	2.7±0.2	3.0±0.2
G3/4 垫圈	20.0±0.5	2.6±0.2	2.7±0.2	3.0±0.2
G2 衬圈	60.5±0.5	2.7±0.2	3.2±0.2	3.3±0.2
G3/4 衬圈	27.5±0.5	2.7±0.2	2.4±0.2	3.3±0.2

（4）封盖结构及尺寸　封盖结构如图 7-43 所示，其尺寸如表 7-19 所示。

表 7-19　　　　　　　　　　　　　　封盖尺寸　　　　　　　　　　　　　　单位：mm

名称代号	d	d_1	H	h	δ
G2 封盖	69.4	63.0	11.0	2.5	0.28
G3/4 封盖	34.7	30.0	9.0	1.5	0.28

2. 封闭箍式封闭器尺寸

封闭箍式封闭器分螺杆型封闭器和杠杆型封闭器两种，广泛应用于全开口钢桶、开口缩颈钢桶、开口锥形桶等。这类钢桶都是开口桶，其桶盖的固定方式均采用封闭箍式的封闭器。现以螺杆型封闭器为例进行介绍，螺杆型封闭器由封闭箍、锁耳、螺栓、螺母组成，其结构如图7-38所示，尺寸如表7-20所示。

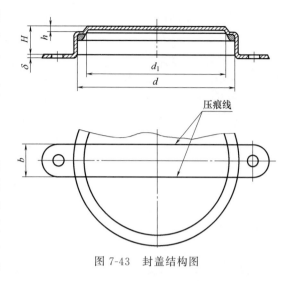

图 7-43　封盖结构图

3. 钢桶封闭器装配工艺

封闭器安装于桶顶，其结构形式决定了它的装配方式。最典型封闭器装配方法是模具压合结构。如螺旋型封闭器的螺圈是与桶顶压合锁装的，先在桶顶上冲孔、压形、翻边，然后把螺圈放于桶顶孔中，在压力机上进行压合。这种压合方法是将拉深件边缘卷成一定形状的一种冲压方法。如图7-44所示，当压合模具逐渐下压时，螺圈垂直边缘逐渐卷成圆弧形的过程，当圆弧形包住桶盖的翻边直壁时，就完成了桶盖与螺圈的锁装（压合）。如图7-45所示为螺圈与桶顶压合形状。如图7-46所示为封闭箍式封闭器的装配图。

表 7-20	螺杆型封闭器尺寸		单位：mm
d	螺栓	钢板厚度	适用范围
12.0	M10	1.5～2.0	200～100L
10.0	M8	1.2～1.5	80～45L
8.0	M6	1.2～1.5	＜45L

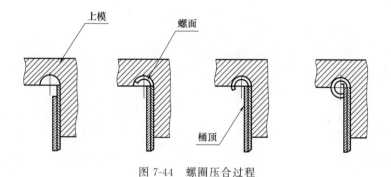

图 7-44　螺圈压合过程

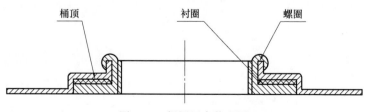

图 7-45　螺圈压合装配图

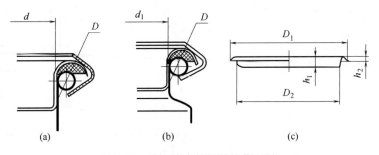

图 7-46　封闭箍式封闭器的装配图

（a）直开口钢桶　（b）开口缩颈钢桶　（c）桶盖

第八章　金属桶的设计与制造

第一节　金属桶概述

一、钢桶发展简介

自 1899 年第一只钢桶（Steel Drum）在美国问世以来，钢桶就逐步代替了沿用几个世纪的木桶。20 世纪 30 年代初，中国第一座钢桶制造厂在上海开设，其后一些外国石油公司，相继在中国兴办钢桶制造厂。20 世纪 50～60 年代，我国钢桶工业基本上是半机械、半手工制造。从 1986 年开始，我国有了自己制造的专业钢桶生产自动流水线。如今我国制桶业从 30 年前的制桶小国，已发展为今天的制桶大国。

钢桶是重要的运输包装容器，至今已有 100 多年的历史，已广泛应用于工业产品包装、运输包装和销售包装中。2018 年 1 月～12 月，全国包装行业累计完成主营业务收入 9703.23 亿元，同比增长 6.53%，其中金属包装容器及材料制造业完成 1114.07 亿元，占比 11.48%。钢桶企业中生产 200L、100L 及中小型钢桶和大型 IBC 吨桶的企业越来越多，均采用多品种，多渠道的经营模式。2018 年全国 200L 钢桶的总产量在 1.3 亿只左右。截至 2018 年 6 月，中国包装联合会钢桶专业委员会有会员 260 余家，涵盖国内大中型骨干、小型优秀制桶企业及相关配套行业如制桶设备行业、钢桶封闭器行业、胶圈行业、水性漆行业等。

二、钢桶的外形特点

钢桶是用金属板制成的容量较大的容器，有圆柱形、长方形、椭圆柱形等形状。桶顶会加装一套封闭装置，其目的是使内装物保持在容器里和防止内装物受污染（在第七章已有介绍），桶顶可装有可全开口的顶盖，通常由封闭箍、夹扣或其他装置固定在桶身上（图 8-1）。也可装有不可拆卸桶顶，其桶顶和桶底用卷边接缝或其他方法永久地固定在桶

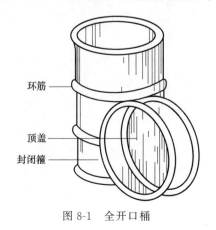

图 8-1　全开口桶

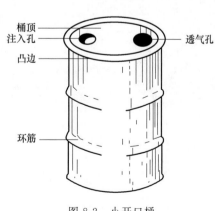

图 8-2　小开口桶

身上，桶顶开有注入孔和透气孔，如图 8-2 所示为小开口桶，如图 8-3 所示为中开口桶。小开口桶桶顶开口直径不大于 70mm，中开口桶桶顶开口直径大于 70mm。钢桶还有异形桶（图 8-4），缩颈桶（图 8-5），提桶（图 8-6），钢塑复合桶（图 8-7）等类型。

三、钢桶的分类

（1）按形状分类　由桶身的形状可分为圆形桶和异形桶。

（2）按制桶材料分类　可分为钢桶、铝桶及铁塑复合桶或复合材料桶等。

（3）按开口形式分类　可分为闭口钢桶、开口钢桶两类，和小开口钢桶、中开口钢桶、直开口钢桶、开口缩颈钢桶四种型式（表 8-1）。

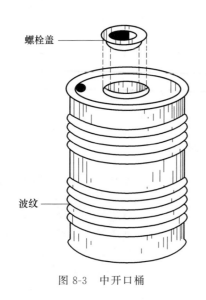

图 8-3　中开口桶

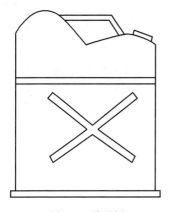

图 8-4　异形桶

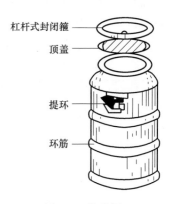

图 8-5　缩颈桶

图 8-6　提桶

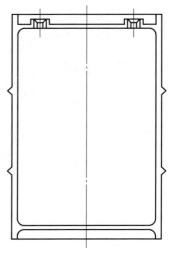

图 8-7　钢塑复合桶

表 8-1 钢桶的类型、特点及用途

类别	型式	特 点	用 途
闭口钢桶	小开口钢桶	桶盖上有一注入口,小开口钢桶桶盖上还设有一透气口。桶口用螺旋盖密封,并配有橡胶密封垫圈	包装食用油和石油等液体类产品
	中开口钢桶		
开口钢桶	直开口钢桶	桶盖可以拆卸,桶顶盖用封闭箍头扣或其他装置固定在钢桶桶身上	包装粉状、粒状及块状等固体类产品
	开口缩颈钢桶		

（4）按钢桶材料的厚度分类 可分为重型桶、中型桶、次中型桶和轻型桶四类，见表 8-2。容积大、壁厚的中型桶，可重复使用，如常用的 200L 闭口钢桶；而容积较小、壁厚较薄的轻型钢桶，一般是一次性使用容器。

表 8-2 钢桶类型及板材厚度 单位：mm

公称容量/L	重型桶	中型桶	次中型桶		轻型桶
			桶身	桶顶（底）	
200	1.5	1.2	1.0	1.2	1.0
100	1.2	1.0	0.8	1.0	0.8
80	1.2	1.0	0.8	1.0	0.8
63	1.0	0.8	—	—	0.5～0.6
50	1.0	0.8	0.6	0.8	0.5～0.6
45	0.8	0.6	—	—	0.5～0.6
35	0.6	0.5	—	—	0.3～0.4
25	0.6	0.5	—	—	0.3～0.4
20	0.6	0.5	—	—	0.3～0.4

第二节 钢桶包装需求分析与选材

一、常用选材及特点

一般制桶用薄钢板为冷轧薄钢板或热轧钢板，厚度在 0.5～1.5mm。钢桶材料质量的好坏，直接影响到制桶工艺、桶件质量、钢桶成本及使用寿命。材料费用往往要占钢桶成本的 60%～80%。一则通过提高产品结构的工艺性，二则提高和稳定材料质量，以生产出优良的钢桶。

制桶材料需满足以下要求：

（1）制桶需要采用优质低碳钢板，材料要有良好的塑性和变形稳定性，含碳量不超过 0.05%～0.15% 的低碳钢具有良好的塑性，延伸率 δ 值越大，塑性越好，屈强比 σ_s/σ_b 越小，塑性越好。厚度为 0.8～2mm 的板材，按标准晶粒度以 5～99 级为好。

（2）材料应备抗压失稳起皱的能力。这种能力与弹性模数（E）、屈强比和板厚方向性系数 r 有关。σ_s/σ_b 小，极限变形程度大。r 值越大，变形程度也越大。

（3）钢板表面应标准光洁，无擦伤、麻点、划痕、气孔和缩孔等缺陷，表面的平直度应达标，无翘曲不平，无锈斑。厚度公差、外形尺寸公差应符合国家标准，具体可参考行业标准 YB/T 055 的规定。如对 200L 钢桶用冷轧及镀锌薄钢板要求成品钢板和钢带的化学成分允许偏差应符合 GB/T 222—2006 的规定。钢板（带）的尺寸测量方法应符合 GB/T 708—2019 的规定。钢板的复验按 GB/T 247—2008 进行。

二、包装内容物及选材

金属钢桶是用于存储和装运液体、浆料、粉料和固体的食品及轻化工原料，包装易燃、易爆、有毒原料，轻型钢桶通常用来包装油漆、食物、药品等。按用途分还有如固碱桶、松香桶、电石桶、黄磷桶等化工产品，也有如番茄酱桶、果酱桶、蜂蜜桶等食品，也有如加装塑料桶作为内胆，盛装强腐蚀性化工产品、易燃易爆危险品等。如钢塑复合桶主要用于磷酸、冰乙酸、甲乙酸等化学试剂的出口包装或在国内周转包装。在用户指明卫生要求的情况下，也用于酱油、醋、饮料等液态食品的包装。

钢桶选材一般要考虑以下几点：①钢桶是否周转使用。钢桶周转使用要考虑到钢桶的耐用性，选择钢桶材料时要适当的厚一些。钢桶不周转使用是一次性包装，在保证钢桶性能的前提下，钢桶材料选择应薄一些。②内装货物的特性。在选择钢桶材料厚度时，要根据内装物的特性选择钢桶材料厚度。钢桶内装物是危险货物时从安全角度考虑选择钢桶材料厚一些。若钢桶内装物是一般货物时钢桶的材料可选择薄一些。③内装货物的密度。在选择钢桶材料厚度时，要考虑内装货物的密度。内装货物密度大时选择材料应厚一些。内装物密度小时应选择钢桶材料薄一些。总之选择钢桶材料厚度时，既要保证钢桶使用性能又要经济合理。

第三节　标准钢桶的结构与设计

一、标准钢桶的结构特点

钢桶结构类似于三片罐，桶身有纵缝，桶身翻边后与桶底、桶顶双重卷边（或三重卷边）连接。卷边内要注入密封胶。

1. 钢桶结构

（1）闭口钢桶　桶顶和桶底都是通过卷边封口与桶身组合成一体。桶顶上设有两个带凸缘的孔，大孔为装卸孔，小孔为通气孔，装料后封闭器密封，按封闭器尺寸分两种。小开口钢桶的注入口（封闭器）直径不大于 70mm，结构如图 8-8（a）所示。中开口钢桶桶顶只有一个注入孔，其注入孔（封闭器）的直径大于 70mm，结构如图 8-8（b）所示。

（2）开口钢桶　桶身有搭接接缝，桶身与桶底通过二重卷边或三重卷边固定，桶顶则利用封闭箍固定在桶身上，封闭箍通过螺栓和杠杆机构锁紧，封闭箍被拆卸后即可打开桶盖。直开口钢桶其开口直径与桶身内径相等，结构如图 8-9（a）所示。缩颈钢桶直径在上部逐渐向内缩小，其开口直径与缩颈直径相等，结构如图 8-9（b）所示。

2. 设计及尺寸

（1）基本尺寸及桶身设计　以闭口钢桶为例，表 8-3 所示为闭口钢桶的尺寸。为提高

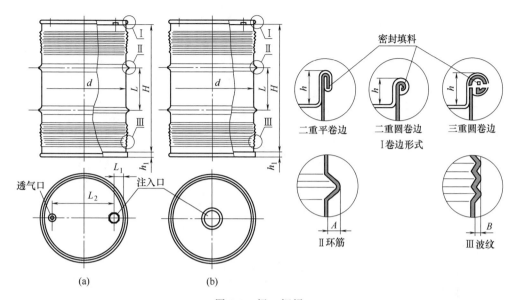

图 8-8　闭口钢桶

（a）小开口钢桶　（b）中开口钢桶

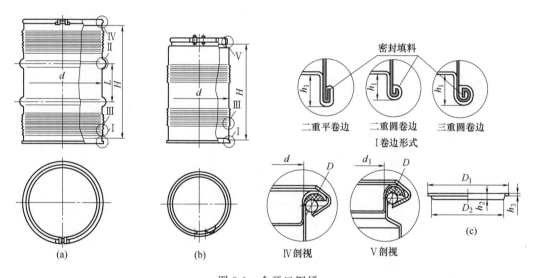

图 8-9　全开口钢桶

（a）直开口钢桶　（b）开口缩颈钢桶　（c）桶盖

钢桶的强度和刚度，可在钢桶桶身上设计环筋、波纹，还可使钢桶容易滚动。通常采用下列加强形式之一：具有两道环筋；桶身上下两端具有 3～7 道波纹；具有两道环筋且环筋至桶顶、桶底之间各具 3～7 道波纹；具有三道环筋。

（2）结构尺寸　钢桶结构各部件尺寸确定，参见表 8-4。钢桶在确定内径与高度时，计算容量可由公称容量上浮 4%～10%，盛装物比重越大，上浮越少；比重越小，上浮越多。

（3）外形尺寸　钢桶的外形尺寸（图 8-10）是由钢桶结构尺寸决定的。

表 8-3　　　　　　　　　　　　　　　　　　闭口钢桶的尺寸　　　　　　　　　　　　　　　　　单位：mm

序号	钢桶形式	公称容量 L	d 基本尺寸	d 极限偏差	H 基本尺寸	H 极限偏差	h4 基本尺寸	h4 极限偏差	L 基本尺寸	L 极限偏差	h5 基本尺寸	h5 极限偏差	h 基本尺寸	h 极限偏差	h1 基本尺寸	h1 极限偏差	L1 基本尺寸	L1 极限偏差	L2 基本尺寸	L2 极限偏差
1	小开口钢桶	208	575.1																	
2	小开口钢桶	200	560		845		14				3		19		19				415	
3	中开口钢桶								280											
4	小开口钢桶	100	430	±2	720	±3	10	±2		±3		±1		±1		±1	75	±2	290	±4
5	中开口钢桶																			
6	小开口钢桶	80	415		615		8		210		2		16		16				265	
7	中开口钢桶																			
8	小开口钢桶	50	385		450		—	—	—	—									235	
9	中开口钢桶																			

表 8-4　　　　　　　　　　　　　　　　　　钢桶结构尺寸　　　　　　　　　　　　　　　　　单位：mm

结构名称	尺寸确定（t-板厚）	备注
缝焊搭边宽度（B/mm）	$t=0.8\,\text{mm}$，$B=(12\sim17)t$， $t=1.0\sim1.5\,\text{mm}$，$B=(8\sim11)t$， $B=3\sim5\,\text{mm}$（进口全自动缝焊机）。	厚钢板取小值，薄钢板取大值
卷边宽度（B/mm）	$B=(8\sim10)t$	圆卷边取小值，矩形卷边取大值
桶底、桶顶深度（D/mm）	$D=(12\sim14)t$	料厚取大值，料薄取小值
波纹（高 H，宽 B）	$H=2\sim3\,\text{mm}$，$B=5H$	钢桶直径越大，高度越大
环筋（高 H，宽 B）	$H=6\sim14\,\text{mm}$，$B=5H$	钢桶直径越大，高度越大
内径 D 与桶高 H	$D/H\approx0.618$	

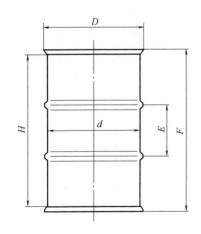

图 8-10　钢桶的外形尺寸示意图

① 钢桶外高为：

$$F=H+2t+2C \qquad (8-1)$$

式中，F——钢桶外高，mm

H——钢桶内高，mm

t——材料厚度，mm

C——桶底、顶深度，mm。

② 钢桶外缘直径为（三重圆卷边）：

$$D=d+12t \qquad (8-2)$$

式中，D——钢桶外缘直径，mm

d——钢桶内径，mm。

③ 钢桶两环筋之间的距离：

$$E=\frac{F}{3\sim3.5} \qquad (8-3)$$

式中，E——环筋间距，mm。

二、三重卷边结构

卷边是钢桶加工最关键的一道工序，通常使用三重卷边（又称七层卷边）结构，把桶身和桶顶、桶底卷合，卷合部位要具有良好的强度和刚度、抗冲击能力和密封性能，使钢桶在灌装、贮存、运输和搬运过程中能承受碰撞、重压、跌落等外部作用力。卷边好坏，直接影响钢桶品质的优劣。

1. 三重卷边（七层卷边）结构

三重卷边是指从金属桶卷边纵向剖视图来看（图 8-11），以桶身与桶顶（底）的钩接中心部位划横线，从最内侧的桶顶（底）材料到最外侧的桶顶（底）材料板料层数共有七层，故称三重卷边（又称七层卷边），主要用于重型闭口钢桶。其常见结构类型如图 8-12 所示。图 8-12（a）所示为德国三重螺旋形卷边，图 8-12（b）所示为法国三重圆形卷边，图 8-12（c）所示为德国三重梯形卷边，图 8-12（d）所示为英国三重螺旋形卷边，图 8-12（e）所示为德国三重平卷边，图 8-12（f）所示为德国三重圆形卷边。

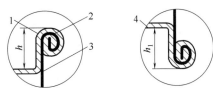

图 8-11 三重圆卷边

1—密封填料 2—桶顶 3—桶身 4—桶底 h—桶顶深 h_1—桶底深

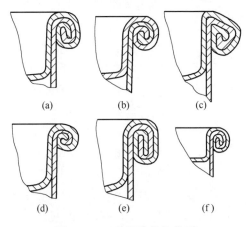

（a）　　　（b）　　　（c）

（d）　　　（e）　　　（f）

图 8-12 三重卷边结构类型

2. 三重卷边的特点

（1）密封性较好 三重卷边与二重卷边相比，多了两层卷边，即可增加桶身与桶顶（底）材料的重叠，也可增强防渗漏的防护性能，从而提高了金属桶的密封性。

（2）抗冲击强度较高 当钢桶受到外部碰撞或跌落冲击时，钢桶局部卷边要承受很大的冲击力，致使其产生破坏性变形，图 8-13 所示为三重卷边跌落后形状，尚可基本能保证金属桶的密封性能。从图 8-14 所示可以看出，三重卷边和二重卷边金属桶在 500kPa 水压下两种卷边的破坏情况，可见三重卷

图 8-13 三重卷边
跌落后剖视

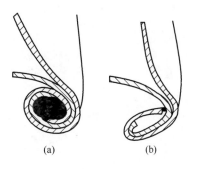

图 8-14 500kPa 水压下两种卷边的破坏情况

（a）三重螺旋形卷边 （b）二重平卷边

边钢桶具有较好密封性能和较高的抗冲击强度，可以从根本上提高卷边的结构质量。

（3）工艺要求较高　三重卷边要求严格控制桶身与桶顶（底）半成品接合边缘的组合尺寸和压辊沟槽的曲线形状。半成品接合边缘的组合尺寸决定了卷边能否完成以及卷合层数的基础，而压辊沟槽的曲线形状则是卷边能否顺利达到所设计的卷边形状及尺寸的保证。因此，三重卷边与二重卷边相比，工艺要求相对就高。

第四节　标准钢桶的工艺尺寸及受力分析

一、用料计算及排样

钢桶的钢板材料占总成本的 $60\%\sim80\%$，钢板材料工艺废料平均为 $20\%\sim40\%$，为了保证材料利用率高、降低成本、钢桶质量好、工装模具结构简单、工艺操作方便、生产效率高，必须做好下料预算和钢桶制件的排样。

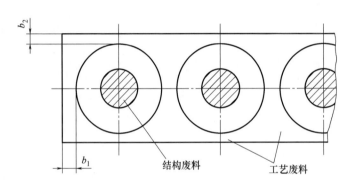

图 8-15　钢桶制件排料图

1. 排样原则

材料利用率以 K 表示，K 为单张板制件总净重与单张板料的总重之比。排样时条料上会产生结构废料和工艺废料，如图 8-15 所示。

排样形式一般有直排、斜排、对排、混合排、多排等，根据制件的不同而不同，在前面的章节讨论过。在排样时，一般要从以下几点考虑：①改善制件结构形状，提高材料利用率。②在保证模具寿命和产品质量的前提下，合理地选择搭边值。一般情况下，最小送料搭边值 b_1 为材料厚度，边缘搭边值 $b_2=1.2b_1$。③可采用几种制件混合排样，以进一步提高材料利用率，如废料可冲压垫圈、图钉片等，减少复杂形状拉深件的工艺补充废料。

2. 下料预算

（1）桶身下料　以圆柱形钢桶为例，桶身是由长方形钢板（图8-16）经过卷圆、磨边、缝焊、翻边等工序后形成的。

如桶身无波纹、环筋（图 8-17 所示）

则
$$a=\pi(d+t)+B \qquad (8-4)$$
$$b=G+2c \qquad (8-5)$$

如桶身有波纹和环筋（假设为

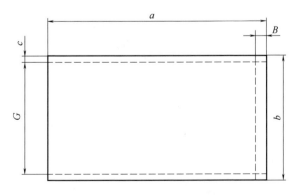

图 8-16　桶身下料形状及尺寸
a—桶身下料长度　d—钢桶内径　B—缝焊搭边宽度
b—桶身下料宽度　G—桶身高度　c—翻边宽度

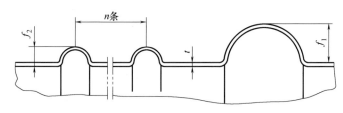

图 8-17　波纹与环筋

n—波纹条数　f_1—环筋高度　f_2—波纹高度　t—板厚

半圆形状态），波纹与环筋的料长为 $2\pi f_1 + n\pi f_2$，F 为钢桶外高，则

$$b = F - 2t + 2c + (2\pi - 4)f_1 + (\pi - 2)f_2 \tag{8-6}$$

公式在应用时要根据设备及模具的实际情况进行修正。

（2）桶顶（底）下料

图 8-18 所示为桶顶（底）形状尺寸示意图，按拉深前后毛坯的面积相等的原则计算毛坯尺寸，则圆形毛坯直径为：

$$D_0 = \sqrt{\frac{4}{\pi}\sum S} \tag{8-7}$$

$$\sum S = S_{AB} + S_{BC} + S_{CD} + S_{DE} + S_{EF} \tag{8-8}$$

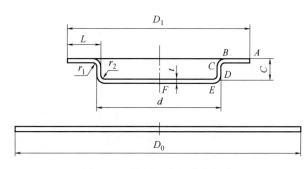

图 8-18　桶顶（底）形状尺寸

各分型面积可由第四章查表可得，可最终得到其下料尺寸。

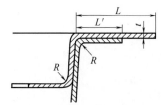

图 8-19　三重卷圆边组合尺寸

（3）三重卷边结构设计

桶身与桶顶（底）接合边缘组合尺寸是指桶身半成品的板边尺寸与桶底、顶盖拉伸凸缘尺寸的组合，该组合尺寸的确定奠定了卷边能否完成以及卷合多少层数的基础，因此必须精确地确定该组合尺寸（图 8-19）。

三重圆形卷边的组合尺寸设计公式如下：

$$L = \frac{3\pi - 2}{2}A - \frac{19\pi + 8}{4}t + 2B - \frac{\pi R}{2} + \sqrt{\left(\frac{A - 7t}{2}\right)^2 + (B - A + t)^2} \tag{8-9}$$

$$L' = \left(\pi - \frac{1}{2}\right)A - \frac{8\pi + 3}{2}t + B + \sqrt{\left(\frac{A - 7t}{2}\right)^2 + (B - A + t)^2} \tag{8-10}$$

式中，L'——桶身板边缘尺寸，mm

　　　L——桶顶（底）凸缘尺寸，mm

　　　A——三重圆卷边厚度尺寸，mm

　　　B——三重圆卷边宽度尺寸，mm

　　　t——桶板材厚度，mm（设全桶的板材厚度相同）

　　　R——桶顶（底）转角半径，通常取 $(10\sim16)\,t$，mm。

参照本书二重卷边厚度、宽度计算式及其表示方法，可得

$$A = 7t + \sum g \tag{8-11}$$

$$B = BH + Lc + 5.5t \tag{8-12}$$

在近似计算条件下，A、B 计算公式如下式所示

$$A = B = 7t + b \tag{8-13}$$

式中，b——修正系数，一般取 $0.25 \sim 0.5$mm。

二、成型过程受力分析及强度计算

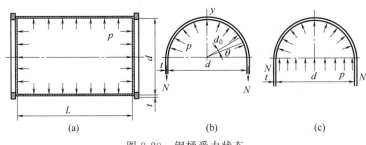

图 8-20　钢桶受力状态

钢桶的结构已经基本定型，假设圆柱桶内装满液体，桶壁均受到向外的压力［图 8-20（a）］。内压力沿半径方向辐射作用于钢桶内壁［图 8-20（b）］。钢桶在内压力作用下，其圆周均匀增大，所以通过钢桶轴线的任何截面上，将作用着相同的轴力 N ［图 8-20（c）］。要使钢桶受均匀内压力时强度足够，则该压力作用于桶壁、桶底、桶顶的应力应小于材料许用应力，即：

$$\sigma_\theta < [\sigma] \tag{8-14}$$

$$\sigma_a < [\sigma] \tag{8-15}$$

式中，$[\sigma]$——材料许用应力，N

σ_θ——桶壁所承受的正应力，N

σ_a——桶底、顶径向截面所受正应力，N

为保持桶内应力平衡，则液体作用于桶壁圆弧面的力与桶体的反作用力 N 之差为零，即

$$\int_0^\pi \left(pL \frac{d}{2} \mathrm{d}\theta \right) \sin\theta - 2N = 0 \tag{8-16}$$

式中，d——钢桶内径，mm

L——桶高，mm

p——桶内壁的压力，Pa

t——壁厚，mm

θ——液体作用于桶壁圆弧面的单元角，mm

N——桶体的反作用力，Pa

因桶壁厚度 t 远小于桶内径 d，所以

$$\sigma_\theta = \frac{pd}{2t} < [\sigma] \tag{8-17}$$

桶顶（底）所受的应力为

$$\sigma_a = \frac{d^2 p}{4t(d+t)} < [\sigma] \tag{8-18}$$

钢桶能否承受一定的外力作用，还取决于钢桶的结构。钢桶的桶身是用整块薄钢板焊

接而成，桶顶、桶底与桶身是卷边接合，钢桶焊接处的强度在正常使用情况下应不低于原整块钢板的强度，内压力一般不超过 $2 \times 10^5 Pa$。在实际应用中，钢桶经常受到外力的作用，如严重的跌、撞会使钢桶产生凹陷、扁瘪甚至泄漏，为加强钢桶的强度，在桶身、桶底、桶顶上加工一些波纹和环筋，可以使刚性大大加强。钢桶卷边部分对整个钢桶来说是比较突出的边缘，也是最易被外力跌、撞凹瘪的薄弱环节。

如果钢桶卷边部分强度足够，则必须

$$\sigma_{max} = \frac{M_{max}}{W_Z} \leqslant [\sigma] \tag{8-19}$$

式中，M_{max}——弯曲时最大力矩，N·m

W_z——卷边截面抗弯系数

σ_{max}——最大正应力，N

$[\sigma]$——许用应力，N

采用卷边法接合桶身与桶底、桶顶，本身也是一种加强方式，特别是三重圆卷边已经代替了二重矩形卷边，这是制桶技术的一大进步。

第五节　钢桶的制造技术

一、钢桶加工的工艺流程

1. 钢桶工艺流程

钢桶主要由桶身、桶底和桶顶（盖）三大件构成，一般制作工艺是三部分分别加工好，然后经封口组合而形成钢桶。常用的卷边形式为二重卷边和三重卷边，但为了加强钢桶的强度和刚度，特别是有效防止渗漏，目前钢桶的封卷结构一般都使用三重卷边即七层卷边技术。封口组合完成，经检验合格后，即可在桶的外表面进行喷涂、装潢印刷等。从钢桶的整体结构上看，实际上就是一种大容量的三片罐，因而在制造工艺上与制罐工艺有不少类似之处，图 8-21 所示为钢桶制造工艺过程示意图。

2. 桶身制造工艺

（1）圆形闭口钢桶　圆桶桶身制造工艺流程如下：

原材料→剪切→磨边→卷圆→点焊→缝焊→翻边→滚波纹→胀环筋→桶身成型

选用合适的原材料，根据桶身设计尺寸剪切下料，将剪切好的桶身板料需缝焊的两长边的上、下平面磨削打薄，以保证缝焊质量；在

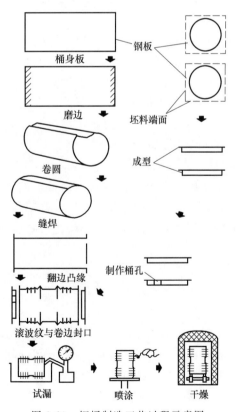

图 8-21　钢桶制造工艺过程示意图

卷圆机上将桶身板材卷成圆形，用点焊机将已卷圆的桶框按要求的搭边宽度搭合后点焊定位，再用缝焊机将桶身纵向两端搭接焊合，形成一条气密性的焊缝；在翻边机上将缝焊后的桶框两端边缘向外翻出，以便封口组合；在波纹机上将桶身进行滚压，使桶身获得波纹式加强筋；在胀筋机上通过位于桶身内可以张合的环形胀块将桶身胀出环形带，从而完成桶身的加工。

（2）圆形开口钢桶

① 桶口卷线。圆形开口钢桶桶身的加工工艺和闭口钢桶桶身的制造工艺基本相同，

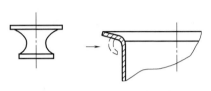

图 8-22　开口桶桶口卷线示意图

只多了一道桶口卷线工序，可在卷线机上完成。桶身翻边时，卷线一端的翻边宽度应比桶底端宽些。开口桶桶口卷线示意如图 8-22 所示，桶身绕其轴线旋转时，卷线压辊向桶身上端的翻边作径向推动，形成桶口卷线。

② 桶口缩颈。开口缩颈钢桶的桶身制造又多了一道桶身缩颈工序。作业时，是在缩颈机上通过缩颈模具将桶口收缩变形，使桶口局部直径变小。当缩颈变形较大时，可将缩颈成型分两次完成，以免薄壁桶身在缩颈中失稳起皱。

（3）异形桶　异形桶桶身可用机械冲压方法，通过模具使桶身板折成所需的形状，桶身的转折处一般有小圆弧过渡，以保证桶身折方时不产生裂口等缺陷。为了不影响缝焊和封口组合，桶身上的加强筋需在桶身板折方前用压力机模压成型，且与缝焊搭边处要空有一段距离。

胀型法是先将桶身做成圆筒状，再放在胀型机上成型。凸轮式胀型机的工作原理如图8-23 所示，在弹簧的作用下与两胀块固结的滚子始终与凸轮边缘接触，图 8-23（a）所示中凸轮的位置使两胀块的距离最小，此时可将桶框套入。转动凸轮，使两胀块向外移动，转至图8-23（b）所示的位置时，圆框即被胀为异形桶身。

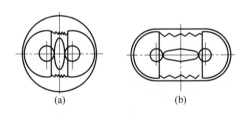

（a）　　　　　　　（b）

图 8-23　凸轮式胀型机的工作原理

胀型法很容易获得锥体桶身上的波纹且工艺简单，其主要问题是回弹性大，不易定型。为了克服回弹，可采取多次胀型或使桶壁胀型变形加大方法使桶身变形硬化以减小回弹，但桶身板下料长度比理论计算值要大，以弥补变形产生的误差。

3．桶底制造工艺

桶底的生产制造较简单，制造工艺流程如下：

剪板→落料拉深→涂封缝胶

首先根据桶底的设计尺寸和原料尺寸确定排样方案，然后在剪切机上将原料切成桶底毛坯，再将毛坯送入冲床，利用模具同时完成落料和拉深两道工序而得到桶底。将封缝胶喷涂在桶底的卷边部位，即可送到封口机上进行封口组合。

异形桶底在冲压拉深作业中，受力变形过程复杂，一般一次落料拉深后还要增加修边工序，用修边模具在冲床上再次落料，使桶底获得准确的边缘尺寸。

钢桶桶身与桶顶（底）卷封时，必须在卷合处加一种具有弹性的物质，即密封填料，使其充满所有钢板的结合空隙，起到密封作用。

4. 桶顶制造工艺

桶顶的制造工艺和桶底基本相同，工艺流程如下：

剪板→落料拉深→冲孔翻边→锁紧→打印标记→涂封缝胶

落料拉深后，在复合模具中将桶顶进行冲孔和翻边，然后将螺圈套上衬垫，放入桶顶孔内。在冲床上通过模具翻扩孔壁，使螺圈和桶顶压紧联合在一起，同时在桶顶平面上打印出厂标、生产日期等其他标记，涂封缝胶后即可进行封口组合。

5. 桶盖制造工艺

开口桶桶盖的制造工艺流程如下：

剪板→落料拉深→卷线

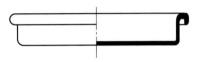

卷线工序是将桶盖周围凸起的边缘向下弯曲，加工成型后的开口桶桶盖结构形状如图8-24所示。

图8-24　开口桶桶盖的结构形状

二、钢桶制造工序

1. 下料工艺

剪板机是钢桶毛坯下料的主要设备。剪切工艺的基本原理是利用上、下剪刀的剪力把材料剪断，应具有压料装置。压料力一般可用如下经验公式：

$$P = Ktb \times 10^{-3} \tag{8-20}$$

式中，P——压料力，N

K——系数

t——板材厚度，mm

b——板料宽度，mm。

对于机械压料装置 $K = 0.5 \sim 0.6$；对于液压压料装置 $K = 0.8 \sim 1.1$，单位 kN/mm^2。小容量钢桶用的薄钢板（0.5mm 以下）下料中，常用圆盘剪。裁剪下料工艺对板料尺寸、形状及裁剪口有具体的要求，200L 闭口钢桶板材的对角线偏差不大于 6mm，邻边垂直公差在 $\pm 0.5°$ 以内，毛刺不大于 0.5mm，长宽误差不超过 ± 0.5mm，料片四角应为 90°，下料的方向要使材料的轧制方向与钢桶轴线平行。

也可采用错位冲压工艺，可降低材料成本，其工艺流程为：

卷板→开卷→校平→定尺送料→桶底盖冲压→桶顶盖冲压、底盖输出→剪废料、顶盖输出。

2. 磨边工艺

磨边工艺一般采用砂轮磨边机，由 4～12 个独立的砂轮架组成，其工作示意图如 8-25 所示，砂轮圆周速度在 20～30m/s 范围内。厚度小于 0.8mm 的钢板可采用柔性（布）砂轮，镀锌钢板采用类

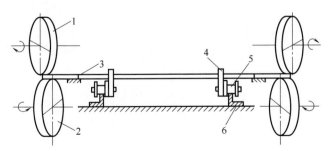

图8-25　磨边机工作示意图

1—上砂轮　2—下砂轮　3—钢板　4—送料挡板　5—输送链　6—导轨

砂轮刀具磨边。没经过磨边的桶身，在焊缝处厚度是正常厚度的 2 倍，为保证焊接质量并使接头部分与桶身的厚度比较一致，需将待焊钢板的边磨出一定斜度。桶身焊接完成后要进行折边、压波纹、胀筋、卷边封口等工序，磨边能减小焊缝的厚度，使卷边封口更加牢固。采用全自动缝焊机生产，因焊缝搭边很窄，不会引起焊缝过厚的问题，对表面比较干净的冷轧板，常可免去磨边工序。磨边处的厚度要根据钢板的厚度来确定，磨边宽度应等于或稍大于焊接的搭接宽度，磨边厚度一般是桶身坯料厚度的 66％，并且受磨面均匀。磨边宽度一般比缝焊搭边宽度多 1～2mm，磨边尺寸的一般规范如表 8-5 所示。

表 8-5　　　　　　　　　　　　　　　磨边尺寸的一般规范

序号	材料厚度/mm	磨边宽度/mm	磨边处厚度/mm
1	＜0.80	一般不磨边，缝焊处用人工方法清理，宽度为 6～8mm	
2	0.80	≥10	0.70～0.75
3	1.0	≥12	0.75～0.80
4	1.2	≥13	0.80～0.90
5	1.5	≥14	0.85～1.0

影响磨边工艺质量的因素，主要有磨边机的精度和砂轮的选用、修整以及进给量的调整等。

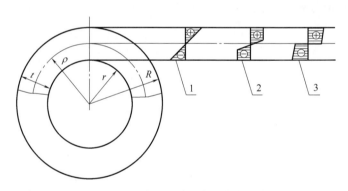

图 8-26　卷圆毛坯变形区内切向应力分布
1—弹性变形　2—弹-塑性变形　3—纯塑性变形

3. 卷圆工艺

卷板机可分为三辊卷板机和四辊卷板机两类。三辊卷板机又可分为对称式与不对称式两种，通常在三辊式卷圆机上将钢板卷成圆筒。

根据卷圆变形的特点，卷圆过程可分为弹性变形、弹-塑性变形、纯塑性变形阶段，如图 8-26 所示。

三辊卷圆机的工作原理如图 8-27 所示，桶身板被送入上辊 2 和下辊 1 之间时，转动的辊子通过摩擦力的作用带动板料向后运动，接触位置高于下辊 1 的后辊 5 时，使板料不断弯曲卷圆，已卷圆的桶身柱在挡架 3、斜板 4 的作用下进入下道工序的输送带。

调节上、下辊的间隙，可适应不同厚度的板材，调整后辊的位置可改变桶径的大小。为保证点焊、缝焊等后续工序的顺利进行，卷圆曲度应均匀，不能有皱褶或锥度。

在钢桶生产中，可采用下面经验公式确定应变中性层的位置，即：

$$\rho_\varepsilon = r + xt \tag{8-21}$$

式中，ρ_ε——应变中性层曲率半径，mm

r——内卷圆半径，mm

x——与变形程度有关的系数

t——材料厚度，mm

4. 焊接工艺

钢桶焊接设备一般包括专用或通用的点焊机、缝焊机、凸焊机。钢桶全自动缝焊机是配以桶身卷圆机的全程自动焊接的专用缝焊机，由机架、装卸台、L 降台、双张控制的分张装置、卷圆机构、成圆后的桶身定位、桶身传送器、中间传送链、桶身

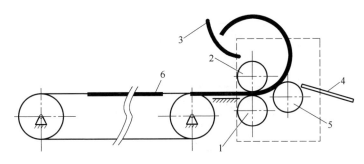

图 8-27　三辊卷圆机工作原理
1—下辊子　2—上辊子　3—挡架　4—斜板　5—后辊　6—板材

导向轨、焊缝校准器、焊接滚轮及焊缝修正器、出桶输送机和卸料台、控制器显示屏、控制柜组成。

激光钢桶缝焊机、激光钢桶环焊机，是将桶身、桶底、桶盖用激光焊接成一个整体。焊接部位材料因熔融而形成具有韧性的牢固焊缝，抗拉强度等于或大于母材，其强度高出二倍以上。可适应金属、非金属各种材质，内装高温液体、危险品液体也不会产生泄漏，可达到"零渗漏"，实现薄型化。能耗仅为传统焊机的 15％ 左右，节能效果显著。焊缝宽不足 1mm，可实现包装减量化，降低生产成本和运输费用。

采用电阻焊缝焊法，沿桶身纵向将搭接接缝焊合，形成一条气密型焊缝。桶的外径用三个大辊轮引导，接头处板料边沿用 Z 形杆引导，以控制搭接量，其焊接方法及其结构类似于三片罐的电阻焊机，可参阅第三章的相关内容。

焊接时，首先要进行电焊，焊点的形状与尺寸决定接头的强度和质量。不同的材料，厚度及厚度比，对焊点直径 d 要求不同，如表 8-6 所示。

表 8-6　　　　　　　　　电焊、缝焊接头推荐使用尺寸　　　　　　单位：mm

焊件厚度	焊点直径	缝焊焊缝宽度	单排焊缝最小搭边尺寸	点焊时最小点距
0.3	2.5～3.5	2.0～3.0	6	5
0.5	3.0～4.0	2.5～3.0	8	7
0.8	3.5～4.5	3.0～4.0	10	11
1.0	4.0～5.0	3.5～4.5	12	12
1.2	5.0～6.0	4.5～5.5	13	13
1.5	6.0～7.0	5.5～6.5	14	14
2.0	7.0～8.5	6.5～8.0	16	18

焊接参数的选择与桶件材料的性能，如导电性、导热性、导温系数、高温强度、熔点、塑性温度范围、变形抗力、硬度、热敏性等有关。表 8-7 为低碳钢电焊工艺的一般规范。

对于 200L 钢桶来说，在两端及中间最少应进行三点点焊，焊点直径 6.5mm，搭边均匀一致，尺寸 12mm±1mm，焊点牢固，无烧焦及烧穿等现象。

表 8-7   钢桶电焊工艺规范

	板厚/mm	0.5	0.8	1.0	1.2	2.0	3.2
电极	最大 d/mm	4.8	4.8	6.4	6.4	8.0	9.5
	最小 D/mm	10	10	13	13	16	16
一般规范	焊接时间/周	24	30	36	40	64	105
	电极压力/N	450	600	750	850	1500	2600
	焊接电流/kA	4	5	5.6	6.1	8.0	10.0
	核心直径/mm	3.6	4.6	5.3	5.5	7.1	9.4
	抗剪强度±17%/N	1750	3550	5300	6500	13050	26600

接下来要进行缝焊，钢桶桶身的缝焊属于气密缝焊，缝焊规范参数的选择按工艺图纸、依据桶身材料性能、厚度、质量要求及设备条件来进行。表 8-8 所示为低碳钢桶身缝焊中速缝焊的工艺规范，可根据板厚不同而选择高速或低速缝焊及相关参数，可查阅有关资料，如表 8-9 所示为焊接 200L 钢桶桶身的一般技术规范

表 8-8   钢桶缝焊工艺规范（低碳钢）

板厚/mm		0.4	0.8	1.0	1.2	2.0
焊轮宽度 mm	标准 b	5.3	6.5	7.0	7.7	10
电极压力 N	标准	2200	3300	4000	4700	7200
最小搭边尺寸/mm	标准	10.2	12.5	13.5	14.5	17.5
缝焊(中速)	焊接时间/周	2	3	3	4	5
	间隔时间/周	2	2	3	3	5
	焊接速度 m/min	2	1.8	1.8	1.7	1.4
	焊接点数/(点数/10mm)	4.5	4.9	3.4	3.0	2.5
	焊接电流/kA	9.7	13	14.5	16	19

表 8-9   焊接 200L 钢桶桶身技术规范

技术参数名称	技术要求	工艺要求
设备	FN_1-150-5 型缝焊机	脱焊长度<3mm， 焊缝强度>材料抗拉强度 焊缝平直，无开焊或裂边。 焊缝外观要均匀，无起泡、飞刺、烧黑或烧起皮现象。
材质	08 号优质碳素钢板、热轧板或 A2、A3 普通碳素钢冷轧板	
材料厚度	δ=1.2mm	
焊接速度	1.5～3m/min	
焊接电流	14～18kA	
焊缝宽度	5.5+0.5mm	
电极压力	2～3kg/cm^2	

钢桶的材料多为低碳钢，也常采用镀锌钢板、马口铁等，其焊接规范因材料不同而不同。

影响焊接质量的因素很多，一般可归纳为设计、工艺和使用三类，如图 8-28 所示。

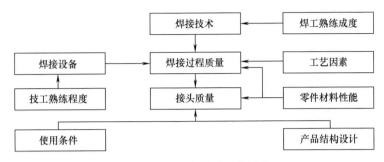

图 8-28　影响焊接质量的因素

5. 翻边工艺

在专用翻边机上用翻边压轮将桶身的两端各向外翻出一个角度，以便与桶底、桶盖封口组合，翻边应均匀平齐，不应出现裂口或皱褶，其工作原理可参阅第三章。

桶身翻边是伸长类曲面翻边的一种形式，在翻边时毛坯变形区的受力情况如图 8-29 所示。毛坯变形区受两向拉应力——切向拉应力 σ_ε 和径向拉应力 σ_r 的作用。允许的翻边宽度 b，可用下式计算

$$b = \frac{1}{2}\left(\frac{d_0}{K} - d_0\right) \qquad (8\text{-}22)$$

翻边系数　$K = d_0/d_1$

式中，b——翻边宽度，mm

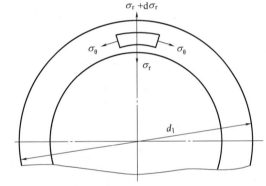

图 8-29　钢桶翻边时变形区的应力

d_0——翻边前边缘的直径，mm

d_1——翻边后边边缘的直径，mm

翻边工艺主要分为以下几种：①模具翻边工艺，如图 8-30 所示，效率高，质量好，设备结构简单，体积小，但翻边过渡圆弧不能太小。翻边角度在 $90°\sim120°$。②滚压翻边工艺，如图 8-31 所示。一般凸轮转速为 $5\sim8$（r/min），工作滚轮转速为 $200\sim500$（r/min）。工作滚轮直径约为桶径的 1/4。③胀形翻边工艺，如图 8-32 所示，翻边机主要由

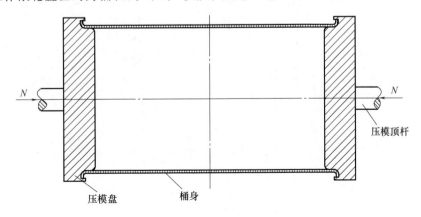

图 8-30　模具翻边工艺示意图

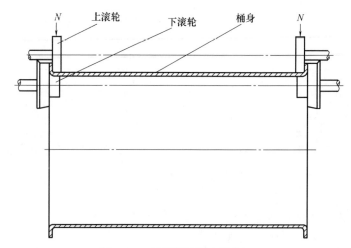

图 8-31　桶身滚压翻边示意图

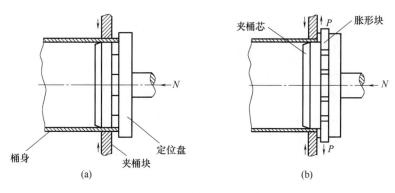

图 8-32　胀形翻边工艺示意图
（a）定位夹紧　（b）胀形翻边

定位盘、夹桶芯、胀形块等组成工作部分。其效率高，质量好，但设备较为复杂，体积也较大，多用在小桶或异形桶的翻边工序中。④偏心轮滚压翻边工艺，如图 8-33 所示。

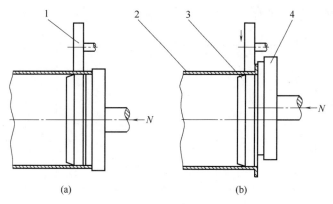

图 8-33　偏心轮翻边示意图
（a）定位夹紧　（b）胀形翻边
1—压轮　2—桶身　3—偏心活动盘　4—主轴大盘

翻边工艺尺寸需与桶底顶盖的尺寸密切配合，卷边搭接量和配合角度，可用桶身钩接百百分率 ρ 来计算：

$$\rho = \frac{h}{b} \times 100\% \tag{8-23}$$

式中，h——搭接量，mm

b——桶身钩长度，mm。

对于有二重卷边，翻边角度取 $90° \pm 2°$。对于三重圆边，翻边角度为 $108° \pm 2°$。对于 200L 闭口钢桶，一般采用二重平卷边时，其翻边宽度尺寸为 $12mm \pm 1mm$；采用三重圆卷边时，其翻边宽度尺寸为 $17.5mm \pm 0.5mm$。为保证翻边质量，翻边应光滑圆整，不得有破裂以及皱折；焊缝两端翻边处不许有突嘴、破边等现象；翻边处圆角不宜过大，一般情况下，圆角半径不应大于板料厚度的 5 倍。

6. 滚波纹、环筋工艺

在波纹机上通过滚压，在桶身上同时滚出若干条圆周波纹，变形区材料受双向拉伸作用，如图 8-34 所示为其成型示意图。滚压成型中，滚轮设计是最重要的技术，滚出的波纹要达到均匀光滑、深浅一致、不得歪斜、无机械损伤，则生产时需考虑滚轮节圆直径、滚轮的间隙、板料防回弹、表面防划、滚轮材料等问题。

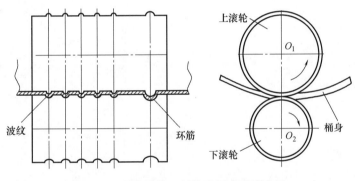

图 8-34 桶身波纹、环筋滚压成型示意图

在桶身中段扩胀两条加强筋，胀筋头用凸轮或液压传动，滑块沿径向将筋胀出，加工完毕胀筋头缩回原位，胀出的环筋应无机械损伤和裂纹。

7. 前试漏

加左右压紧盘，打入一定压力的亚硝酸钠溶液，以测试桶身纵缝有无泄漏现象。检验合格的桶进行清洗、喷涂、然后干燥。为提高表面涂料与金属桶表面的结合牢度，有些生产厂还增加了磷化处理工艺。

8. 卷边封口

把桶底和桶盖装到桶身两端，旋转并轴向顶紧，用辊轮进行卷封，图 8-35 所示为卧式卷封装配机的工作原理图，卷边的部位应注入封缝胶。钢桶的卷封类似于金属罐，其成型过程及原理可参见第三章相关内容。由于桶承受的冲击力大，通常采用三重卷边来提高封严强度，防止桶底（顶）变形及渗漏。

在三重卷边成型过程中桶身和桶顶、桶底材料要经过更多的弯曲变形，这就要求压辊的进给距离比二重卷边的要大，一般需三个压辊分三次加工完成卷边成型。桶身与桶底

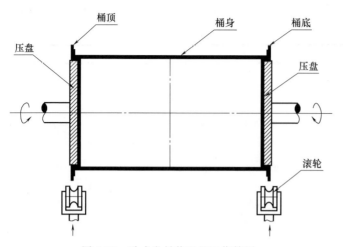

图 8-35　卧式卷封装配机工作简图

（顶）卷封加工前的状态如图 8-36（a）所示，首先第一道压辊沿径向移动对桶底（顶）进行预卷，如图 8-36（b）、图 8-36（c）所示，然后第二道压辊沿金属桶径向逐步进给卷边，如图 8-36（d）～图 8-36（f）所示，最后第三道压辊完成三重卷边的成型图，如图 8-36（g）～图 8-36（i）所示。

上述成型工艺过程，一般都是在预卷机和封口机两台设备上进行的，在预卷机上先通过第一道压辊完成三重卷边的预卷变形，再通过封口机上安装的第二道压辊和第三道压辊实现三重卷边的组合封口。

9. 后试漏

目的是为了检验卷边封口的质量，检验合格的桶进行表面除油处理、喷漆、烘干，最后装上桶口件，即为成品。

10. 涂装工艺

钢桶表面漆膜要求色彩鲜艳，光亮丰满，经久耐用。为此除了选用优良性能的涂料外，必须合理地选择施工

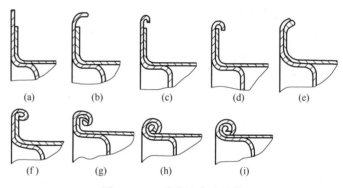

图 8-36　三重卷边成型过程

方法和使用设备。当钢桶用来盛装食品时，如盛装蜂蜜、果酱、番茄酱等，由于食品卫生要求比较严格，必须在内部涂上无毒无味的防腐蚀涂料。另一类化工包装桶，内盛物容易与钢桶的金属反应产生腐蚀，使内容物变质或使钢桶损坏，所以也要内涂防腐蚀的化工涂料。对于闭口钢桶的内涂，必须在桶身与桶底、顶卷封装配前分开进行，内涂并烘干后才能进行卷封装配，然后再进行外部涂装。由于季节温度的变化，会给钢桶的喷涂工艺带来不良影响。也可通过加热的方法来调节温度降低涂料的黏度、保证黏度的稳定性，一般涂料的加热温度到 50℃ 即可，最多不超过 70℃。

（1）涂装前处理　钢桶在涂装前需进行表面处理，其关系着涂层的附着力和使用寿命，直接影响涂装质量。表面准备工序，主要是清除钢桶表面的油胎、锈蚀、有机污物和尘土等，以改善钢桶表面状态。表面处理的目的，主要有以下三个方面：增强涂膜对钢桶表面的附着力，涂膜的美观平整准备条件，增加表面抗腐蚀能力。涂装前表面处理的程序是：先除油，其次去锈。除油主要是利用溶解、皂化、乳化作用将钢桶表面油污去掉。除

锈可以进行机械处理和化学处理。机械处理法较为简单，即利用钢刷、砂布、砂纸、布等工具手工除锈，工作效率极低，质量也不好。化学除锈是用酸溶液与这些金属氧化物发生化学反应，使其溶解在酸溶液中。金属表面在完成除油、除锈等表面处理后，往往容易重新生锈。为了防止发生返锈，通常要进行化学处理，使金属表面形成一层保护膜。钝化处理就是其中一种方法，形成的钝化膜不活泼，如磷化就是将钢桶表面经含有锌、锰、铬、铁等磷酸二氢盐的酸性溶液处理后发生化学反应，在金属表面形成一层主要成分为不溶于水的稳定的磷酸盐保护膜的过程。

（2）涂装工艺　钢桶的涂装一般采用空气喷涂、高压无气喷涂、静电喷涂、粉末喷涂等。空气喷涂是利用一种专用的喷漆枪，以压缩空气把漆液从贮罐里吸上来，压缩空气的气流再把漆液带到喷枪的喷嘴，吹散成细雾，均匀地喷涂于钢桶表面。高压无气喷涂，如图 8-37 所示为卧式钢桶高压无气喷涂室，高压无气喷涂是将涂料施加高压（通常为 11～25MPa），使其从涂料喷嘴喷出，以高达 100m/s 的速度与空气发生激烈的高速冲撞，使涂料

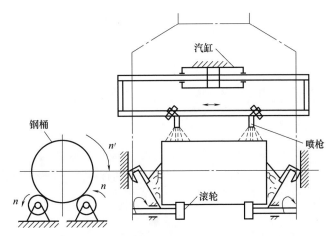

图 8-37　卧式钢桶高压无气喷涂室

破碎成微粒，在涂料粒子的速度未衰减前，涂料粒子继续向前与空气不断地多次冲撞，涂料粒子不断地被粉碎，使涂料雾化，并黏附在被涂钢桶表面。

静电涂装是在喷枪（或喷盘）与被涂钢桶之间形成一高压静电场，一般钢桶接地为阳极，喷枪为负高压，当电场强度足够高时，枪口附近的空气即产生电晕放电，使空气发生电离，当涂料粒子通过枪口带上电荷，成为带电粒子，在通过电晕放电区时，进一步与离子化的空气结合而再次带电，并在高压静电场的作用下，向极性相反的被涂钢桶运动，沉积于钢桶表面，形成均匀的涂层，图 8-38 所示为静电涂装示意图。

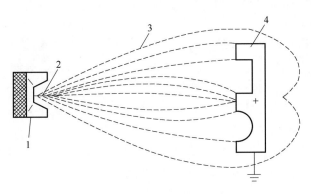

图 8-38　静电涂装示意图

1—静电喷枪　2—负高压电极　3—电力线　4—被涂工件

粉末喷涂，是在喷枪和钢桶之间形成较强的静电场。当运载气体（压缩空气）将粉末涂料从供粉桶经输粉管送到喷枪的导流杯时，导流杯接上高压负极产生电晕放电，其周围产生密集的电荷，粉末带上负电荷，在静电和压缩空气的作用下，粉末均匀地吸附在钢桶上，经加热、粉末熔融固化（或塑化）成均匀、连续、平整、光滑的涂膜，图 8-39 所示为粉末静电喷涂工艺流程。

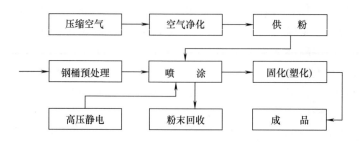

图 8-39　粉末静电喷涂工艺流程

第六节　钢桶的包装安全及检验

钢桶是重要的运输包装容器，对钢桶的分类技术要求、试验方法、检验规则、标志、包装、运输、贮存等要求进行了规定。钢桶的质量性能分为Ⅰ、Ⅱ、Ⅲ级，其中Ⅰ级的检验标准最高。质量检测包括四项实验：气密试验、液压试验、跌落试验、堆码试验。具体实验步骤可参阅 GB 325.1—2018 有关内容。

钢桶的纵缝密封性、卷边密封性、桶口件密封性是保证钢桶成品质量的关键。纵缝密封性可以通过磨边质量、点焊搭接质量和缝焊质量来保证，在前述内容里已涉及。钢桶能承受各种恶劣条件的能力是衡量钢桶质量的一个重要标志，卷封工艺是最为关键的工序，即卷边密封性，本节主要讨论卷边密封性和桶口密封性。

一、钢桶的卷边密封性

钢桶通用的为三重卷边，可从卷边的结构形状与形成过程来分析影响卷边质量的因素，主要有：

（1）桶身板冲裁误差

① 尺寸误差。桶身坯料高度如因大剪横向冲裁造成尺寸误差，会给卷边带来困难。桶身直径若因小剪纵向冲裁造成尺寸误差会影响与桶顶、底盖的配合，直接影响卷边质量。

② 形状误差。桶身两端直径不等是因纵向两边平行度误差造成。桶身两端口不平整是因对角线误差与横向两对边平行度误差造成的。

（2）磨边加工误差　磨边的主要作用是使钢板达到均匀一致的规定厚度，并去除妨碍焊接表面的有害物质。磨边厚度误差，会影响焊接质量，如磨边厚度偏高，桶身顶端叠加部分会加厚，易出现卷边缺陷。

（3）点焊、缝焊主要影响成品钢桶缝焊渗漏质量，对卷边质量影响不大。只是桶身缝焊两端易出现假焊，翻边时易产生裂口，影响卷边质量。

（4）钢桶半成品的接合边缘组合尺寸是确保三重卷边结构成型的关键因素。

钢桶在制作过程中稳定接合边缘组合尺寸，保证七层卷边成型质量的稳定性。采用挤压翻边，翻边宽度和翻边角度按翻边模具的成形面一次准确到位，可提高翻边尺寸的稳定性。桶底、顶盖拉深凸缘尺寸是依靠其冲压模具的精度来保证的。

二、钢桶的桶口密封性

钢桶卷边属于冷冲压加工，即使卷合形状符合要求，钢板之间结合再紧密，仍有空隙无法满足其密封要求，必须在卷合处钢板结合空隙中充填弹性物质，起到密封作用。桶口件需要在螺圈与桶顶翻边处加入弹性的填料，才能保证封闭器的密封性。

1. 密封填料特性

密封填料本身具有一定的弹性、强度和伸长率的。当钢桶在碰撞变形时，密封填料发生膨胀起到密封作用，使钢桶在受损的情况下，能有效地防止钢桶内装液体向外渗漏，起到良好的防止渗漏作用。因此密封填料必须具备以下特性：能填充所有的凹陷处和缝隙，并对金属表面有良好的浸润性能。在接合面间隙中，密封填料本身是致密和柔韧的，不易产生弹性疲劳现象。即使受到冲击和振动，仍能牢固地黏附在金属表面上。喷涂在金属接合面上的薄膜，必须是连续无间断的。密封填料对金属表面不腐蚀，对被密封的介质不发生任何化学反应。不因外界环境条件的变化，如温度、湿度等而失去或降低其密封性能。能适应各种加工条件。

2. 密封工艺方法

密封填料由于配方、类型及高分子化合物本身性能各不相同，分为有固体垫圈、固体胶条，有呈黏稠状态的半干性黏弹型密封胶和不干性黏着型密封胶等。因此各类密封填料其密封工艺方法也有所不同。

① 固体垫圈。是靠与两个接合面之间的紧密锁紧而形成一个密封圈。要求其硬度远小于两个接合面的硬度，垫圈厚度适中。在一定压力的作用下，接合面上不平点压嵌入垫圈表面而形成致密连接的密封面。

② 固体胶条。用于填补卷合时出现的空隙，在卷合面上承受内压而发生变形。变形过程中，固体胶条不断吸收内压的能量，产生能量消耗可预防渗漏。

③ 黏稠状态的半干性弹性/不干性黏着型密封填料。通过喷涂，在桶身与桶顶、桶底卷边中心处，由黏稠状态通过自干形成一层薄薄的固态密封膜。它的流动性可随卷合形状的变化均匀不遗漏地填补在钢板之间结合面的空隙中，正确卷合成型，这薄薄的一层密封填料就完全可以起到密封作用。

第七节　其他类型钢桶

一、柱　锥　桶

1. 结构特点及尺寸

柱锥形钢桶的桶身有锥度，桶身、桶底卷封采用二重平卷边。桶上盖为全开口形式，用环箍式封闭器封闭，钢桶内外涂装。在离桶口上端 90mm 的桶身上有一环箍，下端离桶底 100mm 的桶身锥度增大，便于空桶装码运输。桶底有四道环形筋和六道径向筋，并有 24 个 4mm 的圆孔，有利于装货时内衬袋与桶壁间的排气。适用于盛装食品果酱、番茄酱及固态和半固态化工产品等，内衬常采用无菌塑料袋。

其规格主要有 200L、215L 和 230L 三种，属于开口桶。如图 8-40 所示为柱锥形钢桶结构及尺寸（表 8-10）。

表 8-10 　　　　　　　　　　**锥形钢桶结构尺寸（板厚 0.8mm）**

公称容量/L	上端内径/mm	下端内径/mm	桶高/mm
200	553	516	940
215	553	516	970
230	553	516	990

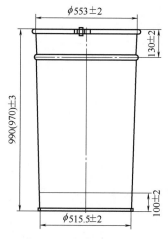

图 8-40　柱锥形钢桶结构

因此柱锥形钢桶具有如下优点：①空桶可以套装堆码，节省空间和运输费用。②钢桶尺寸符合国际运输标准，节省集装箱空间，运输成本低。③内装货物装卸较为方便，易实现反复多次使用。

其材质主要为冷轧薄钢板

2. 质量要求

柱锥形钢桶的产品性能要求如下：跌落试验要求跌落高度为 1.2m，跌落后桶底卷封处不开裂。

堆码试验要求陆运为 3m（或静载荷为 524kg），海运为 8m（或静载荷 1444kg）。如采用集装箱或在甲板上运输，堆码的高度为 3m。持续时间为 24h 后经检验钢桶不出现任何变形和严重破损。钢桶的漆膜附着力不低于 GB 1727—1992 规定的 2 级。

二、钢塑复合桶

1. 内容物及钢塑桶材质

钢塑或铁塑复合桶是用内衬聚乙烯吹塑容器和防护钢桶装配成型的复合桶。既具有钢桶强度大、刚性好的优点，又具有聚乙烯容器的防潮、耐腐蚀、安全、贮运方便等性能，是化工、食品、药品等商品使用较为广泛的高级包装容器。

钢塑桶的结构比较复杂、自身质量大，包装、运输、回收费用高，所以只在运输环境恶劣，以及被包装物品具有一定危险性等情况时使用。目前，钢塑桶主要用于磷酸、冰醋酸、甲乙酸等化学试剂的出口包装或用于国内周转包装。应用于酱油、醋、饮料等液态食品包装时，用户需指明卫生要求。钢塑桶应贮存在阴凉通风之处，避免长期日晒雨淋，以免使内容器老化、钢外容器锈蚀而影响其使用寿命。冬季内装物冻结时，要用热水解冻，不可明火烘烤。在正常情况下，钢塑桶的保质期一般都在一年。

钢桶材料选用 0.8mm 的冷轧薄钢板制造。塑料内容器国内一般产品规格为容量 50～200L 要求实际容量大于公称容量的 5%；100L 以下的塑料内容器的最薄处壁厚不小于 0.6mm；100L 及以上的塑料内容器的最薄处壁厚不小于 0.8mm。塑料内胆材料是高密度聚乙烯和低密度聚乙烯的混合物，其密度为 0.94 左右，熔融指数为 0.2～0.4。

塑料内容器要求无气泡及影响使用的杂质，无油污及异物，废边修整光滑，零部件无明显缺陷，熔接良好，桶身圆整，无明显失圆变形。

密封盖塑料构件材质：结构件塑料部分是用熔融指数为 4～7、密度为 0.95 左右的聚乙烯注射成型制作的。其中的内圈是用聚异丁烯和 EVA 共混制成，具有良好的弹性、柔性和耐腐蚀性。

2. 结构及规格

钢塑复合桶是由钢制容器、塑料内容器和桶口密封盖共同组成，如图 8-41 所示。

钢制外容器国内一般采用 GB 325.1—2018 钢桶标准的全开口桶，也有的采用闭口钢桶。出口包装大多要求采用锥形全开口桶。目前 200L 锥形桶在新疆生产的较多，主要用于出口番茄酱的包装。密封盖的结构如图 8-42 所示，可防止桶内液体在运输途中因摇动或受压从注料口处渗漏。

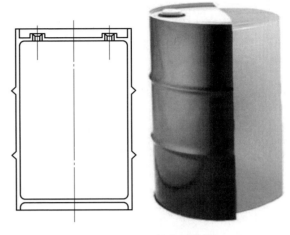

图 8-41　钢塑复合桶结构

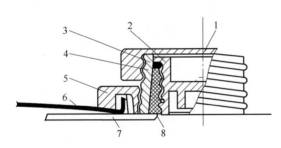

图 8-42　铁塑桶密封盖结构

1—外盖　2—内盖　3—封圈　4——定位圈
5—封圈　6—钢桶顶板　7—内胆　8—胆口

钢桶的密封。由图可知钢桶顶板 6 的翻边口处套以桶口封圈 5，定位圈 4 以螺纹与桶口封圈 5 联接，外盖 1 拧在定位圈 4 上，从而形成钢桶的密封。

内胆的密封。塑料内胆 7 的顶部开口处有带螺纹的胆口 8，它是一个预制的注塑件，在吹塑加工时作为嵌件和塑料内胆熔合为一体。在塑料内胆的胆口内旋入有外螺纹的内盖 2，且内盖凸缘下表面与胆口上沿端面间放置密封圈 3，从而构成内胆的密封。

钢塑桶有 50L、200L 两种规格。200L 的铁塑桶设有大、小两个桶口，大口是带有螺纹内盖和外盖的可开启桶口，可用液泵抽取桶内液体物料；而小口则是闭合的，在取料前刺破小口，不用泵即可从大口倾倒出桶内液体。钢塑桶规格与尺寸如表 8-11 所示。

表 8-11　　　　　　　　　　　　铁塑桶规格与尺寸

	容量/L	外径 A/mm	内径 C/mm	外高 B/mm	内高 D/mm	材料	厚度/mm
钢桶部分	200	580	566	900	858	薄钢板	1.25
塑胆部分		564		858		聚乙烯	0.8 以上
钢桶部分	50	376.6	375	570	528	薄钢板	盖部分 1.0 身和底 0.8
塑胆部分		365		528		聚乙烯	0.8 以上

3. 钢塑桶特性

钢塑桶具有金属和塑料包装容器的特性，并具有双层结构和双重密封性，是安全性和阻隔性极高的一种包装容器，特别适合包装危险物品。钢塑桶具有如下特性：

（1）良好的强度、刚度和表面硬度　钢塑桶外壳为薄钢板制成，其强度、刚度和表面硬度比一般塑料桶要好得多。流通过程中受到碰撞或冲击时，外壳的轻度弹性变形或凹陷能吸收大部分能量，而不会损伤塑料内胆。

（2）安全性高、储运空间小　堆码高度和自由跌落高度比塑料桶要高得多，一般堆码高度可达 3～8m，自由跌落高度可达 1.2～1.8m，极大地提高了货物的安全性，降低了储运空间。

（3）良好的密封性和化学稳定性　铁塑桶的塑料内胆可耐酸、碱、盐及有机溶剂。钢塑材料的组合，极大地提高了包装容器整体的气密性和阻隔性，能有效地防止渗漏，延长产品的保质期。塑料内胆成型后经脱脂、干燥处理，清洁卫生可用于食品包装。

4. 工艺及成型

铁塑桶的铁桶桶身、桶底和桶顶制造工艺及组合加工工艺与钢桶的制造工艺基本相同，在桶身和桶底卷边组合后，将塑料内胆和铁桶组合在一起，再进行桶顶和桶身的卷边组合。

塑料内胆是用高、低密度聚乙烯共混后吹塑而成。吹塑成型（又称中空吹塑成型）所需设备和模具的成本比注塑成型低得多，但吹塑容器的强度却低于注射成型的容器的强度，吹塑成型的内胆和铁桶外壳组合起来刚好解决了这个问题。内胆开口处的注料口嵌件是一个预制的注塑件，在吹塑时作为嵌件与内胆熔合为一体。

5. 质量及检测

（1）外观质量　外观外形圆整，无毛刺及严重机械损伤，无明显失圆、凹瘪；轻微凹瘪不多于 2 处，每处面积不大于桶身面积的 0.7%。桶身外壁光滑，带有环筋，桶内应清洁干燥，无杂质。内容器、钢桶以及封闭器等组件配合适宜，桶口外盖顶面至少低于桶端面 2mm。

（2）钢塑桶性能要求　钢塑桶性能要求见表 8-12。

表 8-12　钢塑桶性能要求

序号	项目名称	指标	序号	项目名称	指标
1	跌落试验	不破裂、不渗漏	4	液压试验	不渗漏、不破裂
2	气密试验	不漏气	5	堆码试验	不渗漏、不破裂
3	渗漏试验	不漏水			

（3）测试要求　钢塑桶要进行气密性试验、液压试验、跌落试验、堆码试验，其相关实验条件如表 8-13 所示（具体可参见轻工行业标准 QB 1233—1991）。

表 8-13　钢塑桶跌落、气密及液压试验条件

钢塑桶类别	I	II	III
跌落高度/m	1.8	1.2	0.8
气密试验压缩空气力/kPa	≥30	≥20	≥20
液压试验规定压力/kPa	≥250	≥100	≥100

堆码试验也可采用平板荷载法进行试验，即在 1 只桶上铺一载荷平板，板上放置砝码，砝码质量按下式计算。

$$M = (3/h - 1) \times m_1 - m_2 \tag{8-24}$$

式中　M——砝码质量，kg

　　　h——被测试样高度，m

　　　m_1——空桶加水的总质量，kg

　　　m_2——负荷平板的质量，kg

加砝码后静置 24 小时，然后检查是否产生渗漏或倒塌。

三、钢 提 桶

1. 钢提桶的分类

钢提桶按盖和盖板的形状分为全开口紧耳盖提桶、全开口密封圈盖提桶、闭口缩颈提桶、普通闭口提桶四类；按桶的形状分为 T 型桶和 S 型桶两类，两者的整体外型区别在于前者稍带锥度。钢提桶的用途十分广泛，如油漆、粘接剂、食用油等包装，当选择钢提桶时，要根据使用的产品形状、内装物所要求的条件，满足作为包装容器必须具备的安全性等。

2. 结构特点

（1）全开口紧耳盖提桶　桶身有一道液密性纵向焊缝，桶底与桶身为二重卷边固定结构，两个挂耳通过焊接或铆接固定于桶口，挂耳上装有提梁，提梁上可装木质或塑料把手。桶身在挂耳下方有一环筋起加强作用。若为锥形提桶，则桶口环筋之下还有一道环筋起限制叠套深度的作用。

桶盖为紧耳盖，盖周边一般带有 16 个有一定宽度的凸耳。封盖可采用手动或半自动封盖工具，也可采用自动封盖机，而开盖则需要采用标准手动启盖器，如图 8-43（a）所示。

（2）全开口密封圈盖提桶。如图 8-43（b）所示，桶身、挂耳、提梁及环筋结构同全开口紧耳盖提桶，但盖为密封圈型。桶盖实际为一成型圆片，安放于桶口卷边，可用杆式或螺栓式封闭箍将其夹紧。

（3）闭口缩颈提桶。如图 8-43

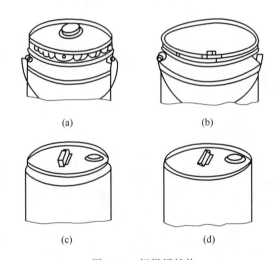

（a）　　　　　　　　（b）

（c）　　　　　　　　（d）

图 8-43　钢提桶结构

（a）全开口紧耳盖提桶　（b）全开口密封圈提桶
（c）闭口缩颈提桶　（d）闭口提桶

（c）所示，桶身有纵向焊缝，桶盖与桶底均采用二重卷边。桶顶中央焊有一个带提环的挂耳，或者在桶身焊有带提梁的挂耳。桶顶一侧靠近凸边处有装卸孔，桶身带有缩颈。

（4）普通闭口提桶。如图 8-43（d）所示，基本结构同闭口缩颈提桶，但桶身无缩颈。

以上四种类型均分为 T 型（桶身带斜度）和 S 型（不带斜度）。表 8-14 为钢提桶的规格与容量。

表 8-14

表 8-14　　　　　　　　　　　　　钢提桶的规格与容量　　　　　　　　　　　　单位：L

类别	全开口紧耳盖提桶				全开口密封圈盖提桶			闭口缩颈提桶		普通闭口提桶			
规格	1	2	3[①]	4	1	2	3[①]	1	2	1	2	3	4
公称容量	18	20	21	24	18	20	21	18	20	17	17	19	20
满口容量	19	21	22	25	19	21	22	19	21	18	18	20	21

注：① 不适用于 S 型桶

3. 结构尺寸

（1）T 型桶结构尺寸　T 型桶桶身有 1°的斜度，无盖空桶可相互套入以节省空间和提高空桶堆码的稳定性，尤其是贮存一些需要通风换气的内装物时，可把桶排列起来通过坡度之间的空隙进行通风换气，从而提高了冷冻、保温等效果。

图 8-44 所示为三类 T 型桶的结构，其主要尺寸可参阅金属容器类技术手册。

（2）S 型桶结构尺寸　S 型桶结构尺寸见图 8-45 所示，其主要尺寸可参阅金属容器类技术手册。

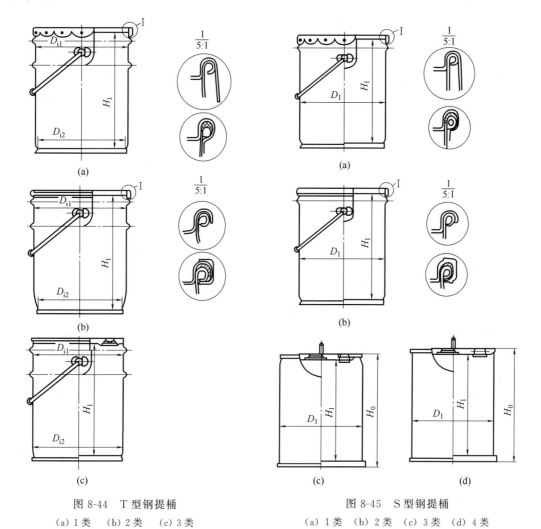

图 8-44　T 型钢提桶

（a）1 类　（b）2 类　（c）3 类

图 8-45　S 型钢提桶

（a）1 类　（b）2 类　（c）3 类　（d）4 类

　　S型提桶的第 1 类和第 2 类与 T 型提桶不同，桶体上下一样粗细，适合于诸如包装边搅拌边取出高黏度类物品的较特殊场合。S型提桶的第 3 类的特点是比各种提桶的结构坚固、气密性好，所以常用作液体的包装容器，最适合装危险品和浸透性强的物品。另外也适合用作气候条件恶劣及有各种运输条件的出口商品的包装容器。在 T 型桶和 S 型桶中，可在桶身适当部位设计环筋或波纹，以提高强度和刚度，如图 8-46 所示。

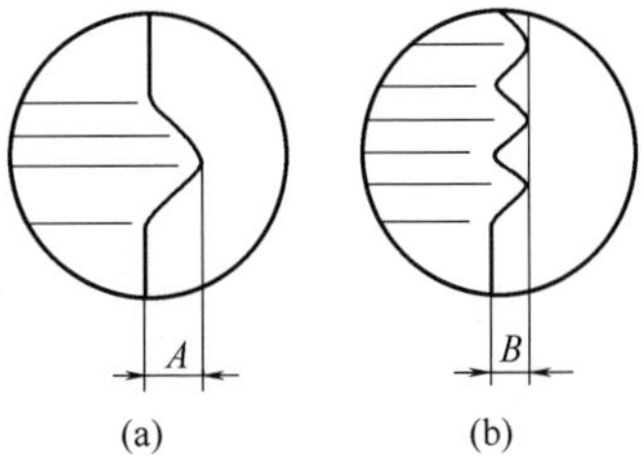

图 8-46　环筋与波纹

（a）环筋　（b）波纹

A—环筋高　B—波纹高

4. 提桶工艺流程

　　圆形提桶桶身的制造工艺与圆形闭口钢桶桶身的生产工艺相类似。图 8-47 是提桶生产工艺流程，图中的底部翻边前各道工序是提桶桶身的生产工艺流程。

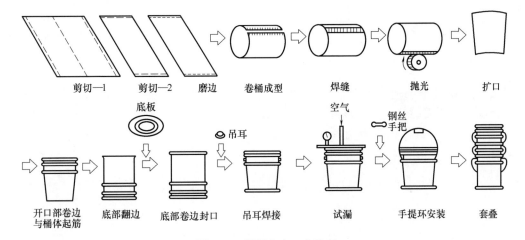

剪切—1　　剪切—2　　磨边　　　卷桶成型　　　焊缝　　　抛光　　　扩口

底板　　　　　　　吊耳　　　　　　　空气　　　钢丝手把

开口部卷边与桶体起筋　底部翻边　底部卷边封口　吊耳焊接　试漏　手提环安装　套叠

图 8-47　提桶生产工艺流程

第九章　金属包装容器仿真设计

第一节　金属包装容器 CAD/CAE/CAM

一、金属包装容器 CAD 设计

为了提高材料的使用效率，包装工业中的金属包装容器，几乎都是设计成桶型、罐型、瓶型等薄壁容器，并通过剪切、冲裁、弯曲变形、冲压、焊接等过程成型。金属包装容器本质上属于钣金件，目前主流的 CAD（Computer Aided Design）软件都有钣金件设计模块，如 SolidWorks、UG、Pro/E、SolidEdge、TopSolid 等，均能够方便地用于金属包装容器结构设计。

利用 CAD 软件进行金属包装容器设计，主要是通过对金属包装容器图形的编辑而得到钣金件加工所需的数据（如展开图，折弯线等），以及为数控冲床（CNC Punching Machine）/激光、等离子、水射流切割机（Laser，Plasma，Waterjet Cutting Machine)/复合机（Combination Machine）以及数控折弯机（CNC Bending Machine）等提供数据。

二、金属包装容器计算机辅助制造 CAM

CAM（Computer Aided Manufacturing）又称计算机辅助制造技术，是利用计算机辅助完成从产品的毛坯、加工到装配产品的制作过程。金属包装容器 CAM，需要通过对金属包装容器进行 CAD 设计，产生关于金属包装容器的结构参数、成型过程及成型量化数据，并完成数控程序的编制，然后利用数控机床进行加工成型。金属容器 CAD 及 CAM 技术，极大地提高了产品设计及生产效率。

三、金属包装容器计算机辅助分析 CAE

金属包装容器在实际应用时，要经历内装产品的灌装、储存、运输、销售等过程，要有足够的强度保证内装产品的安全。用户在使用金属包装的产品时，也要便于开启等处理。因此在保护内装产品安全的前提下，金属包装容器还要具备便于用户使用及处理的特点。金属包装容器的结构、功能、容量、强度等性能的设计是一个系统的、综合多方面因素的过程。利用 CAD 及 CAM 技术虽然能够实现对金属包装容器的计算机设计，对金属容器结构、成型方法及成型过程进行量化，并利用数控装备进行加工。但对金属包装容器的强度、使用寿命设计，以及结构的减量化及优化，往往要借助 CAE 技术进行。

CAE（Computer Aided Engineering）技术简称计算机辅助工程，是指工程设计中的分析计算与分析仿真，具体包括工程数值分析、结构与过程的优化设计、强度与寿命评估、运动/动力学仿真，以及验证未来工程/产品的可用性与可靠性。在对金属包装容器进行 CAD 设计完成后，再利用 CAE 技术进行动态及强度、疲劳寿命等计算分析，能够更显著地提高产品开发效率。

第二节　有限元分析技术

CAE 技术目前已经成为支持各个工程行业及先进制造企业信息化的主导技术之一，在提高工程/产品的设计质量及性能，降低产品研发成本，缩短研发周期等方面都能够发挥重要作用，成为实现工程/产品创新性设计的主要支撑技术。

CAE 技术主要包括以下三个方面的内容：有限元法的主要对象是零件级，包括结构刚度、强度分析、非线性和热场计算等内容；仿真技术的主要对象是分系统或系统，包括虚拟样机、流场计算和电磁场计算等内容；优化设计的主要对象是结构设计参数。

一、有限元基本理论

有限元分析技术（FEA，Finite Element Analysis）是利用数学近似的方法模拟真实物理系统（几何和载荷工况等）的技术，是目前 CAE 技术中理论发展最成熟、应用最为广泛的技术方向之一。有限元分析技术利用简单而又相互作用的单元，用有限数量的未知量逼近无限数量的未知量，常用于求解复杂工程和产品结构的强度、刚度、屈曲稳定性、动力响应、热传导、三维多体接触、弹塑性等力学性能。它将求解域看成是由许多称为有限元的小的互连子域组成，对每一单元假定一个合适的（较简单的）近似解，然后推导求解这个域总的满足条件（如结构的平衡条件），从而得到问题的解。这个解不是准确解，而是近似解，因为实际问题被较简单的问题所代替。由于大多数实际问题难以得到准确解，而有限元不仅计算精度高，而且能适应各种复杂形状，因而成为行之有效的工程分析手段。

在数学中，有限元法（FEM，Finite Element Method）是一种为求解偏微分方程边值问题近似解的数值技术。求解时对整个问题区域进行分解，每个子区域都成为简单的部分，这种简单部分就称作有限元。通过变分方法，使得误差函数达到最小值并产生稳定解。类比于连接多段微小直线逼近圆的思想，有限元法包含了一切可能的方法，这些方法将许多被称为有限元的小区域上的简单方程联系起来，并用其去估计更大区域上的复杂方程。

二、有限元软件简介

经过几十年的发展和完善，各种专用的和通用的有限元软件已经广泛应用于各行各业，将有限元方法转化为社会生产力。常见通用有限元软件包括 LUSAS、MSC. Nastran、Ansys、Abaqus、LMS-Samtech、Algor、Femap/NX　Nastran、Hypermesh、COMSOL Multiphysics、FEPG 等。

下面以应用最为广泛的有限元软件之一的 ANSYS 软件为例，简要介绍一下对工程结构进行有限元分析的基本步骤。

三、有限元分析步骤

ANSYS 软件是融结构、流体、电场、磁场、声场分析于一体的大型通用有限元分析软件，由世界上最大的有限元分析软件公司之一的美国 ANSYS 开发。它能与多数 CAD 软件接口，实现数据的共享和交换，如 Pro/Engineer、NASTRAN、Alogor、I-DEAS、AutoCAD 等，是现代产品设计中的高级 CAE 工具之一。利用 ANSYS 进行分析，一般需要进行前处理、求解、后处理三个基本过程。

1. 前处理

前处理主要包括几何模型建立、网格划分、载荷及约束施加 3 个过程。

（1）几何建模　ANSYS 程序提供了两种几何建模方法：自顶向下与自底向上。自顶向下进行几何建模时，用户定义一个模型的最高级图元，如球、棱柱等，称之为基元，程序则自动定义构成该基元的相关面、线及关键点等模型要素。用户利用这些高级图元能够直接构造几何模型，如二维的圆和矩形以及三维的块、球、锥和柱等。无论使用自顶向下还是自底向上方法建模，用户均能使用布尔运算来组合数据集，从而"雕塑出"一个实体模型。自底向上进行实体建模时，用户从最低级的图元向上构造模型，即：用户首先定义关键点，然后依次是相关的线、面、体等。具体采取哪种方法构建几何模型要考虑分析对象的结构特点及需要的分析精度。

（2）网格划分　ANSYS 程序提供了使用便捷、高质量的对 CAD 模型进行网格划分的功能，包括四种网格划分方法：延伸划分、映像划分、自由划分和自适应划分。延伸网格划分可将一个二维网格延伸成一个三维网格。映像网格划分允许用户将几何模型分解成简单的几部分，然后选择合适的单元属性和网格控制，生成映像网格。ANSYS 程序的自由网格划分器功能是十分强大的，可对复杂模型直接划分，避免了用户对各个部分分别划分然后进行组装时各部分网格不匹配带来的麻烦。自适应网格划分是在生成了具有边界条件的实体模型以后，用户指示程序自动地生成有限元网格，分析、估计网格的离散误差，然后重新定义网格大小，再次分析计算、估计网格的离散误差，直至误差低于用户定义的值或达到用户定义的求解次数。

（3）施加载荷　在 ANSYS 中，载荷包括边界条件和外部或内部作应力函数，在不同的分析领域中载荷有不同的表征，但基本上可以分为 6 大类：自由度约束、力（集中载荷）、面载荷、体载荷、惯性载荷及耦合场载荷等。

① 自由度约束（DOF Constraints）：将给定的自由度用已知量表示。例如在结构分析中约束是指位移和对称边界条件，而在热力学分析中则指的是温度和热通量平行的边界条件。

② 力（集中载荷）（Force）：是指施加于模型节点上的集中载荷或者施加于实体模型边界上的载荷。例如结构分析中的力和力矩，热力分析中的热流速度，磁场分析中的电流段。

③ 面载荷（Surface Load）：是指施加于某个面上的分布载荷。例如结构分析中的压力，热力学分析中的对流和热通量。

④ 体载荷（Body Load）：是指体积或场载荷。例如需要考虑的重力，热力分析中的热生成速度。

⑤ 惯性载荷（Inertia Loads）：是指由物体的惯性而引起的载荷。例如重力加速度、角速度、角加速度引起的惯性力。

⑥ 耦合场载荷（Coupled-field Loads）：是一种特殊的载荷，是考虑到一种分析的结

果，并将该结果作为另外一个分析的载荷。

2. 求解

建立有限元模型后，首先需要指定分析类型，ANSYS 软件可选择的分析类型有：静态分析，模态分析，谐响应分析，瞬态分析，谱分析，屈曲分析，子结构分析等。指定分析类型后就可以进行求解计算，求解过程的主要工作是从 ANSYS 数据库中获得模型和载荷信息，进行计算求解，并将计算结果写入到结果文件和数据库中。结果文件与数据库文件的不同点是，数据库文件每次只能驻留一组结果，而结果文件保存所有结果数据。

3. 后处理

ANSYS 程序提供两种后处理器：通用后处理器和时间历程后处理器。

（1）通用后处理器　通用后处理器简称为 POST1，一般用于分析处理整个模型在某个载荷步的某个子步、某个结果序列、某特定时间或频率下的结果。

（2）时间历程后处理器　时间历程后处理器简称为 POST26，一般用于分析处理指定时间范围内模型指定节点上的某结果项随时间或频率的变化情况，例如在瞬态动力学分析中结构某节点上的位移、速度和加速度从 $0\sim10\mathrm{s}$ 之间的变化规律。

后处理器可以处理的数据类型有两种：一是基本数据，是指每个节点求解所得自由度解，对于结构求解为位移张量，其他类型求解还有热求解的温度、磁场求解的磁势等，这些结果项称为节点解；二是派生数据，是指根据基本数据导出的结果数据，通常是计算每个单元的所有节点、所有积分点或质心上的派生数据，所以也称为单元解。不同分析类型有不同的单元解，对于结构求解有应力和应变等，其他如热求解的热梯度和热流量、磁场求解的磁通量等。

第三节　金属包装容器有限元分析实例

金属包装容器的设计要综合考虑其用途、载荷、强度、寿命等因素。下面分别以金属包装中应用最为广泛的易拉罐与金属桶为例，介绍利用 ANSYS 软件进行分析的过程。

一、金属罐分析实例

从经济性的角度考虑，设计铝制易拉罐时，在满足加工工艺要求及使用要求的前提下，易拉罐消耗的材料要尽量的少，罐体、罐底及罐盖的壁厚要尽量薄。从使用角度考虑，在饮用易拉罐包装的饮料时，易拉罐一般底部朝下放置，如果底部出现中间凸起的现象，易拉罐就会放置不稳，因此底部结构应该设计为中间凹的形状。在灌装时，易拉罐底部要具有足够的承压强度，不会出现向外凸起的情况。

1. 问题的表述

下面以如图 9-1 所示的易拉罐为例，介绍易拉罐承受内压 0.15MPa 情况下罐体底部及顶盖结构的变形情况。该易拉罐的结构简图如图 9-2 所示，底部凹底结构，顶部平底结构，顶盖厚度 0.38mm，罐体及罐底厚度均为 0.21mm。材料根据铝的性能参数进行设定，弹性模量 68GPa，泊松比为 0.35。

2. 分析步骤

下面介绍一下利用 ANSYS 软件，计算该易拉罐在内部 0.15MPa 压力下罐底及罐盖

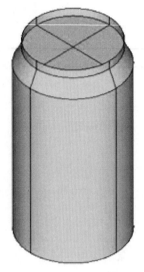

图 9-1　易拉罐实体模型

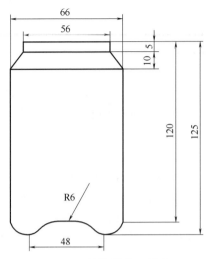

图 9-2　易拉罐截面图形

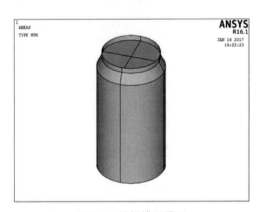

图 9-3　易拉罐面模型

的变形情况，对比一下平底与凹底的承压能力。

（1）前处理

① 几何建模。按照如图 9-2 所示的结构尺寸建立易拉罐的几何模型，面模型如图 9-3 所示。

② 选择单元。总体上，该易拉罐为均匀厚度的薄壁结构，因此选择壳单元 Shell181 单元进行模拟，如图 9-4 所示。

③ 定义材料。易拉罐材料为弹性模量 6.8e10Pa，泊松比 0.35，其定义如图 9-5 所示。

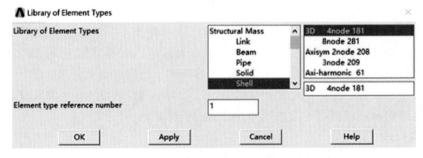

图 9-4　易拉罐单元类型选择

④ 定义单元厚度。罐盖厚度定义为 0.00038，罐底及罐身定义为 0.00021，如图 9-6 所示。

⑤ 单元网格划分。将上述步骤定义的材料属性、单元属性及厚度属性分别赋予图 9-3 中易拉罐的罐身、罐盖、罐底，然后执行网格划分，得到易拉罐的有限元模型，如图 9-7

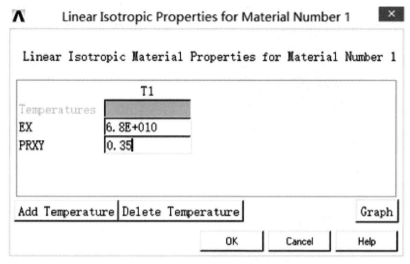

图 9-5　易拉罐材料性能定义

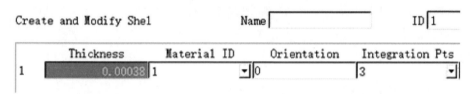

图 9-6　罐盖厚度定义

所示。

⑥ 载荷施加。将内部压力 0.15MPa 施加到易拉罐内部的腔壁上，如图 9-8 所示。

图 9-7　易拉罐单元网格划分结果

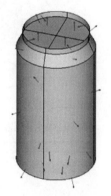

图 9-8　罐内压施加结果

（2）求解　利用 ANSYS 的求解模块进行，选择分析类型为静态分析，确定分析参数无误后，计算过程计算机自动进行。

（3）后处理　后处理是对计算结果进行数据处理及分析。提取易拉罐节点 Y 向位移结果，如图 9-9 所示，罐盖中部的变形最大，而罐底的变形较小。

可以分别对罐盖和罐底的变形量进行分析，罐盖的节点变形如图 9-10 所示，图中表

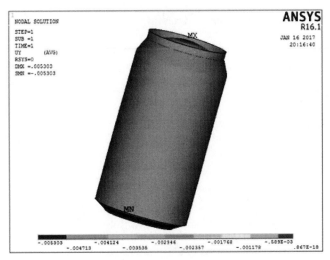

图 9-9　易拉罐应力分布结果

明罐盖中部相对于罐盖边缘部位的变形量为 4.146mm。如图 9-11 所示为罐底的变形图，罐底中部相对于罐底边缘部位的变形量为 0.627mm。由分析可知，罐底变形量远小于罐盖。

本例目的在于计算罐盖及罐底在内压作用下的总体变形，建立的是易拉罐的简化模型。如果要分析易拉罐的应力情况，则需要建立更精确的几何模型，尤其要考虑各个过渡面的圆角，因为应力集中部位往往发生在圆角处。总之，根据不同的分析目的建立不同的模型。

本案例的分析过程及步骤，请同学们参考《ANSYS 包装工程应用实例解析》中的易拉罐结构分析实例。

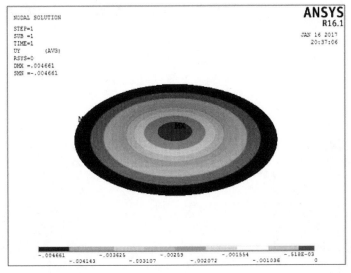

图 9-10　罐盖节点变形图

二、金属桶的有限元分析实例

钢桶广泛应用于工业产品的包装及储运，钢桶的机械性能优良、强度高、耐压、不易破损。使内装的产品安全性有了可靠的保障，并便于贮存、运输、装卸和使用。钢桶具有极优良的综合防护性能，其阻气性、防潮性、遮光性和保质性优于塑料、纸等其他类型的包装容器。钢桶材料丰富，能耗和成本也比较低，具有重复可回收性，从环境保护方面，是理想的绿色包装容器。对于大型金属包装容器，往往要承受堆码载荷、运输时的横向冲

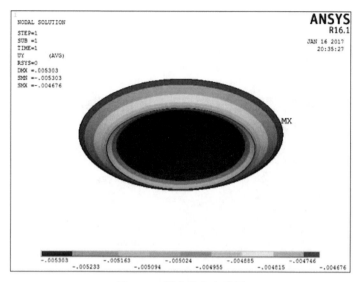

图 9-11 罐底节点变形图

击作用力及装卸过程中的冲击力的作用。通过恰当的结构设计，能够使金属桶既充分发挥钢材的性能优点，又实现减量化设计的目标。

1. 问题的表述

大型金属桶在流通过程中承受的载荷比较大，为提高强度及刚度，大型金属桶常设有箍筋、波纹等结构。本例以图 9-12 所示的钢桶为例，介绍了钢桶侧壁在承受横向集中载荷的情况下，不同的桶壁结构形式对承载强度的影响。为了简化分析过程，本例将钢桶的上部桶壁结构设计成光滑结构，下部桶壁结构设计成环筋结构。钢桶的桶盖、桶身、桶底厚度均为 1mm，拟采用 SHELL181 单元进行模拟，材料根据钢的性能参数进行设定，弹性模量 2.01×10^{10} Pa，泊松比为 0.3。

有限元分析思路：为简化分析，建立几何模型时，本例忽略了钢桶卷边结构、波纹结构、以及桶口结构的建模，只分析环筋结构对钢桶承载能力的影响。

图 9-12 钢桶的三维实体模型

图 9-13 单元模型划分结果

2. 基本分析步骤

（1）前处理　前处理包括：建立几何模型如图 9-12 所示；有限元网格划分，如图 9-13 所示。选定分析单元如图 9-14 所示；定义钢桶的材料性能如图 9-15 所示；设定单元厚度 0.001m。

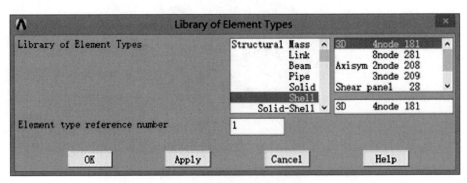

图 9-14　钢桶单元类型选择

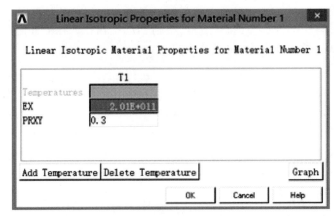

图 9-15　钢桶材料特性定义

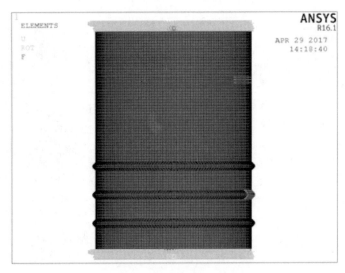

图 9-16　模型的约束及载荷

对于载荷及约束施加，本案例模拟的是钢桶在滚动时侧面压到地面上的突出物，或运输过程中侧面局部承受到横向力的工况。对于钢桶的侧壁局部施加力载荷，对上下桶底施加固定约束，如图 9-16 所示。

（2）求解　本案例为静力分析，因此设定静力分析类型后进行求解。

（3）后处理　提取钢桶应力分析结果如图 9-17 所示，其表明，钢桶光滑桶壁加载部位的应力远远大于环筋加载部位的应力，因此环筋结构能够显著提高桶壁的承载能力。

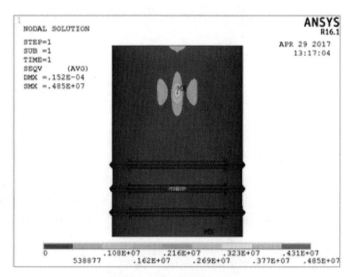

图 9-17　总体应力云图

本案例的详细分析过程及步骤，请同学们参考《ANSYS 包装工程应用实例解析》中的金属桶分析实例。

第十章　金属包装装潢设计及印涂

第一节　金属包装装潢设计

一、金属罐的构图设计

构图设计在现代销售包装设计中起着举足轻重的作用，它是全部包装视觉设计过程中的一个重要组成部分，亦是包装画面诸要素构成的基础。

一个包装的视觉设计要素包括许多方面，有商标、商品名称、生产厂家、特点介绍、使用方法、注意事项、插图、色彩等。如果不把这些复杂要素有重点、分层次地安排在展销面中，包装的画面就会显得杂乱无章，既达不到快速有效地传递商品信息，也不能促使消费者采取购买行为，影响商品销售。而经过严格推敲的构图、精心编排的包装画面设计，才能以最短的时间、最快的速度吸引消费者，尤其是在日益普及的无人售货超级市场，包装的图形刺激作用就更加重要了。

所以说，一个优秀而富有促销力的包装画面，必然要有合理的画面布局为基础，从某种意义上讲，没有精心的构图设计，也就不可能形成一个理想的视觉画面。

1. 构图的定义与意义

构图即画面的形式美，也就是画面的布局，在中国画论中称为经营位置。布局是处理画面形象结构的一种艺术手法。包装的构图设计与绘画的画面构图处理有形式上的相同点，也有功能和性质上的不同之处。包装的构图设计受销售策略的统领、销售环境制约以及信息传达的要求，同时还要反映包装的总体"创意"，要充分达"意"，就必须创造出"有意味的"构图形式。不同的产品需要有不同的包装形式，而不同规格、不同造型的包装则需要有不同的画面构图与之相适应。如图10-1所示为金属罐的表面装潢设计，可谓成功案例。

图 10-1　罐表面装潢设计示例

圆柱型听、罐包装的外形特征，决定了它的包装画面构图形式的独特性。因为，听、罐的圆柱体形状所显露的弧形画面使人的视觉产生了透视感，在一定程度上缩小了可视面积，给消费者的信息识别带来了不便。那么圆柱型包装的可视面积究竟有多大，画面主要形象（商标形象、文字形象、象征图形等）置于罐表面什么位置效果最佳，专家曾有过科学的论述：圆柱形的主视面图案设计，应不超过正面视野范围的弧形面积。当圆柱体的直径小于等于65mm时，视野范围的弧形面积极值是 $1/3C$（C 为圆周长），当圆柱体的直径大于 65mm 时，主视面的视野范围最佳范围应是小于 $1/3C$，设计的主要内容应保持在 1/3 圆周内。由此可见，听、罐包装的可视面积是很有限的，要把众多的设计要素编排在狭小的面积上，并获得良好的视觉效果是非常困难的。所以，针对听、罐这种特殊的包装造型进行画面构图的研究是非常必要的。

2. 构图要素

构图是将商品包装展示面的商标、图形、文字和组合排列在一起的一个完整的画面。这四个要素的组合构成了包装装潢的整体效果。商品设计构图要素的商标、图形、文字和色彩的运用得正确、适当、美观，就可称为优秀的设计作品。

(1) 商标设计　商标是一种符号，是企业、机构、商品和各项设施的象征形象。商标是一项关于工艺美术，并涉及到政治、经济法制以及艺术等各个领域的作品。商标的特点是由它的功能、形式决定的。它要将丰富的传达内容以更简洁、更概括的形式，在相对较小的空间里表现出来，同时需要观察者在较短的时间内理解其内在的含义。商标一般可分为文字商标、图形商标以及文字图形相结合的商标三种形式。一个成功的商标设计，应该是创意与表现有机结合的产物。创意是根据设计要求，对某种理念进行综合、分析、归纳、概括，通过哲理的思考，化抽象为形象，将设计概念由抽象的评议表现逐步转化为具体的形象设计，如图 10-2 为罐商标设计示例。

图 10-2　商标设计示例

(2) 图形设计　包装装潢的图形主要指产品的形象和其他辅助装饰形象等。图形作为设计的语言，就是要把形象的内在、外在的构成因素表现出来，以视觉形象的形式把信息传达给消费者。要达到此目的，图形设计的定位准确是非常关键的。定位的过程即是熟悉产品全部内容的过程，其中包括商品的性能、商标、品名的含义及同类产品的现状等诸多因素都要加以熟悉和研究。图形就其表现形式可分为实物图形和装饰图形。

① 实物图形。采用绘画手法、摄影写真等来表现。绘画是包装装潢设计的主要表现形式，根据包装整体构思的需要绘制画面，为商品服务。摄影与写真相比，它具有取舍、提炼和概括自由的特点。绘画手法直观性强，欣赏趣味浓，是宣传、美化、推销商品的一种手段。然而，商品包装的商业性决定了设计应突出表现商品的真实形象，要给消费者直观的形象，所以用摄影作品表现真实、直观的视觉形象是包装装潢设计的最佳表现手法。

② 装饰图形。装饰图形分为具象和抽象两种表现手法。具象的人物、风景、动物或植物的纹样作为包装的象征性图形可用来表现包装的内容物及属性。抽象的手法多用于写意，采用抽象的点、线、面的几何形纹样、色块或肌理效果构成画面，其简练、醒目、具有形式感，也是包装装潢的主要表现手法。通常，具象形态与抽象表现手法在包装装潢设计中并非孤立的，而是相互结合的。内容和形式的辩证统一是图形设计中的普遍规律，在设计过程中，根据图形内容的需要，选择相应的图形表现技法，使图形设计达到形式和内容的统一，创造出反映时代精神、民族风貌的适用、经济、美观的装潢设计作品是包装设计者的基本要求。

③ 色彩设计。色彩设计在包装设计中占据重要的位置。色彩是美化和突出产品的重

要因素。包装色彩的运用是整个画面设计的构思、构图紧密联系着的。包装色彩要求平面化、匀整化，这是以色彩的过滤、提炼的高度概括。它以人们的联想和色彩的习惯为依据，进行高度的夸张和变色是包装艺术的一种手段。同时，包装的色彩还必须受到工艺、材料、用途和销售地区等的限制。

包装装潢设计中的色彩要求醒目，对比强烈，有较强的吸引力和竞争力，以唤起消费者的购买欲望，促进销售。例如，食品类和鲜明丰富的色调，以暖色为主，突出食品的新鲜、营养和味觉；医药类为单纯的冷暖色调；化妆品类常用柔和的中间色调；小五金、机械工具类常用蓝、黑及其他沉着的色块，以表示坚实、精密和耐用的特点；儿童玩具类常用鲜艳夺目的纯色和冷暖对比强烈的各种色块，以符合儿童的心理和爱好；体育用品类多采用鲜明响亮色块，以增加活跃、运动的感觉，不同的商品有不同的特点与属性。

④ 文字设计。文字是传达思想、交流感情和信息，表达某一主题内容的符号。商品包装上的牌号、品名、说明文字、广告文字以及生产厂家、公司或经销单位等，反映了包装的本质内容。设计包装时必须把这些文字作为包装整体设计的一部分来统筹考虑。包装装潢设计中的文字设计的要点有：文字内容简明、真实、生动、易读、易记；字体设计应反映商品的特点、性质、有独特性，并具备良好的识别性和审美功能；文字的编排与包装的整体设计风格应和谐。

3. 基本构图形式

通过对大量国内外优秀的听、罐包装表面视觉设计的研究，整理出以下 4 种构图形式，即轴线焦点构图法、两段式构图法、三段式构图法和标贴式构图法。下面就各种构图法分别加以论述，但听、罐包装的构图决不能简单地限制为以下几种形式没，还有其他的特殊形式，由于规律性不强，本书未提及。

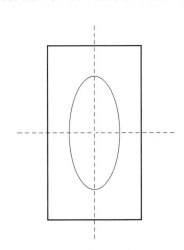

图 10-3 轴线焦点构图

（1）轴线焦点构图法 在画面轴线焦点位置编排视觉形象，是听、罐表面印刷设计中一种比较常见而又易于掌握的布局形式，它的最大特点是具有很强的视觉冲击力，国内外都比较流行。

首先，在主视面中心虚设两条纵横相交的轴线，相交处自然形成了一个焦点，这个焦点处就是画面的视觉中心，它就如同照相机观景窗内的聚焦点，如图 10-3 所示。

确立画面的主体位置、编排方式（横向、纵向、倾斜等）和表现手法，由设计者根据内容和要素自行把握。当画面的主体建立起来之后，在四周留出圈出画面视觉中心相当面积的"虚"空间，目的是用大面积的虚空间来衬托实在的中心主体形象，形成一种虚实对比强烈的视觉效果。当然，画面的虚化部分并不是一片空白，而是在艺术处理时相对简化和概括，营造一个"矛盾激化"的中心，使观者的视神经能够骤然紧张起来，将视线集中于这个突出部位并产生兴趣，达到先声夺人的宣传目的。如果依据罐身的长短，将横轴线做上下移动，便可以产生不同焦点位置的构图效果。

这种轴线焦点构图法更适合内容较少的画面编排，突出优势是画面单纯、简洁、视觉冲击力强、一目了然，给人以集中、醒目之感。在轴线焦点构图法中还有另外一种情形，即以中心纵轴线为主展开构图设计。如果编排得当，也能取得良好的构图效果，示例如图 10-4 所示。

图 10-4　轴线焦点构图案例

（2）两段式构图法　所谓两段式构图法，就是将包装的主视面划分出两个区域，设计要素按比重分布在这两个区域内。虚设一条横轴线，将画面拦腰分割出上下两部分，这条横轴线如同视平线，分出了"天、地"两个相等的较大空间，形成了一个开阔的格局。

这种画面布局，在听、罐包装设计中利用率很高，也的确产生了很好的效果。例如，

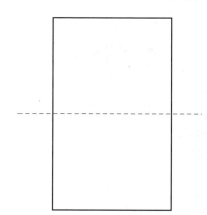

图 10-5　两段式构图

将商标、品名等主要内容编排于醒目的上部空间里，再把辅助的产品形象图片、插图或文字说明安排在剩余空间里，至此，令人悦目的两段式布局就形成了，如图 10-5 所示。

当然，任何一种构图形式都不是人们主观臆造的，它是在实际应用当中产生和完善的。当人们利用它并被普遍接受的时候，也就是这种构图形式存在的科学性、合理性和实用性。

两段式布局在设计中满足了两个方面的要求。一方面，设计者可以充分利用较大的画面空间，把复杂的要素或较多的内容集合处理，形成团块，创造一个鲜明、醒目的视觉效果。由于听、罐包装的内装物，多属食品、饮料类等，商家为了使包装画面更具可视性和感召力，在主视面的设计中利用较大的空间来安排产品或加工原料的精美图片、相关插图或象征图形，以诱人和逼真的形象来增强真实性和可信度，帮助顾客尽快了解和熟悉包装内的产品属性及特征。另一方面，无人售货的销售方式日趋普及，包装依靠自身形象宣传产品，推销产品的责任也就更大了。可以说，两段式布局是集中设计要素、扩展画面空间、增强视觉效果的较理想的构图形式，其特点是展示面充实饱满，视野开阔，文图清晰，对比强烈，货架竞争力强，示例如图 10-6 所示。

图 10-6　画面视觉中心式示例

（3）三段式构图法　了解了两段式构图法的基本特征后，三段式构图法的求得方法就比较容易了，它是在两段式基础上发展而成的。在画面中虚设两条平行的横轴线，通过这两条横线把画面平均分割出上、中、下三个相等的空间（图10-7），设计要素依主次关系分布于这些空间内，画面便形成了具有多元化组合的格局，这样，三段式布局的画面就产生了。若上下移动这两条横轴线或者调整其中一条轴线的位置，画面都会产生新的分割方式，形成不同的大小空间。由于画面空间的增加，使设计要素的分布增强了灵活性和选择余地。

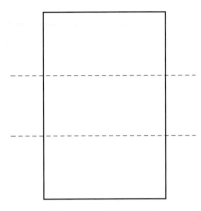

图10-7　三段式构图

这种画面分割形式，适合设计内容复杂且罐身较长的情况。它虽然不像两段式构图那样强烈、鲜明，但画面效果更显整体、饱满、主次有序、段落清晰、层次丰富、节奏感强，给人一种充实、稳健、完美之感，示例如图10-8所示。

图10-8　三段式构图示例

另外，还有一种比较特别的构图方法，即标贴式构图法，此种构图形式比较传统，人们早已熟知。它的特点就是首先在展示面上设定一个固定的椭圆形或其他形，然后将各种设计要素分主次编排在这个固定形内（图10-9）。从形式上看标贴式构图法与轴线焦点构图法有类似之处，但标贴式构图略显古板，在编排的灵活性上较之其他构图形式要差一些。由于多年被广泛使用，在消费者心中已经形成了固

图10-9　标贴式构图示例

定的模式，具有一定的亲和力，如啤酒罐的设计就是很明显的实例。

通过轴线对画面的分割，可以得到较理想的布局空间，但并不意味着把复杂的要素简单地罗列或孤立地摆放在固定的位置上，就能够形成好的画面。划分出合理的布局空间，仅仅是画面设计的首要环节，欲获得良好的视觉效果，还需做大量而细致的工作。如对画面各部分比例关系的调整，编排形式的选择，大小形象的位置安排，疏密、虚实的关系处理；还有文字的设计、色彩的配置、插图的表现、设计的定位等诸多因素，忽略哪一个环节，都将导致画面设计的失败。

总之，包装的画面构图设计是整个包装展示面视觉设计成败的关键因素，不能不予以重视。以上几种构图方法是对现代听、罐包装设计中构图特点的归纳和总结，掌握了这些基本规律和法则，在设计中可以减少盲目性。另外，设计者可以根据不同的产品、不同的内容和不同的要求，灵活运用这些法则，不断创新，充分发挥圆形听、罐弧形画面的特长，别开生面，创造出与众不同的画面构图，设计出更多更好的包装作品。

4. 金属罐标识设计一般规则

包装标识是为了便于货物交接、防止错发错运，便于识别、运输、仓储等，便于海关等有关部门进行查验，也便于收货人提取货物，在进出口货物的外包装上标明的记号。

（1）标志颜色应为黑色　如果包装的颜色使得黑色标志显得不清晰，则应在印刷面上用适当的对比色，最好以白色作为图示标志的底色。应避免采用易于同危险品标志相混淆的颜色。除非另有规定，一般应避免采用红色、橙色或黄色。

（2）标志的数目和位置，一个包装件上使用相同标志的数目，应根据包装件的尺寸和形状决定。

（3）罐头外贴以商标纸（或用印铁商标），商标纸须清洁、完整、牢固而整齐地贴在罐外。商标纸与罐身内高相等，其负公差不得超过 2mm（大包装罐头的商标纸可以印成小型商标贴在罐身上）。

（4）内销罐头标志应按 GB 7718 的规定标明：产品名称、配料表（指原料及辅料）、净含量、固形物含量、厂名、厂址、生产日期（在罐盖上用清晰的明码标注）、保质期、产品标准代号、质量等级和商标。

（5）出口罐头标志可按外贸合同或出口经营单位的具体要求标注，但转内销的产品必须按内销罐头标注。

（6）条码符号位置选择原则

① 基本原则。条码符号位置的选择应以符号位置相对统一、符号不易变形、便于扫描操作和识读为准则。

② 首选位置。商品包装正面是指商品包装上主要明示商标和商品名称的一个外表面。与商品包装正面相背的商品包装的一个外表面定义为商品包装背面。首选的条码符号位置宜在商品包装背面的右侧下半区域内。

③ 其他的选择。商品包装背面不适宜放置条码符号时，可选择商品包装另一个适合的面的右侧下半区域放置条码符号。但是对于体积大的或笨重的商品，条码符号不应放置在商品包装的底面。

④ 边缘原则。条码符号与商品包装邻近边缘的间距不应小于 8mm 或大于 102mm。

⑤ 方向原则。通常商品包装上条码符号宜横向放置。横向放置时，条码符号的供人

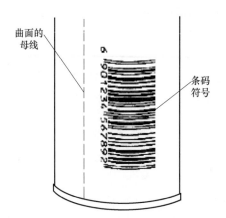

图 10-10　曲面上的符号方向

识别字符应为从左至右阅读。在印刷方向不能保证印刷质量或者商品包装表面曲率及面积不允许的情况下，应该将条码符号纵向放置。纵向放置时，条码符号供人识别字符的方向宜与条码符号周围的其他图文相协调。

曲面上的符号方向在商品包装的曲面上将条码符号的条平行于曲面的母线放置条码符号时，条码符号表面曲度。应不大于 300；可使用的条码符号放大系数最大值与曲面直径有关。条码符号表面由度大于 300，应将条码符号的条垂直于曲面的母线放置（图 10-10）。

⑥ 罐型和筒型包装条码符号宜放置在包装背面或正面的右侧下半区域（图 10-11）。不应把条码符号放置在有轧波纹、接缝和隆起线的地方。

二、金属罐的色彩设计

金属作为硬质包装材质，在产品包装中占有一定的比例，而且金属材料产生的历史由来已久，且种类繁多。其最大的特征是表面拥有特殊的光泽，而这种光泽所具有的亮度可以通过打磨来改变。金属作为品种繁多的有色材质，在质感方面也有着很大的差异。

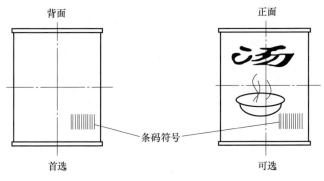

图 10-11　条码符号位置

我们知道，色彩会给人带来一些非色觉的其他感觉，如温度感、距离感、轻重感等。在这里我们根据金属色彩的差异，将他们分成有色金属和黑色金属。这些金属各自带给人们的感受都不同。比如铜、金、银、铝都属于有色金属。其中色泽偏暖的金和铜，带给人的感觉都是华丽富贵；而银跟铝这样的白色金属则显得含蓄雅致；铁作为黑色金属的代表，表面乌黑锃亮，给人的感觉就是刚硬沉重的。铝制材料和铁质材料，作为我们生活应用最为广泛的材料，已经成为不可或缺的金属材料。金属包装色彩设计中经常使用的专色是金色、银色等，以加强色彩的对比和调和，获得强烈的色彩视觉冲击（图 10-12）。

1. 金属包装中色彩的功能

随着人们物质、文化水平的提高，包装设计不仅要详尽传达商品信息、发挥诉求功能，还要能使商品与其他同类竞争对手的商品有鲜明的区别，并且具备良好的陈列和展示效果。而这些都与色彩有着紧密的联系。色彩是包装设计中最能吸引顾客的因素，如果色彩搭配的好，消费者就会有一种赏心悦目的感觉。

（1）显示不同产品品种、种类区分　包装的色彩要从商品的系列化方面考虑到色彩的区别性。我们常常会看到一些包装十分相似，仅仅是更换了颜色，或者是变化了文字内

容、图形位置的产品。这些
商品在统一的包装外形下所
呈现出的细微变化，使它们
形成了一个系列。包装设计
系列化的产生最直接的作用
就是加强了消费者对品牌和
产品的印象，同时扩大销售
额。在超市货架上，系列化
产品在展示空间上占据了很
大的范围，形成较大的视觉
张力，在数量上对其他商品
产生以众搏寡的压倒式冲击
力（图 10-13）。除此之外，
系列化包装设计所表现出的
整体美、规则美，都极大地
加强了产品与同类其他产品

图 10-12　金属包装色彩设计示例

之间的竞争力。包装设计的系列化表现的合理性在于它符合形式美学中的构成原理，适应
广大消费者的审美观和心理需求。系列化产品作为现在商品市场上广泛采用的包装方式，
更加突显出了色彩在其中的重要性。色彩被用作区分系列化产品的最便捷方法。在大型的
产品系列中，产品层级纷繁复杂，极难分辨。但是有了色彩的帮助，使得一件产品区别于
另一件产品就显得容易多了。消费者可以通过不同的颜色对产品加以辨别，减少浪费在辨
识产品种类上的时间。而且多样性的色彩包装也能展现出商品类型的丰富多彩，体现系列
包装的家族化特征。从而树立起品牌的形象，突出商品的整体形象感，示例如图 10-14
所示。

图 10-13　系列包装示例

　　（2）显示不同民族、地域特色　人们对色彩的偏好与生俱来，从我们出生的那天起，
有关与色彩的意象就在我们头脑中根深蒂固，由此我们便形成了自己的颜色偏爱观。世界
各国由于地域差异，对色彩的喜爱与禁忌也不同，所以对色彩有着各自不同的诠释。气候
因素有助于阐释人们为何对颜色存在偏好。日本以湿润多雾天气为主，这就决定了他们更
喜欢柔和、清澈的颜色（图 10-15）。大紫、大绿等的颜色被日本人认为是低俗的颜色，

图 10-14　多样性色彩包装示例

图 10-15　柔和、清澈色彩的包装

他们更喜欢蓝天、绿水、木材等大自然的柔和色彩。

　　欧美国家包装起步早，技术程度高，现代设计手法运用广泛。通常运用彩色照片形象逼真地反映出商品的特点，商品信息一目了然，便于销售。美国设计与欧洲相比有所不同，美国设计较为抽象、开放，风格多式多样、花样迭出。欧洲国家的包装设计以典雅、庄重为主，风格相对较为保守。中国的传统包装大多采用吉祥图案作为设计的主要元素，用色方面多采用红、黄等吉祥喜庆的颜色（图 10-16）。

图 10-16　中国传统包装

　　在我国黄土高原和云贵高原一些少数民族或者边远山区的人们，喜欢大红大绿等一些极鲜艳的颜色，这和他们生活的苍凉、浑厚的高原，大山背景相和谐统一，同时鲜艳色彩也是他们顽强生命力以及他们对生活的热爱的外在表露；而普通城市居民，大多偏爱淡雅、清新明快的颜色。

　　（3）吸引消费者视线　日本色彩研究所专家的通过研究认为，人们通过视觉获取的信息量在获取的信息总量中的占有率高达 87％，人类视觉感知到的一切形象，比如物体的轮廓、大小以及与其他物体之间的区别等，都是靠色彩和明暗关系反映出来的。由此可见，色彩在人们的生产、生活中扮演着极为重要的角色，通过借助色彩的功能来帮助人们认识和改造世界。因为色彩对于人类视觉来说有着特殊的敏感性，所以色彩美感的体现比其他视觉设计要素显得更为直接。研究表明，顾客在超市购物对货架上商品扫视的时间只有 0.03s，因此，商品的包装必须借助色彩的力量来吸引顾客的购买力，并且在购物过程中色彩无形中成了帮助顾客选购物品的向导，也成为了商家竞争的重要手段。

　　包装所承载的信息不只在于表明商品的客观信息，更重要的是表明所具有的特定的象征、代表、暗示意义及思想理念和文化价值。包装视觉设计应传达出商品的属性特征和独特个性，使消费者在接受商品信息的同时，对其产生整体的印象，起到说服、刺激、引导消费者购买的作用。即通过与众不同的诉求点和诉求方式，强化对消费者的心理诉应，以商品具有的文化和身份归属等象征意义打动消费者，进而使消费者在购买决定的时候与之建立起一种情感联系，以独特的品质特征赢得消费者青睐，达到促进销售的目的。

在商品销售中，据调查结果显示，黄、橙和红色之类的暖色常被用来作为吸引消费者的视觉信息；紫色这一具有高贵意味的色彩则与精美的商品在一起；蓝色被当做清静、安宁的心态暗示；而绿色作为对自然和健康的追求，常常被作为环保产品的包装色而深受人们的欢迎。金色、银色包括在内的极色则有效地提供了物品高品质的感觉；灰色具有知性美的涵义。可以说，在商业色彩中，色彩起着一种暗示的作用，它是各种信息的浓缩。

2. 金属包装中色彩的特性

色彩是一个动力学因素，每种色彩都有特定的象征性语言或价值。在市场营销方面，这意味着存在提高产品、物品自身价值和特性的可能性。从心理学角度进行划分，颜色可分为主动类色彩和被动类色彩。主动类色彩，尤其是红色和黄色，能立即引起人的心理反应，甚至有可能产生刺激性反应。被动类色彩，尤其是蓝色和绿色，显得更加的恬静一些。而主动类的色彩常常被用来提升产品的积极性品质，而被动类色彩与产品的和谐、安宁和成就等特征联系更为紧密。

包装设计中的色彩表现作为一种审美艺术与科技技术相结合的创造性的活动，按照美学规律来塑造产品的外在形象。现代包装在不断地满足人类精神追求的过程中，越来越注重色彩的新奇感与个性化。要求设计师用鲜明而又富有表现力的色彩组合来体现包装形象的创意。但这种包装色彩的人性化，应该是真诚、真实的，而不是一味地追求高档浮华。在强调包装色彩表象特征的同时，也要注重与产品内在的结合。

（1）包装色彩的诱目性

色彩有吸引目光的作用，这就是诱目性。诱目性的强弱各色不同，纯度高、明度高的色彩诱目性高。在色相方面，红、橙、黄等暖色诱目性最高（图10-17）。

图10-17　包装诱目性示例

在设计中使用诱目性高的色彩，可以更多地吸引消费者的注意。不过，色彩所具有的诱目性只是暂时的效果。诱目性高的组合，一开始确实可以聚集人们的目光，然而，若长时间观看这种配色，眼睛或大脑就会感到疲倦。所以诱目性高的配色使用在短时间内传达信息的标示时，效果极为显著。

（2）包装色彩的可识别性　所谓识别，就是人一见就可对事物进行区分。识别性高的事物，可以从环境中独立出来而被人辨识。这种性质就是识别性。企业识别系统的色彩计划对商品包装色彩起着重要的指导作用，色彩成为企业品牌之间相互区别的显著特征。能够使消费者在选购商品的同时，加深对商品以及品牌的记忆。突出色彩的识别性，能够强化商品的特性。因为色彩的识别性，使得商品在众多竞争群体中形成独立面貌。在提升消费者购买欲的同时又提高了企业的知名度。色彩作为一种视觉交流媒介，在人们的视觉对象中比其他形态更加具有吸引力。

（3）包装色彩的情感象征性　马克思曾说过："色彩的感觉是一般美感中最大众化的形式"，也就是说色彩能够带给人最普遍、最直接的情感体验。早在牛顿发现了色彩与光之间的关系之前，人们就已经发觉色彩能明显地影响人的心理感受并使之产生情感，于是人们便根据色彩属性与人自身的情感经验的结合，赋予了色彩象征性的含义。

色彩联想的抽象化包装设计在运用颜色方面大量依靠的是文化的作用。某种颜色总是与某种思想和感情相联系的。如果这种联系不断地被重复，那么它将会成为这种感情和思想的象征。在我们的文化中，通常红色与危险，蓝色与冷静，绿色与生长，黄色与阳光温暖联系在一起。了解这些影响对避免产生不良的视觉沟通尤为重要。色彩的销售力量，很大部分可以追溯到与各种色调有关的情感记忆上。运用颜色作为符号，传递某种意思和内涵。将情感与产品的内在实质沟通起来。无需借助语言，色彩能够传达出脆弱性、耐久性、新鲜度、科技感等概念。有些色彩能够传达相同的信息，有些则因为种族、地区或社会经济背景的不同而传达出不同的信号。色彩在不同种族人群、不同地域环境等诸多因素之间被赋予了丰富的内涵（图10-18）。

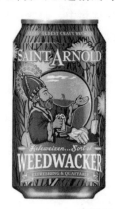

图 10-18　色彩的情感象征性示例

色彩表现的象征性可归纳成为两类：一种是象征具体事物，一种是象征抽象概念。

色彩对具体事物的象征，就是当人们看到某种颜色的时候，会想到与之相关的某些事物。在食品包装设计中，色彩与商品本身的性质有很深的内在联系。每一种商品因其性质的不同，在消费者的心中都有其特殊的含义，而运用于包装上的色彩则会直接对消费者的判断力造成影响。例如饮品包装中，橙色即是代表着橙汁；绿色代表的就是苹果汁；而黄色代表的则是柠檬汁。这些由色彩展开的联想，都是以人类生活的环境以及身边接触的自然物为出发点做出判断的。

色彩对抽象概念的象征，就是当人们看到某种颜色后，对此种颜色产生的脱离表象的、更深层次的联想。我们知道，象征是由联想并经过概念转换后的思维方式，往往是将具体的颜色和特定的心理愿望连接在一起，扩大了颜色在内心世界的"视觉功能"。在众多的心理颜色中，由象征和联想产生的色彩在人类历史上形成了特定的文化语言。此外，也会因身处地域环境的不同造成不同的心理感受。例如，在西方国家，象征新娘纯洁的婚纱是白色，在中国象征喜庆的新娘吉服则是红色。而且在中国白色被看做不吉利和哀伤的象征；在中世纪的欧洲，紫色被基督教看作极色的象征，是色彩世界至高无上的色彩。紫色还代表着冥想和神秘主义。印度人用白色的象或牛象征吉庆和神圣。在中国，象征忠义的颜色则是红色，而黄色则是历代皇家的专用颜色。

色彩的象征性往往依附于一定的形象，离开了特定的形象，象征意义就随之消失。此外，在不同的文化体系背景下，色彩所表达的意义也可能完全不同。因此，研究色彩的象征语意对包装的色彩设计具有重要的意义。

（4）包装色彩的宜人性　当下是一个崇尚个性的时代，凡销售的商品，想要赢得大市场，关键是必须使顾客对所选购商品有美感和信赖感。消费者往往青睐于包装设计形态美的商品，诸如颜色、形状、材质等。包装配色实践证实，凡能与消费者心理产生共鸣的色彩搭配，才是最易得到消费者接受和认可的。不断的实践探索证明了色彩在设计中的重要作用以及在应用设计中普遍意义和审美作用。因此色彩调和就有了一个与消费者审美需求相统一的问题。

爱美之心人皆有之，但是不同种族的人可能因为生活环境的不同，地域差异、年龄以及受教育程度等诸多因素的不同，而造成审美上的差异性。因此如果想要包装色彩能够引起消费者的共鸣感，就必须采取有针对性的设计。明确分清商品销售的主要消费群体。如果是针对儿童，那就要符合儿童的喜好，包装就要采取鲜艳明快、纯度高的颜色，由于对比强烈的色彩更易引起孩子的注意（图 10-19）。

图 10-19　包装色彩的宜人性示例

所以儿童食品的包装多数都是色彩丰富多样、醒目抢眼。如果是针对年轻群体的设计，色彩运用上更多讲求的是一种时尚感、简约感，色数的使用相对单纯，纯度跟明度也会减弱很多，当然色彩的运用也受到食品类型的限制。不同的食品包装有不同的色彩配置。人们对色彩的喜好还会因地域环境的差异显示出极大的不同。比如生活在沙漠地区的人喜欢绿色，生活在闹市区的人喜欢淡雅的颜色；生活在广阔的草原地区的人喜欢浓烈的色彩，因此色彩的运用必须与消费者审美需求相一致。

3. 色彩在金属包装中的存在方式

（1）设计色彩的配置原则

① 均衡原则。在色彩设计中，为了得到视觉上的协调效果，就必须把握均衡色彩调和原则。均衡即对称、平衡的意思。均衡的色彩调和原则形成的视觉效果既有均匀的严谨

性，又有平衡的自由度。我们知道，中国汉代的画像砖采用四方八位、米字格的装饰同样表现出均衡美的原则。在色彩表现中，采用均衡的色调具有平稳、完整、庄重、严谨、统一的机械美、秩序美。然而，过分的均衡感也会造成呆板、单调的不利效果。恰到好处的色彩配置就显得活泼、自由、富有生机（图10-20）。

图 10-20　色彩的配置示例

②同一性原则。色彩调和的同一性原则要求画面中的色相之间都带有同一的特性。例如，色相的同一倾向、色彩的同一明度、色彩面积对比的纯度接近、色彩构成的同一系统、色彩运用上的同一风格等等，在色彩调和原则的作用下，色彩配置的结果容易取得调和的感觉。从同一性的角度来看，能让色彩过分的对比得到适当的抑制，消除视觉上的杂乱感。

③呼应原则。色彩的呼应原则与色彩的对比紧密相连，只顾对比而不求呼应则会由于对比失度、悬殊过强而使画面失去平衡，最终导致各色块陷入孤立的境地。也就是说，要使色彩之间产生彼此呼应的效果，就必须从色相、明度、纯度、面积、虚实、大小等丰富的变化上进行呼应处理，使色彩画面在视觉上产生整体性的协调感。

④主次原则。一切事物协调的根源都建立在主次的原则之上。在设计中，色彩的运用必须根据其内容、图形、意境以及形式进行主次的划分。越是丰富细腻、复杂多变的色彩构图，就越需要为之分清主次。色彩的主次主要体现在色彩画面上的主导色、衬托色及点缀色的运用之中。

⑤节奏原则。色彩的节奏就是通过色相、明度、纯度、面积形状等视觉对比方法使之有秩序地保持连续的均衡间隔而获得。色彩的节奏感依赖于色彩的反复、渐变、运动等形式来达到。即是通过某一色彩组合的规律性的重复、层次性的变化、强烈明暗对比形成的节律感而产生的某种韵律。在色彩设计中把握节奏的原则能使视觉产生优美的效果。

⑥强度原则。强度原则就是按照色彩的审美需要，充分运用对色彩的加强或削弱，使色彩效果达到视觉所需要的理想结果的色彩审美原则。色彩和谐美感的产生需要有一定强度的对比才能达到，然而，这种对比的强度必须符合我们视觉刺激的舒适度，其色彩的整体效应才能受到和谐美的评价。因此，色彩设计时要尽量避免过强的对比给眼睛造成视觉疲劳而产生对色彩的反感心理；反之，如果色彩的配置过于柔弱，色彩在整体上的精神效果也会受到损伤。由此可见，色彩的强度原则只有放在一定的限度上才有实际的审美意义。

⑦时代原则。色彩的时代原则是在不断中推动着色彩审美的发展。色彩的时代原则要求我们关注时代对色彩的审美观，把时代对于色彩的调和观念运用到色彩调和的实践中去，使色彩设计的视觉效果真正符合时代审美的理想。

（2）对比色的运用　色彩对比的存在是绝对的，这是因为任何色彩本身已经包含了与生俱来的天性。人们对色彩冷暖属性的感觉体验主要来自于色相，而色彩的明度是决定色彩重量感的主要因素。颜色越浅的在心理上显得越轻，相反颜色越重的在心理上就显得越沉。食品包装中的色彩设计方法有很多，如冷暖对比、纯度对比、补色对比、色彩面积对比等等（图10-21）。冷暖对比通常指的都是色相明确的色彩间的对比，这样才能产生强烈的对比效果，让人们更为清晰地感受到色彩的冷暖属性。在所有的视觉色彩结构中，冷暖对比是最有影响力的色彩结构形式之一。它可以通过色彩并置时强烈的"落差"对比，让色彩相互变得更为显著、耀眼。纯度对比，给人视觉以温和、波动小的特点。当然，色彩对比类型随着人们的需求和创造力的不断产生，还可以从设计作品的构成角度、新材

图 10-21　对比色运用示例

料、新技术等角度去分类。

图 10-22　调和色的
运用示例

（3）调和色的运用　所谓调和色就是在不改变色相的情况下，降低色彩本身的饱和度，或是提高、降低明度。使原色彩的鲜艳度下降。例如：玫瑰红、中国红、杜鹃色都是红色，但却因纯度和明度的不同被明确的标注了名称，这种近似色、同类色就被称为调和色。东方的审美观充分地体现在包装设计上，对于雅致和品位的追求非常明显。如图10-22所示为亚麻油的包装，整个包装以蓝色为主色调展开，色彩非常雅致；色调表现出清澈的感觉，总体感觉清洁而典雅、品位独特。

三、金属包装设计赏析

金属材料印刷性能好，外观图案鲜艳美观、引人注目。金属容器可根据不同需要制成各种形状，如圆形、椭圆形、方形、马蹄形、梯形等，既满足了不同产品的包装需要，又使得包装容器更具多样性和促销性。纵观国内目前的金属包装样式，却仍以单一圆柱罐为主，这与国外众多的异形罐、浮雕罐、轻质罐、安全保险罐、粘贴易开罐等样式丰富的产品存在很大反差。另外，引进的多、具有自主知识产权的少，使我国金属包装业的可持续发展能力受到制约。国外的金属包装多崇尚创新与拓展，而国内的则相对传统和保守了些。

金属包装按照最终产品的应用特性，可以分为如下三大类：

（1）储藏包装　主要以用铁罐装的大容量包装为主，或是用于出口的原料包装，或是用于二次加工的产品包装，以作运输周转之用。这类金属罐对于装潢设计方面的要求较低，主要是需要印刷上一些必须的运输标识（图10-23）。

（2）促销包装　顾名思义，就是摆放在超市货架上，供消费者选购的商品包装。而这类包装为了吸引消费者的注意，常常都拥有一张漂亮的"脸蛋"，让人们可以通过包装样式或色彩与其他商品区分开，而吸引消费者的前提是使其获得美的感受。如这款125mL空气清新剂异形罐，自推出以来，其可爱的圆润的造型以及靓丽的色彩都使其十分出众，外观模仿橘子的造型及肌理，让人仿佛就像拿着一个橘子（图10-24）。

图 10-23 储藏包装示例

图 10-24 空气清新剂异形罐

图 10-25 装饰包装示例

（3）装饰包装 如现在很多糖果的铁罐包装就属于这一类。除了要具有良好的包装外表以外，更重要的是具有装潢的特性。如作为礼品赠送的糖果包装需要表现出贵重、和谐的特质；而作为有特殊意义的纪念品的包装就需要从外型、色彩上表现其与众不同之处；如在各种节假日上市的商品，其包装不仅要与节日喜庆、祥和的气氛呼应，更要能表现出该包装的礼品趋向（图 10-25）。

四、金属包装的设计理念

金属包装设计理念主要从环保性、人性化和文化价值观三方面考虑。

1. 环保性

现在，越来越多的消费者在购买琳琅满目的商品时，除了注意那些更方便、更安全、更多样的包装以外，另一大关注就是这些商品的"外衣"是否会给环境带来污染，可见人们对"绿色包装"的应用概念正在走向清晰化。而金属包装的材质可降解，也可再次利用。另一个重要优势是，在包装链中，金属包装因其高档的材质和精美的装潢质量，体现出了特有的贵重感。所以在使用完毕后，还可以将空罐作为其他用途，如茶叶盒、文具盒、存钱罐、甚至是礼品盒等，重复利用的价值很大。如上海申丰的 9 盒装巧克力"日/夜上海"，采用扁平装的造型设计，内装的每块巧克力也是扁平形，在糖果食用后，金属包装也可作为文具盒，很有纪念意义（图 10-26）。

2. 人性化

人性化，就是"以人为本"。体现在金属包装上，即表现为便于携带、拿取、存放，易于开启和运输，同时，降低包装的成本，突出"更小、更薄和更经济"的特点。文化价

图 10-26 盒装巧克力

值观，这也是金属包装能够带给内容物的与众不同之处，金属包装历来有质地厚重、装饰辉煌之感，表现在糖果的礼盒包装上更是如此。有些糖果，采用套盒的包装形式，使其在货架上呈现出系列产品的齐整，具有极强的视觉冲击力。现在国内金属包装的礼盒装，以为各种节日、庆典、纪念活动推出为主。糖果的金属包装，除了有保护和储存、美化与宣传之功能外，还要体现出内容物的贵重和美味之感，具有"传情达礼"的功效。

就糖果包装的礼品化而言，多以增强包装货架视觉冲击力和便利性为重点，同时，还要减少资源消耗和提高产品的回收利用，因此，一些创新的材料技术、印刷技术、焊接制罐技术，开盖技术等应运而生。

3. 功能性、个性化

现在的金属包装越来越多地提倡减量化设计、节省成本以及便携、易于开启等符合人体工程学的结构设计。如人持握的感觉更舒适、更人性化，推出更适合老人、儿童的包装结构设计。此外，不同的包装要以不同的卖点吸引购买者，通过个性化的包装设计，结合多感官的印刷效果，如采用凹凸不平、有极强手感的容器，如使印铁产品色彩鲜艳、立体感强的高保真、高清晰印刷技术和镭射印刷技术，都可以使金属包装展现出多彩的魅力。如在节日期间推出的特装商品，要能通过特殊的包装设计和装潢工艺体现出深厚的文化内涵。

4. 绿色包装

金属包装制造业始终面临着非常大的资源压力和环境压力，同时应对于生产厂家和消费者对过度包装的排斥，现在的包材都在向轻质、省料、减少资源消耗的方向发展。金属包装在满足促销需求的同时，也需要不断与环境资源利用及降低资源消耗相协调，满足 4R～1D 原则，即 Reduce（包装减量），Reuse（包装再利用），Recycle（包装回收再生），Recover（新价值），Degradable（包装材料可降解），以及包装生命周期评价法（LCA），按照减少环境污染和节约自然资源要求，积极发展绿色包装的设计理念。

5. 促销功能

促销功能是未来包装设计的主流，以客户需求为导向，以促进销售为目标，使包装向保护性、功能性、装饰性、便利性四位一体的方向发展。以提升货架视觉冲击力为重点，从单一的标准罐生产发展到更为多样的异形罐生产；从普通制造向精致、精益时尚化制造转变，更加适应包装市场和消费需求的快速变化。

总之，无论什么场合，金属包装都应该表现出与其他包装样式，如纸质、塑料、玻璃等材质不同的特有气质，带来别样的视觉冲击力和感观效果。随着国民生活品质的提高，人们对金属包装的储藏意识在逐渐弱化，对金属包装的装饰性需求却是越来越高。

五、金属表面色彩的呈现特点和工艺要求

马口铁等金属表面呈银白（或黄色），有金属光泽，而印刷的油墨是透明的，这些金属光泽和表面颜色，会参与呈色效果。这样，如果不涂布底色，很难达到设计的呈色效果。因此，在金属表面印刷彩色图文之前，需要把表面印白，这种涂布称为打底（Coating）。其目的是马口铁等金属表面要表现出四色印刷效果，必须是在白色基础上，使能完整呈现印刷效果（如纸类印刷般），故须在金属表面上，加涂白磁涂料作底。透明印刷则以白墨打底，受油墨覆盖能力的限制，往往需经 2~3 次印白，其白度可达 75%，白度是印铁等金属产品质量的重要指标。

印铁等金属的白墨具有与底漆的良好结合力，经多次高温烘烤不泛黄、耐高温蒸煮都不走色。对马口铁进行涂底漆，可以增加与马口铁的附着力，对白墨有良好的结合力。马口铁印刷的彩色油墨，除了应具备一定程度的抗水性能之外，还需有其特殊的要求。由于马口铁表面不渗透水分和溶剂，需要经过烘烤干燥，故而其油墨应为热固化型。对颜料的着色力和耐久性要求较高。印铁油墨除了一般胶印油墨的基本性能外，根据印铁的特点还应具有耐热性、墨膜附着力强、耐冲击、坚硬性好、耐蒸煮和耐光等特点。常用的底漆是环氧胺基型，具有色浅、经多次烘烤不泛黄、不老化的特点和柔性好、耐冲击的工艺性能。

第二节　金属三片罐的印涂

一、金属板胶印工艺

单张金属板印刷的生产工艺流程如图 10-27 所示。首先，为了实现金属板的印刷效果，在印刷前必须要对金展板进行除尘、去皱及涂布处理，金属板印刷后还需进行涂布上光，最后，通过加工成型手段制成所需的金属容器。

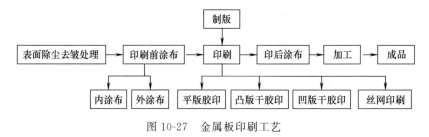

图 10-27　金属板印刷工艺

1. 表面除尘去皱处理

在涂布和印刷前要对金属板表面进行除尘去皱处理，主要目的有：①为保证涂布和印刷的效果，必须清除金属表面的油脂和尘土等杂质；②使金属表面具有良好的平滑度。其

主要设备有除尘机、除皱机和烘炉。

2. 印刷前涂布

涂布是在金属表面涂布底色的工艺，涂布印刷的单张马口铁可加工成食品罐、饮料罐等。涂布工艺分为内涂布和外涂布。

（1）内涂布　内涂布是在金属罐内表面涂布的方式。内涂布的涂料将金属罐与内装物隔开，其主要目的是防止金属容器内层与内容物互相反应腐蚀，从而提高内容物的存放时间。由于内涂料是直接与食品、药品、化工产品等物质接触的，因此它除具有耐酸、耐溶剂、耐脂肪耐蛋白质、耐化工原料等不同性能外，还必须无毒、无味，不与所装物品发生化学反应。目前常用的合成树脂类内涂料，是以环氧树脂为主要成分，具有良好的抗化学性、柔韧性和附着力，已成为涂料行业的主要产品之一。

（2）外涂布　外涂布是指对金属罐的外表面进行的涂布。外涂布的主要目的有：①提高油墨在金属表面的附着性，改善金属的印刷适性。由于金属是硬质承印物，对油墨的吸附性较差，直接将油墨印刷在金属表面很难达到牢固的附着，为改善油墨的附着性能，可以使用浅色的底漆对金属外表面先均匀涂布，然后再印刷。②提高金属制品的机械性能。印刷后的金属板在罐成型加工过程中，会受到弯、折、压、卷等外力的冲击，通过涂布底漆，可以提高金属制品的机械性能。

常用的底漆多为环氧胺基类化合物，具有颜色浅，柔性好，多次烘烤不变形、不变色、耐冲击等特点。为提高色彩的再现性，底漆之上还需要印刷一次或两次白，以达到印刷所需要的白度。

（3）涂布工艺及设备　金属板的涂布通常是在涂布机上完成，其工作原理如图 10-28（a）所示。载料辊和传料辊将涂料转移到涂布辊上，当金属板经过涂布辊和刮料辊之间时，涂布辊将涂料转移到金属板上。对于单张金属板来说，金属板按一定时间间隔传送，而且金属板之间有一定间隔，在间隔时间段内涂布辊和刮料辊将会接触，涂料将沾到刮料辊上，会造成金属板背面的蹭脏，故使用刮料刀通过增湿辊将涂料回收，避免蹭脏现象的发生。对于卷料金属板来说，则可以进行双面涂布，如图 10-28（b）所示。金属板两面可以分别涂布不同的涂料，以满足内外同时涂布的要求，此时只需要将刮料辊换成涂布辊即可，并去除刮料刀。

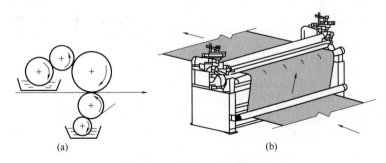

图 10-28　涂布机工作原理图

（a）涂布机工作原理　（b）卷料金属板双面涂布机

由于涂布机的滚筒排列与胶印机的核心滚筒排列类似，在图 10-28（a）中，如果是印刷机，传料辊应该是印版滚筒，涂布辊应该是橡皮布滚筒，而橡皮布滚筒与涂布机上涂料辊的性能基本一致。因此，可以将现有的多色胶印机的某一色组进行改造，将印版滚筒换成一般传料辊，在墨槽中加入涂料，即可以在印刷机上完成金属板的涂布。通过这种方法可以降低设备成本、节约占地面积并提高生产效率。

在金属的涂布工序中，涂料和涂布辊的性能是决定涂布质量的关键。首先，金属印前使用的涂料包括内壁涂料、打底涂料、白色涂料等，对于内壁涂料来说，由于其直接与食品接触，要求涂料必须无毒、无味，内涂后应在干燥器中进行干燥。打底涂料用于金属表面与油墨起到连接作用，是金属和油墨之间的一层涂料，其作用是使涂膜牢固地附着于金属表面上，并能和油墨结合良好，因此，对于打底涂料要求对白色涂料或油墨具有良好的亲油性并对金属有牢固的附着；具有良好的流平性，适宜的热固化性和较好的柔韧性；具有良好的抗水性；色泽要浅，干燥成膜后泛黄性小。对于白色涂料来说，常作为印刷满版图文的底色使用，应具有良好的附着性和白度，并在高温烘烤的条件下不泛黄、不褪色，所有涂料都应符合环保要求，涂料选用合理对金属印刷产品的牢固度、色彩鲜艳度、白度、光泽度以及机械加工适性等方面都会起到重要的作用。其次，为了得到一定的涂层厚度和涂膜的均匀性，除了将涂料保持一定的黏度及不挥发性外，涂布辊的表面硬度应符合规定要求。目前，金属印刷所使用的涂布辊一般为合成橡胶辊，其具有抗拉抗撕裂、耐磨耐腐蚀、对涂料的黏附性好、有一定膨润性的特点，是涂布辊的主要使用材料。

3. 制版

制版工艺必须与所选的印刷方式相匹配，适合金属板的印刷方式有平版胶印、凸版干胶印、凹版胶印及丝网印刷等。若采用凸版干胶印方式，可采用感光性树脂凸版进行印刷，不能使用连晒机制版，大幅面的阴图采用专用曝光机进行曝光制版。若采用平版胶印方式，其制版工艺除了满足一般 PS 版制版工艺要求外，还应注意以下几点：

① 网点的选用。选用链形网点有利于金属印刷的阶调再现。

② 加网线数的选用。根据金属印刷的色调传递情况，其加网线数不宜选用过高，一般应控制在 120～133L/in 范围内。

③ 色数的确定。尽量选用标准三原色工艺，避免多色版的专色、辅助色。

④ 白版的使用。使用白版时，在白版与金版的结合部分，二者之间应压一线，即往外扩充一线，防止在印刷过程中露出铁边。

4. 印刷

金属板承印材料与纸张等相比，它属于硬质材料，故要求印刷时，直接和金属接触的印版或间接转移图文的滚筒表面应具有一定的柔弹性，以弥补刚性材料印刷适性的不足，其印刷方式有平版胶印、凹版胶印、凸版胶印和丝网印刷等，其中胶印是金属板印刷的主要方式。

（1）平版胶印　金属板平版胶印和普通的平版胶印原理并无两样，即利用平版胶印的水墨相斥原理借助印刷压力将印版上的图文信息转移到橡皮布滚筒上，再经橡皮布滚筒转移到承印物上。但在油墨和印刷设备的使用上应根据金属承印物的特殊性来合理选择。金属印刷油墨是以干性树脂为基料，特种颜料为主体的悬浮状物质，属于一种印刷在马口铁和其他金属材料上的特殊高黏度油墨。金属材料属于非吸收性表面，不能渗透，版面上的润湿水过多容易产生油墨的乳化和网点增大等现象，故印刷过程中需要精确控制版面上水膜的厚度和着墨量。

单张金属胶印设备主要由进料系统、定位机构、印刷装置、输墨装置、润湿装置、传动机构等组成，下面针对金属印刷对各个部件的特殊需要进行分析。

① 进料系统。金属印刷机自动进料系统由进料机和链条输送组成，主要作用是分离马口铁并准确地输送到定位机构进行定位，进料机的结构形式与一般的给纸机基本相同，由于金属板的比重与厚度都高于纸张，所以无论是分料吸嘴，还是送料吸嘴，都应选用大型的结构形式，以保证用强力将板料吸起。板料的分离装置除选用大型的分料吸嘴外，一般在堆料后侧右上方增设磁铁，利用磁铁的磁力先将堆料最上面的 2～3 张金属板吸起，以便于板料的分离。

② 定位机构。金属印刷机的定位机构包括推进器、前规、侧规和缓冲装置。其主要作用是在印张进入印刷系统套印之前对其做轴向和径向定位，以保证每一套色的十字线的准确叠合。一般产品的套印误差不能大于 0.2mm。

③ 输墨装置和润湿装置。金属胶印设备的输墨装置和润湿装置与普通胶印一样。输墨装置由供墨、匀墨和着墨三部分组成，主要是将印刷油墨均匀适量地转移到印版上。润湿装置则由供水、匀水和着水组成，主要是供给印版非图文部分合适的润湿液，以保证空白部分不沾油墨。

④ 印刷装置。金属板平版印刷机的印刷装置由印版滚筒、橡皮布滚筒和压印滚筒组成，如图 10-29 所示。在金属板平版胶印中，为了避免金属印刷品上产生网点变大，保证网点的再现性，金属板平版胶印机的印刷部件应该具有足够的刚度和精度，并严格控制滚筒的包衬尺寸。故金属平版印刷设备中应该选用硬型橡皮布滚筒布和硬式衬垫。

图 10-29　金属平版胶印

⑤ 印刷压力。金属板印刷过程中，影响印刷压力的因素有多种，如马口铁的厚度和平整度、金属印刷速度、产品的质量要求、橡皮布厚度和弹性等。调节印刷压力时，应注意印刷压力的调节必须掌握在衬垫材料受压后允许的最小限度变形，根据金属印刷品的特点来调节，一般情况下，印刷实地金属产品时，为了使印迹更加结实一些，压力可以调节稍大些；而印刷网线金属产品时，为避免网点的丢失和增大，应根据印刷设备和印刷条件做到标准化的控制和管理。

（2）凹版胶印　凹版胶印中免去了平版胶印中对印版的润湿环节，即印刷过程中不需要上水，因此，不存在水墨平衡的问题。凹版胶印印刷设备的印刷单元如图 10-30 所示，

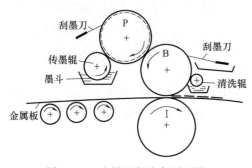

图 10-30　金属凹版胶印原理图

由凹印版滚筒、橡皮布滚筒和压印滚筒组成，与普通的凹版相比，橡皮布滚筒的存在大大提高了油墨在金属表面的附着性能。在凹版胶印中，印版的图文部分低于空白部分，印刷时，先给印版上墨，再使用刮墨刀刮掉空白部分的油墨，然后在压力的作用下将图文部分的油墨转移到橡皮布滚筒上，再由橡皮布滚筒将油墨转移到金属板上。

（3）凸版胶印　凸版胶印方式采用了凸版印版，相比凸版印刷，在印刷单元增加了橡皮布滚筒，提高了油墨在金属表面的附着性能，而相比普通胶印，免去了润版液的使用，提高了金属印刷品的光泽度，同时有利于墨层的干燥。

（4）丝网印刷　金属板丝网印刷时，在进行正式印刷之前，要用一张不起黏的铜版纸试印，检查图文是否有欠缺，刮刀刃是否平直，网距是否合适，墨色是否均匀，试印 2～3 次，待网吃墨均匀后再正式印刷。

印刷时，印刷网距一般控制在 6～10mm，视网框大小而定。油墨的黏度、流动度和细度分别控制在 4～5Pa·s、30～50mm 和 15μm。连续图文可用大刮板一次刮印完，对分开的图文，可以用各种规格的小刮板局部印刷。全部印完后再抬网。小面积易获得平整的表面，印后字迹饱满，不会出现深浅不一的现象。平面金属丝网印刷一般采用蒸发干燥方式，即采用烘干箱进行干燥，烘干温度一般在 100～160℃为宜。浅红、浅蓝墨易褪色，干燥温度要控制在 110℃以下。

5. 印后涂布

金属板的印后涂布工艺是在印刷后的金属板表面加印一层罩光油的工艺，也称上光工艺。主要是为了增加金属印刷产品的色彩鲜艳度，提高金属表面金属光泽，增加墨层的强度，从而提高商品自身价值。印后涂布的原理及所使用的设备与前面讲的印刷前涂布相同，在此不再赘述。

印后涂布常用的光油有两种类型：一种是有机溶剂型罩光油，具有光亮、美观、牢固等优点，但这类光油是以芳烃类作为主溶剂，挥发性强、易燃易爆、有一定毒性、环保性差，因此不适合在食品包装、药品包装、饮料包装等领域使用。另一种是水性罩光油，水性罩光油用水代替或部分代替有机溶剂，增加一定的助剂和连结料，使其除了具有罩光油的基本属性外，还具备清洁、无毒、环保、耐烘烤的特点，拓宽了金属印刷品的应用领域。

6. 加工

金属板印刷之后，根据金属板的不同用途进行加工，若是用于标牌、面板等平板装的装饰品，则只需要裁切成所需尺寸即可；若用于金属罐等，还需要进行成罐工序制成金属包装容器。

二、三片罐的内涂和补涂

镀锡板和镀铬板一般用于生产小型容器，在生产之前先进行印铁，对于食品包装容器，一般需要内外印刷。印刷时，为了不会因为涂料的原因影响焊缝的焊接质量，所以一般都会在罐身搭接部位留空，即不印涂料。缝焊后，焊缝处既没有镀层，也没有涂层，内焊缝直接与内容物接触易锈蚀，特别是经高温加工和含酸、硫较高的长期保存的食品，对内保护层会有更严格的要求，所以必须对焊缝进行补涂。

补涂设备就是给焊缝涂上一层既无损于内容物又能抵抗腐蚀的保护层的设备。补涂机一般由罐身输送系统和补涂系统组成。罐身输送系统一般有两条磁性传送带，可连续、平稳、准确地将焊后罐身送入、送出补涂区域。

1. 内补涂机

内补涂机是对罐身焊缝内表面进行补涂的设备，常见的有以下几种形式：

（1）滚涂　补涂电机经蜗杆箱减速，驱动沾有适量涂料的补涂轮旋转，罐身通过该装置时，将涂料涂覆在内焊缝上，并可通过调节补涂轮转速，使补涂轮速度与罐身速度相一致，涂层厚度可以微调，涂料液位自动控制。滚涂形式具有成本低、涂膜厚的特点，但对焊缝质量、罐身形状的要求高，且需要较长的烘干时间，烘干时容易起泡。

（2）有气喷涂　它是将涂料混合在雾化的压缩空气中喷到罐子上，其喷涂过程是连续的。特点是：涂膜薄，但保护效果好。由于喷涂过程中混有空气，可驱除掉大量的溶剂，对焊缝质量、罐身形状无特别要求，固体含量较低。由于连续喷涂，涂料消耗量大，对环境污染较重。

（3）无气喷涂　涂料不混空气，利用高压通过小管道，经过加热器以保持稳定的黏度，送至喷涂区域。在喷涂过程中，当有罐身经过喷嘴时，传感器发出信号便喷涂料，无罐时便自动停止。与有气喷涂相比，涂膜厚，保护效果较好。

（4）粉末喷涂　从给料方式上分，有真空低压输送和气流喷射输送两种。给料系统将具有抗蚀性能的高分子粉末材料连续不断地由焊机下臂上的管道送到喷涂区域，在喷口附近受到高压静电的作用而带电，喷头将带电粉末喷射并使其吸附在内焊缝上，形成连续的补涂带，经过加热熔化后成为保护膜。其最大的优点是不加任何溶剂，涂膜固化厚度大，抗腐蚀能力强，固化时间短，对焊缝质量无特别要求，保护效果非常好，但涂料价格较贵。

2. 外补涂系统

外补涂系统是对罐身焊缝外表面进行补涂的装置，常见的有滚涂和刷涂两种形式。

（1）滚涂　电机经减速驱动沾有适量涂料的外涂轮旋转，罐身通过时，在外焊缝上涂覆一层透明而厚度适当的涂层。罐身输送速度与补涂速度分别可调。

（2）刷涂　当罐身通过时，用固定的刷子将料刷涂在焊缝外表面。该装置结构简单，但刷子易脱毛，影响罐身的外观。

3. 烘干设备

补涂在罐身上的涂料须经过加热固化，才能使溶剂挥发，令各单体得以聚合，获得抗腐蚀性能。特别是经高温杀菌的食品，其固化要求更高。固化时罐身表面的温度不得高于锡熔点，涂层否则有起泡或烧焦的现象，固化时间必须充分。烘干设备由罐身输送系统和加热系统组成。输送系统一般采用链条、钢带或皮带等，借助于磁力的吸附作用，将身送入、送出加热区，输送系统分为直线输送和环形输送，环形输送节约占地面积。

常见烘干设备有以下几种：

① 红外加热烘干机。用红外线对涂料加热固化，这种方法温度控制困难，易出现烘烤不干、烧焦、产生气泡等现象，加热功率大，耗电量高。

② 电热空气加热烘干机。用风将空气吹过电阻加热元件，形成热空气，再吹到罐身的焊缝处，防止表层涂料迅速固化，内部溶剂蒸发不出而产生气泡，要求炉温随输送线逐渐升高，每只炉子的炉温可单独控制，容易实现炉温由低逐渐升高的要求。

③ 燃气热空气加热烘干机。将天然气、煤气等可燃气体和空气混合，然后通过管道网路分送各个燃烧器，同时送入空气以调节温度，加热系统一般可自动点燃和监控。

④ 感应加热烘干机。靠金属罐身在高频交流时磁场中产生的感应电流加热。罐身的温度取决罐身和线圈间的距离，通过调节此距离，可获得适当的罐身温度，感应线圈随罐

身形状的变化而变化。其特点是：涂料的加热由内到外，有利于内部溶剂的蒸发，对环境温度影响小，但对罐身形状适应应较差。

第三节 金属两片罐的印涂

一、凸版胶印工艺

两片罐的罐底和罐身使用整块金属薄板冲压拉拔而成，罐盖由另一片金属薄板单独成型，故两片罐实际上有两块金属板制作而成，罐身没有任何接缝，形状多以圆柱形出现。两片罐整个生产流程示意图如图10-31所示，大致可分为成型、表面处理、涂装和印刷等工序，其自动化生产线较完善，涂装和印刷属于自动化生产线的组成部分。

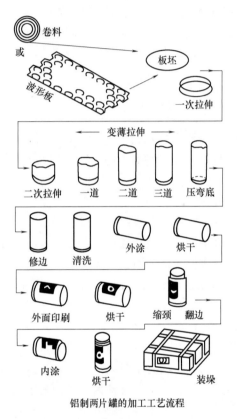

图 10-31 铝制两片罐的加工工艺流程

为了满足两片罐高速生产的要求，一般选用凸版胶印的印刷方式，其在自动生产线上的结构如图10-32所示，圆柱形金属罐通过星形轮的转动顺利输送到流水线，在印刷区域，印版为凸版，滚筒有4个或6个，可实现四色或六色印刷，凸版上的油墨先转移到橡皮布滚筒上，由橡皮布转盘引出的传动皮带带动芯轴上的金属罐与橡皮布以同一线速度共同对滚，完成橡皮布滚筒向金属罐表面的图文转移。印刷完成后，对罐的表面有一个上光处理，可以提高油墨的牢度并提高罐体表面的光泽度。最后由输出装置输出金属罐。从图10-32中，可以发现在这个印刷系统中四个印版共用一个橡皮布滚筒，而普通的胶印机上每个印版都有自己的橡皮布滚筒；金属罐凸版胶印单元的橡皮布转盘由8块扇形区组成，每个扇形面上有不同位置的画线，作为不同上墨系统在橡皮转盘上安装的定位所需，保证各色图案在橡皮布有固定的套印位置。金属软管的印刷亦采用凸版胶印的方式。

二、两片罐的内涂

两片罐的外涂、底涂、彩印、内涂及烘干是在同一生产线上完成的。经过清洗烘干后的素白罐通过传送到彩印机的芯轴上，进行胶版印刷；彩印后的罐外表面，再涂上一层清漆，以防锈蚀。经过印刷、外涂和底涂的罐都要进入烘干机，使涂膜固化。

两片罐的内喷涂是一道在喷涂机中进行的关键工序。为保证罐内生成的保护膜均匀，喷涂中，罐体高速自转，喷枪喷涂每罐期间，罐身至少要旋转3周，以减少涂层分布的差别。喷涂时，罐的温度不能过高，否则会引起"热罐"问题，易造成局部金属外露。

在铝制两片罐的内壁涂装中，喷嘴的质量、喷枪的位置调整以及罐的转速是影响涂装质量的主要因素。

喷枪的位置调整（图 10-33）主要指喷枪的角度，即喷嘴中心线与罐轴线的夹角 A，喷枪的距离即喷嘴与罐口的距离 B，喷嘴的高度即喷嘴中心到罐壁下底线的距离 C。一般情况下，喷枪角度 A 为 $12°\sim35°$，喷枪距离 B 为 $15\sim35\mathrm{mm}$，喷枪高度 C 为 $15\sim50\mathrm{mm}$。

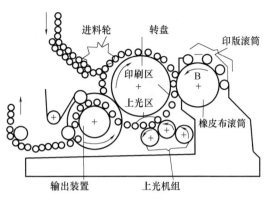

图 10-32　两片罐生产线上印刷单元结构示意图

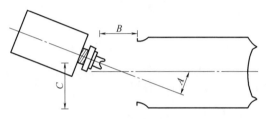

图 10-33　两片罐内涂喷枪位置示意图

A—喷枪角度；B—喷枪距离；C—喷枪高度

罐的转速对涂料的分布相当重要，转速低易内侧无涂料覆盖。一般控制在 $2000\sim2400\mathrm{r/min}$，最佳为 $2200\mathrm{r/min}$。

内喷涂后的两片罐，随机进入内喷涂烘干阶段，内烘干炉分两个区域，使内涂层中的溶剂和水蒸发是在第一区域，经第二个区域的烘干，涂层中的聚合物固化，形成内涂膜。

两片罐内涂膜的质量要求一般要通过罐体内涂膜完整性试验、内涂膜巴氏杀菌试验和内涂膜附着力试验。

罐体内涂膜完整性试验是使用读数为 $0.5\mathrm{mA}$ 的内涂膜完整性测量仪，在罐内加入电解液，液面距罐 $3\mathrm{mm}$，读取第 4 秒的电流值。电解液是用 $1000\mathrm{ml}$ 的 1%氯化钠溶液和 $4\mathrm{ml}$ 的 5%二辛基丁二酸酯磺酸钠混合而成。

内涂膜巴氏杀菌试验是使用恒温水浴箱，将两片罐试样放入温度为 $(68\pm2)℃$的蒸馏水中，恒温 $30\mathrm{min}$ 后取出，检查内涂膜有无变色、起泡、脱落等现象。

内涂膜附着力试验是用单面刀片在涂层表面划出长为 $15\mathrm{mm}$，间距为 $2\mathrm{mm}$ 的 6 道平行划痕，然后转 $90°$，用同样的方法划割正方格，划痕要齐直，并且完全割穿内涂膜，在方格上紧贴宽度为 $15\mathrm{mm}$、黏结力为 $(15\pm2)\mathrm{g/mm}$ 的胶黏带，快速从涂膜上撕下，检查涂层有无脱落。

三、金属覆膜板

金属板覆膜技术是把塑料膜和金属板通过高温热压，将膜贴在金属板上的加工技术。覆膜技术在 1977 年诞生于日本，最初用于制罐，可代替内涂、外涂技术，到现在为止已发至到了建材内外装饰装修、家电、汽车等多个领域。覆膜加工由于不使用黏着剂、溶剂，所以不含甲醛，且塑料膜可经过美化装饰、抗菌、防染等处理，确保了人体的安全和健康，同时又起到了环保的作用。

应用于制罐行业的覆膜板，俗称为覆膜铁（Laminated Steel），是采用 PP 薄膜与马口铁进行复合而成。传统的金属罐内侧都必须经过涂装加工，而涂装方法所含有的物质，对人体和环境都会产生有害影响，尤其是食用罐头，现在的处理方法是在罐的内壁采用树脂进行涂装。但是，因这种涂装工艺所使用的涂料里面含有环境激素的有害物质——双酚A类（Bis-phenol A）物质，这是一种国际公认的环境激素，而且可能出现溶出的问题，一旦溶出超标，会对人体产生不良影响。且这个问题导致的严重后果已经引起国内外的重视。

金属板覆膜技术的诞生，是金属罐生产的革命性进步。随着它的广泛应用，传统金属罐生产工艺和技术将得到颠覆，生产率、生产成本、清洁卫生、环境保护等各个方面也都将前进一大步。

1. 金属覆膜板的性能和特点

（1）覆膜板的特点

覆膜板是比传统印涂马口铁更具优良的耐深冲、耐磨、耐腐蚀和装饰性等特点的一种兼有高分子树脂薄膜和金属板材双重特点的金属材料。这一特点决定了覆膜板可以使用冷轧板作为基材，快速与套印精确的印刷薄膜复合，因此，覆膜板大大降低了材料成本。

（2）覆膜板具有优良的性能

① 覆膜板的耐腐蚀、抗锈蚀等特性，是涂料板不能比拟的。因为是塑料薄膜的复合板，所以涂料板存在耐腐蚀性和附着力的矛盾，对于覆膜板而言就是轻易解决了，这对于西红柿罐、两片罐等食品罐来说，覆膜板是理想的材料。

② 覆膜板外观光洁、爽滑、装饰性好、手感好。

③ 覆膜板化学稳定性好、耐候性能好、耐老化，可以适应恶劣的环境而不会发生脱落和锈蚀。

④ 覆膜板加工性能优良，耐深冲、耐磨，在加工中不易破损。由于其表面爽滑，有润滑作用，在金属罐的加工中更易成型。

（3）覆膜板材料成本更低

① 由于覆膜板是一种兼有塑料薄膜和金属板材双重特点的金属材料，因此，一般情况下，不必用马口铁作为基材去生产覆膜板。采用冷轧板覆膜，其成本优势是显而易见的。

② 覆膜板的生产使用的是卷板连续高速的生产流水线，与传统的印铁工艺相比，生产速度快3倍。

③ 覆膜板的生产工艺，由于印刷塑料膜和覆膜均可一次完成，因此与传统印铁工艺相比，具有能耗低、速度快、用料少的特点。

④ 金属板覆膜设备操作简单、维护方便。传统的马口铁印刷涂装全靠技术操作人员的经验来控制各道工艺，而覆膜板生产工艺和设备简单，生产全过程都有自动控制，操作维修方便，不需特别专业培训就能掌握生产和维护技术。

⑤ 与传统的马口铁印刷涂装相比，设备更少，投资更小，占地面积更小，使用工人更少，从而节省了大量的设备投资和人力成本。

（4）环保、节能和卫生

① 覆膜板的生产是无溶剂和废气排出的，也不需要涂料烘干，对环境的污染更少，对能源的节约也是非常明显的。

② 由于覆膜板不采用化学涂料和油墨，而是采用塑料薄膜进行热复合，所以覆膜板

不含对人体有害的各种化学物质。不使用黏着剂、溶剂，确保了人体健康、安全，解决了环境激素、挥发性有机化合物的问题。

③ 不含酞酸、苯二甲酸酯类等有害物质，能以再生资源充分使用。在制造时减少二氧化碳的产生，资源再生时不产生二噁英。废覆膜铁罐作为铁资源再利用，回收率100%，膜与铁一起回收再利用处理时，因加热，膜燃烧变成了水和 CO_2，这一部分转化为天然气，作为铁加热时的动力能源来利用。废膜也可作为再生资源而利用。

2. 金属板覆膜工艺

(1) 覆膜板的材料

① 覆膜板的基材。可用作覆膜板的基材非常广泛，有镀锡薄钢板、镀铬薄钢板、冷轧薄钢板、铝板、不锈钢板、铜板等。

② 复合薄膜。根据不同的使用要求，复合薄膜的材料也非常广泛，有 PP、PE、PET、尼龙、布、激光膜和纸等。

一般采用 PP 膜用于罐体内侧，膜的颜色有透明和白色等。因为采用 PP 白膜，已经通过了美国 FDA 的鉴定标准：TFS/PP、130oC/60min，专用于食品罐的内壁。

为了满足制罐要求，目前加工中多采用的聚丙烯薄膜，其伸缩性和耐热性都经过严格设计检测，具有很强的抗破坏性能。基于对安全的首要考虑选用不含添加剂的可塑剂，它不含 Bis-phenolA（罐内涂料含有的双酚类物质）和 Phthalic acid ester（塑料可塑剂含有的邻苯二酸甲酯类），以上两者均为国际公认危害生殖功能的物质，并且聚丙烯燃烧只生产水和 CO_2，不产生二噁英（严重危害皮肤和肝脏的物质），基于上述特点，产品回收后可以直接再生利用。

(2) 金属板覆膜工艺

金属板覆膜方法，就是把金属薄板先经过表面预处理后，在复合机上与塑料薄膜进行热压复合而成。图 10-34 为覆膜板生产工艺过程图。

① 金属板表面处理。为了复合薄膜与金属板复合牢固，必须先对金属板表面进行预处理，即除去表面的油污和杂物。对于马口铁，由于表面比较清洁，一般采用吸尘的方法即可处理干净。

② 金属板的输送。金属板在表面处理前，要把卷板展开，表面处理完后，要将金属板送入复合设备中进行复合。这些工作都是用输送装置来完成的。

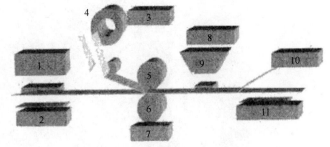

图 10-34　覆膜板生产工艺过程图
1—金属板表面处理　2—金属板输送　3—复合膜印刷　4—复合膜输送　5—上膜加压　6—下膜加压　7—热复合　8—废膜修剪　9—复合质量监测　10—废膜回收　11—复合板卷收

③复合膜的印刷。复合膜可以根据用户的需要，预先进行印刷，塑料薄膜的印刷当前已经是非常成熟的工艺，可以印出多种色彩的图案。印刷好的薄膜卷成卷，便于使用。

④ 热复合。将塑料复合膜与金属板同时送入上下复合辊中间，上下辊在热复合装置的加热系统供热下，产生 250℃的高温，使塑料薄膜在上下辊的压力和高温作用下，热熔

在一起。

⑤ 覆膜质量监测。在复合结束后，立即进行质量监测，自动检查复合板表面有无起泡、分离、变色等问题，如有问题，立即反馈并自动调节各参数以改进质量。

⑥ 废膜修剪。将覆膜后周边的废膜进行裁剪，并直接把废膜送入废膜回收装置中。

⑦ 覆膜板收卷。将修剪后的覆膜板进行整理或收卷，以便送入下道制罐工序中。

第四节　金属罐的数字印刷

全球包装、纸张和印刷行业供应链的权威研究机构 Pira 公司的最新市场研究报告《数字印刷在包装中的应用及未来（至 2024 年）》显示（图 10-35），数字印刷在包装中应用的市场份额将保持强劲增长。该报告对未来快速增长的数字印刷包装市场的产值和体量提供了权威的预测。报告从印刷工艺、包装承印材料、不同区域市场和主要国家市场等方面，使用大量图表进行了全面的数据分析。研究表明，全球喷墨印刷和碳粉印刷的产值将从 2019 年的 189 亿美元增长到 2024 年的 316 亿美元，相当于在这五年预测期内，喷墨印刷和碳粉印刷每年将以 10.9％的年均增长率增长。尽管数字印刷增长非常迅猛，但到 2019 年，它在整个包装市场的份额仍然很小，仅占 2019 年标签和包装印刷总产量的 1.68％。如果以产值计算的话，数字印刷产值只占整个包装印刷市场的 6.38％。由此，众多品牌商、零售商、包装和标签生产商以及设备和耗材供应商对数字印刷市场产生了极大兴趣，纷纷投向数字印刷市场。数字印刷的主要业务集中在某些高附加值的领域，包括短期周转的活件和短版活件。

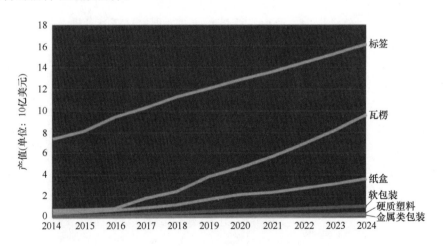

图 10-35　2014 年—2024 年数字包装和标签印刷市场

（数据采用 2018 年同等美元价格计算）

一、数字印刷的基本概念

在印刷行业中，人们则把由数字信息代替传统的模拟信息，直接将数字图文信息转移到承印物上的印刷技术叫做数字印刷（或数码印刷）。数字印刷系统主要由印前单元和印刷单元所组成。数字印刷机分为：在机成像印刷（Direct Image/DI）和可变数据印刷（Variable image digital presses）两大类。在机成像印刷是指印刷机上直接完成制版过程，从计算机到印刷机是一个直接的数字图文信息的传递过程。可变数据印刷指在印刷机不停机的情况下，连续地印刷需要改变印品的图文（也就是所谓的数据），即在印刷过程不间断的前提下，连续地印刷出不同的印品图文，可变数据印刷是数码技术发展的方向。

可变数据印刷根据其成像原理不同又可以分为六大类：

① 电子照相（Electrophotographic）技术。又称静电成像（Xerography）技术，电子照相技术又分为干色粉和液体色粉两种。该技术利用激光扫描的方法在光导体上形成静电潜影，再利用带电色粉与静电潜影之间的电荷作用力实现潜影，静电作用将色粉影像转移到承印物上完成印刷，这是目前应用最广泛的数字印刷技术。

② 喷墨印刷（Ink-jet printing）。将油墨以一定的速度从微细的喷嘴射到承印物上，然后通过油墨与承印物的相互作用实现油墨影像再现。按照喷墨的形式可分为按需（脉冲）喷墨（drop-on-demand or impulse）和连续喷墨（Continuous inkjet）。连续喷墨系统利用压力使墨通过窄孔形成连续墨流，产生的高速使墨流变成小液滴，小液滴的尺寸和频率取决于液体油墨的表面张力、所加压力和窄孔的直径。在墨滴通过窄孔时，使其带上一定的电荷，以便控制墨滴的落点。带电的墨滴通过一套电荷板使墨滴排斥或偏移到印物表面需要的位置。而墨滴偏移量和承印物表面的墨点位置由墨滴离开窄孔时的带电量决定。按需喷墨也叫脉冲给墨，按需供墨与连续供墨的不同就在于作用于储墨盒的压力不是连续的，只是当有墨滴需要时才会有压力作用，受成像计算机的数字电信号所控制。由于没有了墨滴的偏移，墨槽和循环系统就可以省去，简化了打印机的设计和结构。通过加热或压电晶体把数字信号转成瞬时的压力。压电技术是产生墨滴的最简单方式之一。利用了压电效应，当压电晶体受到微小电子脉冲作用时会立即膨胀，使与之相连的储墨盒受压产生墨滴。其中最有代表性的喷墨技术要属压电陶瓷技术。

③ 电凝成像技术（Elcography）。通过电极之间的电化学反应导致油墨发生凝聚，使油墨固着在成像滚筒表面形成图像区域，而没有发生电化学反应的空白区域的油墨仍然是液体状态，再通过一个刮板将空白区域的油墨刮去，使滚筒表面只剩下图文区固着油墨，再通过压力作用 转移到承印物上，完成整个印刷过程。

④ 磁粉成像技术（Magnetography）。依靠磁性材料的磁偶极子在外磁场的作用下定向排列，形成磁性潜影，再利用磁性色粉与磁性潜影之间磁场力的相互作用完成显影过程，最后将磁性色粉转移到承印物上。这种方法一般只适合做黑白影像，不易实现彩色影像，Xeikon 的一些产品为磁记录数字印刷机。

⑤ 电子束成像技术（Electron-Beam Imaging）。由成像盒产生电子束，与成像盒相连的引导筒排列成电子束阵列，并被引导到能暂时吸收负电荷的绝缘表面上。当滚筒旋转时，由于电子束的开与关，在绝缘表面形成电子潜像。滚筒转动到成色剂盒所在位置时，吸附带正电的成色剂粒子。继续转动到转印辊处，由转印辊对纸张加压，成色剂粒子转移到纸张上。刮刀刮下未被转移的成色剂粒子，擦除辊擦除剩余下来的电子。

⑥ 色磁粉喷射技术（Toner Jet）。基于喷粉技术的彩色数字印刷机又有生产型和非生产型之分。生产型数字印刷机具有工业化的批量生产能力和较高印刷速度并适合长时间运行。非生产型数字印刷机的性能和质量也能满足印刷的基本要求，而且价格比较便宜，但

印刷速度略低。

二、适合金属包装应用的数码喷墨印刷

喷墨印刷是通过喷嘴将墨滴喷射到承印物上而形成图文，它与其他数字印刷方式相比，有很大区别，其主要特点如下：①喷墨印刷是一种非接触印刷方式。在喷墨印刷过程中，喷头与承印物相隔一定距离，墨滴在一定的控制作用下直接飞到承印物表面，因此其机器结构简单，体积小、重量轻、速度高、噪声小，使用寿命长且不易损坏印品。②喷墨印刷可以在各种承印物上进行，对承印物的形状和材料无要求。因为喷墨印刷没有印版，且为非接触印刷方式，所以喷墨印刷可以在任何形状的物品上进行，所用的材料可以是垂直的墙壁、圆柱面罐头盒、凹凸不平的皱纹纸、普通纸、皮毛、丝绸、锡箔等刚性或柔性材料，还可在陶瓷、玻璃等易碎物体乃至蛋黄、豆腐、蝴蝶翅膀上印刷，这是其他印刷方式所做不到的。③喷墨印刷分辨率高。喷墨印刷系统的喷嘴可喷射出微细的墨滴，形成高分辨率的图文。④喷墨印刷可实现多色印刷。喷墨印刷系统中允许使用各种彩色油墨进行彩色印刷，甚至可在传统四色印刷的基础上再加上 30% 的青、30% 的品红或 30% 的黑色，形成六色或七色印刷，从而提高产品质量。⑤喷墨印刷生产成本低，生产幅面大，其运行成本同其他数字印刷技术相比要低得多，而且可进行大幅面印刷。

根据以上的特点，特别是与承印物表面非接触式，喷墨数码印刷技术适合应用在各种材质的复杂表面。在金属容器的数码印刷过程中，由于两片罐的加工工艺，必须金属容器成型后进行表面印刷处理，因此，数码印刷设备必须设计成适合金属容器表面的数码印刷处理。非接触式喷墨数码印刷适合在金属容器表面进行数码印刷处理。

由于喷墨数码印刷速度快，而金属表面吸墨能力差，因而，采用普通墨水，形成的难以快速干燥成膜，必须采用 UV 墨水和工艺，使其能够快速干燥成膜。UV 墨水就是在 UV 光的照射下，发生交联聚合反应，瞬间固化成膜的油墨。它主要由光聚合性预聚物、感光性单体、光聚引发剂、有机颜料及添加剂等组成。其中，光聚合引发剂是整个 UV 墨水中最重要的组成部分，是光聚合反应的开始。UV 墨水对 UV 的光是选择性吸收的，它的干燥受 UV 光源辐射光的总能量和不同波长光能量分布的影响。在 UV 光的照射下，UV 墨水中的光聚合引发剂吸收一定波长的光子，激发到激发状态，形成自由基或离子。然后通过分子间能量的传递，使聚合性预聚物和感光性单体等高分子变成激发态，产生电荷转移络合体。这些络合体不断交联聚合，固化成膜。

UV 墨水的应用特点：瞬间固化，生产效率高；不含挥发性溶剂；不会有溶剂侵蚀破坏印刷物；不会污染人体及环境；墨水不会堵塞喷头，故可打印出很精细的印品；墨水不会自然干掉，无溶剂的恶臭味；光固化速度极快，UV 设备体积小；UV 灯散发的热量不会对那些惧热印刷物造成损坏；透明或半透明性的油墨，硬化速度和色彩效果好。

因此，UV 喷墨数码印刷可以广泛应用于金属数码印刷工艺中，特别是容器成型后进行数码印刷的两片罐。目前，欧美发达国家的一些制罐设备供应商相继研发了曲面数码打印技术，就是 UV 喷墨数码技术的应用。其打印机无须直接接触易拉罐罐体表面，而是通过墨水喷射方式进行高保真彩色图像打印，打印图案不会因热量和压力而出现变形。这种打印技术是利用电脑色彩管理技术的直接输出打印方式，图案或图像不用在前期做任何打印准备工作，免去了传统制罐工艺中印前处理（包括分色、制作菲林、制版）和彩印准

备工作（包括装版、上版、调色），确认样品效果合格后才能进行批量印刷等繁琐工序。数码打印既方便又快捷，只有三个打印步骤：电脑上确定图案→打印→烘干，操作极其简单，一般人都可以操作整个流程，而不再需要技术要求很高的专业人员。易拉罐数码打印采用的是 UV 油墨，利用色料的三原色混色原理，加上黑色油墨，共计四种颜色混合叠加，形成所谓"全彩印刷"。其特点是：打印稳定，色彩鲜艳，固化强度高，固化能量低，环保无异味。同时，网络技术的广泛应用为远程个性化、定制化易拉罐的智能生产提供了可能，也就是说，在网上直接就可定制符合客户要求的易拉罐产品。可以想象，未来个人定制的易拉罐生产可以不受数量、图案的束缚，多适用性及广泛的应用前景为客户提供了更多的发展和选择机会。

图 10-36　照片感两片罐

相比普通印刷罐，数码打印罐有以下四大优势：

① 数码打印的易拉罐图案如照片般清晰，分辨率可达 1200DPI，内容纤毫毕现；且色彩艳丽、立体感强（图 10-36）。

② 数码打印罐版面可个性化设计，不受颜色限制，突破传统印刷最高印刷 8 色的限制。与传统印刷技术相比，数码打印还有一个决定性的优势，可打印图案各异的单个易拉罐，做到千罐千面的效果（图 10-37）。

③ 数码打印罐生产时，无需提供样品提前打样确认效果，换版时间减少到零，具有高度的灵活性并可自由设置版面印刷顺序。

④ 相比普通印刷罐动辄几十万罐的起订量来说，数码打印技术使这种问题不复存在，可十分经济地进行小批量生产——印罐起订量可少至 1000 只。

综上所述，创新设计的个性化外包装可以给品牌带来质的改变——让同一批次的每个产品均变得独一无二，最终形成爆点流量。就现有的技术选项而言，易拉罐数码打印技术无疑是实现个性化包装的最佳途径之一。

图 10-37　个性化两片罐

第十一章　金属包装加工模具

第一节　概　　述

一、模具在工业生产中的地位

模具是批量生产具备相同形状和结构产品的工具，是工业生产的主要工艺装备之一。

使用模具生产零部件，有很多其他加工制造方法不具备的优点，如加工精度高、生产效率高、节约能源和原材料等，因此，模具已成为现代工业生产的重要手段和工艺发展方向。现代工业制品的发展和技术水平的提高，很大程度上取决于模具工业的发展水平，因此模具工业在国民经济和社会发展中的作用越来越重要。

据统计，在家电、五金、玩具等轻工行业，近90％的零件生产有模具的参与；在飞机、汽车、机器设备等行业，这个比例超过了60％。与其他行业一样，在金属包装容器制造领域，几乎所有的金属包装制品的生产加工都有模具的参与，如易拉罐罐身的拉深、方罐手环的弯曲、钢桶桶顶注入口的冲制等。从产值上看，在日本、美国、德国等工业发达国家，模具行业的产值从20世纪80年代就已经超过机床行业并持续增长。

二、模具的发展历史

模具的出现最早可以追溯到几千年前的陶器和青铜器制造，但其大规模使用却是随着现代工业的崛起而发展起来的。

19世纪，随着军火工业（枪炮的弹壳）、钟表工业、无线电工业的发展，冲模得到广泛使用。第二次世界大战后，随着世界经济的飞速发展，它又逐渐发展成为大批量生产工业品零件的最佳方式，如仪器仪表、电子设备、汽车等，并在很大程度上替代了手工制作。20世纪50年代，模具行业工作重点还停留在满足特定客户的模具要求，模具的设计和生产大多仍是仅仅建立在经验、已有图纸和感性认识的基础上，缺乏对所设计模具零件工作机能的真正了解。进入20世纪70年代，模具行业向高速化、精密化、安全化发展，以多工位级进模和传递模为代表的高效率、高寿命、高精度的多功能自动模具就是在这一时期涌现出来的。在此基础上又发展出既有连续冲压工位又有多滑块成形工位的压力机——弯曲机。

从20世纪70年代中期至今可以说是计算机辅助设计、辅助制造技术不断发展的时代，这也给模具的设计制造行业带来深远影响，模具的设计逐渐脱离了过去对经验方法及普通加工设备的依赖，高精度的加工机床、高自动化的控制系统及高标准化的设计准则在模具制造领域起到越来越重要的作用。

三、我国模具工业现状及发展趋势

1. 模具工业现状

由于特定的历史原因，我国大部分企业具有高封闭性、"大而全"等特征，因而其中的大多数都配备了模具车间作为配套部门，以满足自己企业的模具需求，也正是因为这种原因，我国模具产业在很长一段时间内缺乏专业性及规模化。直到 20 世纪 70 年代末，模具工业化和生产专业化这个概念才逐渐建立起来。目前我国模具工业技术水平参差不齐，从总体上看，与发达工业国家先进水平相比，仍存在较大的差距，是我国国民经济建设中的薄弱环节和制约经济高质量发展的瓶颈。

2. 模具工业发展趋势

随着工业的发展和科技的进步，我国乃至世界模具行业发展迅速，主要呈现出以下发展趋势：

① 集成化、三维化、智能化和网络化是模具 CAD/CAE/CAM 发展方向。

② 模具的检测及加工设备向精密、高效和多功能方向发展。

③ 快速经济制模技术具有周期短、成本低等优点，其应用越来越广泛。

④ 出于对模具质量和寿命的高要求，模具材料及其表面处理技术发展迅速。

⑤ 模具工业新工艺、新理念和新模式逐步得到了认同。

第二节　冷冲压模具

冷冲压工艺大都需要模具的辅助才能完成，冷冲压模具又称冷冲模、冲压模具或冲模，是冲压生产不可或缺的工艺装备。本节主要介绍冷冲压模具的特点、分类及基本结构组成。

一、冷冲压工艺特点及应用

1. 冷冲压的特点

与其他机械加工方法相比，冷冲压工艺具有以下显著特点：

① 材料利用率高。冷冲压是一种少/无切削加工方法，材料的一次利用率有时能达到 100％，并且冲压加工几乎不产生切削碎料，其废料可用于冲制其他小尺寸零件，从而进一步提高材料利用率，降低材料成本。

② 生产效率高。普通的冲压设备每分钟可完成几十次行程次数，高速冲压设备可达数百次甚至数千次，而每次冲压行程可加工一个或多个制件。此外，冲压加工操作较简单，便于实现自动化的流水作业，生产率很高。

③ 产品互换性好。由于冲压件的尺寸、形状、精度在很大程度上由模具保证，从而呈现出"一模（模具）一样"的特征，模具的寿命一般较长，因此冲压件的质量稳定，互换性好。

④ 加工范围广。冲压工艺既可用于加工金属材料，也可以加工多种非金属材料；既可加工简单零件（如圆垫片、圆孔件），也可加工形状复杂零件（如汽车覆盖件）；既可加工小尺寸零件（如钟表指针等），也可加工超大尺寸零件（如飞机覆盖件）。

2. 冷冲压的应用

冲压加工的诸多突出优点，使其在机械制造、包装、电子、电器等各行各业中都得到了广泛的应用。大到汽车、飞机的覆盖件，小到钟表及仪器、仪表元件，大多是采用冷冲压工艺所获得的冲压制品。据粗略统计，在汽车制造业中，有 60％～70％ 的零件是采用冲压工艺制成的；在机电及仪器、仪表生产中，也有 60%～70% 的零件是采用冷冲压工艺来完成的；在电子产品中，冲压件的数量占零件总数的 85% 以上；在飞机、导弹、各种枪弹与炮弹的生产中，冲压件所占的比例也相当大。人们日常生活中用的金属制品，冲压件所占的比例更大，如金属饮料瓶、炊具、水洗槽等都是冷冲压制品。在许多先进的工业国家里，冲压生产和模具工业得到高度的重视，如美国和日本模具工业的产值已超过机床工业，成为重要的产业部门。

二、冲压模具分类与结构

1. 冲压模具分类

（1）按工序性质分

冲压加工的各类零件其形状、尺寸和精度要求各不相同，因而生产中采用的冲压工艺方法也是多样的。概括起来，按其冲压工序的性质可以将冷冲压模具分为以下几类。

① 冲裁模。使材料分离，得到所需形状和尺寸制件的冲压模具。主要包括落料模、冲孔模、切断模、切边模、半精冲模、精冲模以及整修模等。

② 弯曲模。将毛坯或半成品制件沿弯曲线弯成一定角度和形状的冲压模具。

③ 拉深模。将板状毛坯加工成空心件，或者使空心件进一步改变形状和尺寸，而料厚没有明显变化的冲压模具。

④ 其他模具。用于其他冲压工艺的模具，如缩口模、胀形模、整形模等。

（2）按工序组合程度分

可将冲压模具分为单工序模、级进模、复合模三种。

① 单工序模（也称为简单模）。即在一副模具中只完成一种工序，如落料、冲孔、切边等。

② 级进模（也称为连续模）。即在压力机一次行程中，在模具的不同位置上同时完成两个或两个以上冲压工序。在级进模上所实施的不同冲压工序是按一定顺序、相隔一定步距依次排列在模具的送料方向上的，压力机的一次行程可以得到一个或数个冲压件。

③ 复合模。即在压力机的一次行程中，在一副模具的同一位置上完成数道冲压工序。压力机的一次行程一般只能得到一个冲压件。

（3）按冲压模有无导向装置和导向方法的不同可分为有导向的导柱模、导板模和无导向的开式模。

（4）按送料、出件及废料排除的自动化程度分类可分为手动模、半自动模和自动模。

此外，按送料步距定位方法的不同可将冲压模具分为挡料销式、导正销式、侧刃式等；按卸料方法的不同可分为刚性卸料式和弹性卸料式等；按凸、凹模材料的不同可分为钢模、硬质合金模、韧带模、锌基合金模、橡胶模等。一副模具可以同时拥有上述几种特征，如导板导向、弹性卸料、导正销定距的冲孔落料复合模等。

2. 冲压模具的结构组成

模具都是由不同的零件组成的，根据生产工艺安排、制件要求（形状、尺寸、精度）等影响因素的不同，模具组成零件的种类和数目也相差很大，少则几个，多则几十个甚至上百个。模具工作时，这些零件各司其职，发挥各自的作用，根据职能的不同，可将这些零件分为工艺零件和结构零件两大类，表 11-1 列举了在冷冲压模具中常用零件的名称、详细分类及其作用。

表 11-1 冲压模具零部件分类

零件种类		零件名称	零件作用
工艺零件	工件零件	凸模、凹模、凸凹模	直接对毛坯或工序件进行冲压加工，完成材料分离或成形的冲模零件
		刃口镶块	
	定位零件	定位销、定位板	确定毛坯或工序件在冲模中正确位置的零件
		挡料销、导正销、定距侧刃	
		导料销、导料板、侧压板、承料板	
	卸料与出件零部件	压料板、卸料板、压边圈	使冲件与废料得以顺畅出模，保证冲压生产正常进行的零件
		顶件块、推件块	
		废料切刀	
结构零件	导向零件	导柱、导套	用于确定上、下模的相对位置，保证其定向运动精度的零件
		导板	
	支承与固定零件	上、下模座	将凸、凹模固定于上、下模，及将上、下模固定在压力机上的零件
		固定板、垫板	
		模柄	
	紧固件与其他零件	螺钉、销钉、键	用于模具零件之间的相互连接或定位连接等的零件
		弹簧、橡胶、气缸	
		斜楔、滑块等	

不论冲压模具的组成零件数目多大、结构多复杂，通常可以将冲压模具分为上模座和下模座。上模座固定在压力机的滑块上，并随滑块一起运动，下模座固定在压力机的工作台上。以导柱式落料模（图 11-1）为例，其组成零件分类及作用如下。

① 工作零件。直接进行冲压工作并与坯料直接接触的零件，是冲压模中最重要的组成部分，包括凸模、凹模、凸凹模。如图 11-1 所示的凸模 12 与凹模 16。

② 定位零件。确定坯料或工序件在模具中合理位置的零件，包括导料板、挡料销、侧刃、导正销、定位板与定位钉等。如图 11-1 所示的挡料销 3。

③ 压料、卸料零件。在冲压进行时起压料作用，冲压终了时把卡在凸模上和凹模孔内的废料或制件卸掉或推（顶）出，以保证冲压工作能够继续进行，包括刚性卸料板、弹性卸料板、弹性元件（如弹簧或橡皮）以及卸料螺钉、刚性推件装置、弹性顶件装置等。如图 11-1 所示的弹簧 4、卸料螺钉 10 与卸料板 15。

④ 导向零件。保证冲压进行时凸模与凹模保持均匀间隙的零件，包括导柱、导套。如图 11-1 所示的导套 13 与导柱 14。

⑤ 支承零件。用于连接冲压模具与压力机或者用来固定其他零件，包括上模座、下模座、模柄等。如图 1l-1 所示的模柄 7、上模座 11 与下模座 18。

⑥ 紧固零件。用于连接、紧固不同的零件，包括螺母、螺钉、销钉等。如图 11-1 所示的螺母 1、螺钉 2、销钉 6、止动销 9 与内六角螺钉 17。

⑦ 其他零件。如弹性件和自动模传动零件等。

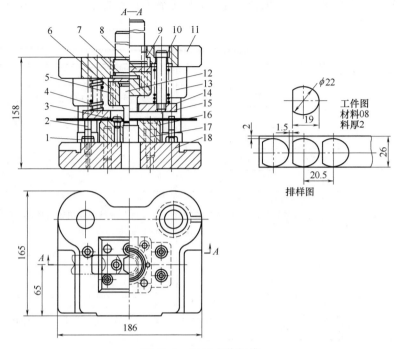

图 11-1　导柱式落料模

1—螺母　2—螺钉　3—挡料销　4—弹簧　5—凸模固定板　6—销钉　7—模柄　8—垫板　9—止动销　10—卸料
螺钉　11—上模座　12—凸模　13—导套　14—导柱　15—卸料板　16—凹模　17—内六角螺钉　18—下模座

第三节　常见模具结构

在金属包装容器的成型、制造过程中，大都需要模具的辅助。随着工业的发展和科技的进步，社会对金属包装容器的要求也越来越高，因此模具在设计、材料、生产、使用等各方面都发生了很大变化。本节对现在应用最广泛的冲裁模、弯曲模和拉深模及其典型结构做了详细分析；对在金属包装容器制造过程中起到重要作用的翻边、缩口、胀形、整形等模具也做了简单介绍。

一、冲　裁　模

1. 单工序冲裁模

单工序冲裁模是指即在一副模具中只完成一种工序，如落料、冲孔。由于落料和冲孔在冲裁工艺中仅仅是取舍部分不同，而模具工作原理大致相同。下面以无导向落料模为例，介绍落料模的工作流程、原理及特点。

如图 11-2 所示为无导向落料模。冲裁（落料）工序开始时，首先利用导料板 4 及定位板 7 将坯料定位，之后在冲压力作用下进行冲裁，在凸模推力的作用下，从坯料上分离下来的冲裁件直接从凹模洞口落下，环绕在凸模上的废料由固定卸料板 3 脱下，完成落料工作。这种落料模的特点是上、下模均无导向装置，冲裁位置由机床滑块的导向精度决定，结构简单，制造难度较低。此类模具的缺点是安装调试比较困难，条料排样形式局限

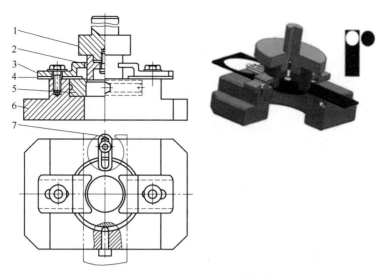

图 11-2　无导向落料模

1—模柄　2—凸模　3—卸料板　4—导料板　5—凹模　6—下模座　7—定位板

较大，操作也不够安全，仅适用于冲裁精度要求不高、形状简单和生产批量小的冲裁件。

　　与无导向落料模相比，固定导板导向落料模和导柱导向落料模均对压坯位置及上下模的运动做了精确导向，冲裁精度高，安装方便，但制造成本较高，适用于生产批量较大、精度要求较高的制件。

　　2. 复合冲裁模

　　复合冲裁模在结构上最主要的特征是：存在一个零件具备凸模和凹模两个零件的功能，称之为凸凹模。如在落料冲孔复合模中既作为落料凸模又作为冲孔凹模的零件就是凸凹模。如图 11-3 所示为冲孔落料复合模的基本结构。落料凹模与冲孔凸模均安装在下模，凸凹模安装在上模。冲裁开始时，随着上模的下降，凸凹模的外侧刃口与落料凹模配合工作，完成落料工序；同时，凸凹模的内侧刃口与冲孔凸模配合工作，完成冲孔工序。

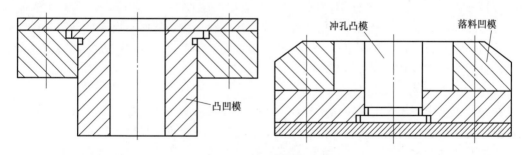

图 11-3　冲孔落料复合模

　　根据凸凹模在模具中的装配位置不同，通常将复合模分为正装式复合模和倒装式复合模两种。凸凹模装在上模的称为正装式复合模，凸凹模装在下模的称为倒装式复合模。

　　如图 11-4 所示为落料冲孔倒装复合模。凸凹模 21 安装在下模上，冲孔凸模 16 和落料凹模 7 安装在上模上。坯料由定位销 6（两个导料销和一个挡料销）定位，冲裁时，上模向下运动，因弹性卸料板 5 和安装在凹模型孔内的推件板 20 分别高出凸凹模和落料凹

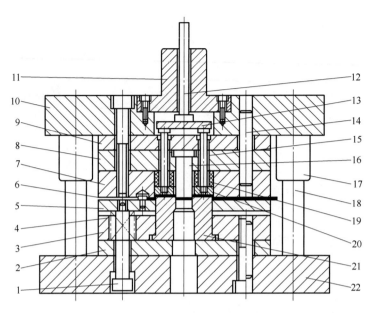

图 11-4 落料冲孔倒装复合模

1—卸料螺钉 2,9—垫板 3,8—固定板 4—弹簧 5—卸料板 6—定位销 7—凹模
10—上模座 11—模柄 12—打杆 13—推板 14—圆柱销 15—联接推杆 16—凸模
17—导套 18—导柱 19—橡胶弹性体 20—推件板 21—凸凹模 22—下模座

模的工作面约 0.5mm，且落料凹模 7 上与定位销对应的部位加工出了凹窝，坯料首先被压紧。随着上模的继续下降，冲孔、落料两个工序同时完成。此时，冲下的工件卡在凹模孔内、冲孔废料在凸凹模的型孔内积聚，坯料箍紧在凸凹模上，而弹簧 4 被压缩，弹性卸料板 5 相对凸凹模的上表面向下移动了一个工作距离。上模回程时，被压缩的弹簧回弹，推动卸料板向上移动复位，同时将箍紧在凸凹模上的坯料脱卸。卡在凹模孔内的工件，借助打料横杆（随滑块一起上下运动）与挡头螺钉（固定在压力机的机身上）之间的撞击力，被打杆 12、推板 13、推杆 15 和推件板 20 组成的刚性推件装置推出。在下一次冲裁行程时，凸模的推压将积聚在凸凹模型孔中的冲孔废料推出，从而实现逐个自然漏料。

采用倒装复合模，废料能直接从压力机工作台孔中落下，具有操作方便、安全可靠等优点，且生产效率较高，故被广泛应用。

3. 带齿圈压板的冲裁模

在冲裁工艺中，还经常采用精密冲裁、半精密冲裁或整修等方法，以获得尺寸精度更高、断面更光洁、垂直度更高的冲裁件。其中，精密冲裁又称为齿圈压板冲裁法。这种冲裁方法与普通冲裁在工艺上相同，但是模具存在以下差别：①凸、凹模间隙极小；②凹模刃口位置带圆角；③在模具结构上比普通冲裁模多装一个齿圈压板和一个顶出器。其工艺流程如图 11-5 所示。

精密冲裁在提高冲裁周界塑性的同时，还大幅度降低了坯料剪切区的拉应力。同时，由于凹模刃口为圆角，消除了应力集中，从而大大降低了因拉应力产生撕裂断面的概率。此外，顶出器的存在能防止弓弯现象的产生，故能得到冲裁面光亮、锥度小、平整而精度高的工件。

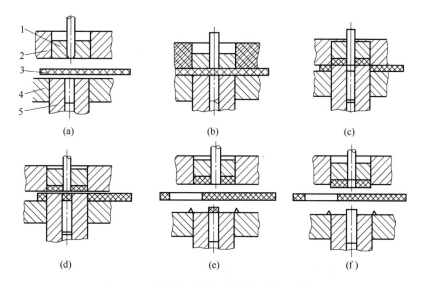

图 11-5　带齿圈压板的冲裁模（精密冲裁）

1—顶出器　2—凹模　3—材料　4—齿圈压板　5—凸模

（a）板料送入模具内　（b）模具闭合，板料被压紧　（c）板料被冲裁　（d）冲裁结束，

上、下模分开　（e）卸下废料，并向前送料　（f）顶出零件，取走零件

二、弯　曲　模

金属材料的弯曲主要通过模具及其装备来完成，弯曲件的形状及弯曲工序的安排决定了弯曲模的结构。金属包装材料几乎涵盖了所有类型的弯曲件，如钢桶桶身的滚弯件、提手的折弯件等。由于弯曲件的种类很多，形状不一，因此弯曲模的结构类型也是多种多样的。

1. V 形件弯曲模

如图 11-6 所示为 V 形件弯曲模的基本结构。零件 3 为凸模，由销钉 2 固定在标准槽形模柄 1 上。凹模 5 通过螺钉和销钉直接固定在下模座上。弯曲工序开始时，坯料由定位板 4 定位。顶件装置由顶杆 6 和弹簧 7 组成，其主要作用有：①在弯曲过程中压住坯料防止坯料位置偏移；②回程时将弯曲件从凹模内顶出。该模具的特点是结构简单，便于安装及调试，对坯料厚度的公差要求不高。适用于加工两直边相等的 V 形件，在弯曲终了时可利用顶件装置对弯曲件进行一定程度的校正，回弹较小。

2. U 形件弯曲模

根据弯曲后弯曲件的推出位置，可将 U 形件

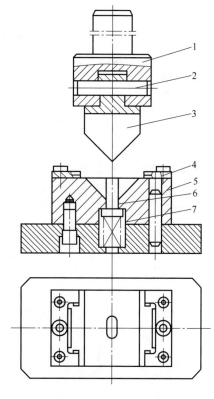

图 11-6　V 形件弯曲模

1—槽型模柄　2—销钉　3—凸模　4—定位板　5—凹模　6—顶杆　7—弹簧

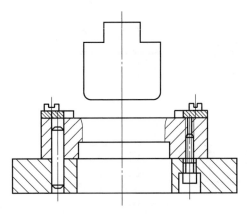

图 11-7 下出件 U 形弯曲模

弯曲模分为下出件 U 形件弯曲模与上出件 U 形件弯曲模。如图 11-7 所示为下出件 U 形件弯曲模，弯曲后，安装在上模座的凸模继续往下运动，将加工后的弯曲件直接从下模座的凹模孔推下，无须手工取件，模具结构简单，生产效率较高且便于安全操作。但是由于下模座无顶杆、顶板等装置，因而无法进行弯曲校正，弯曲件的回弹较大，底部也不够平整。此类弯曲模可用于加工高度较小、底部平整度要求不高的小型 U 形件。弯曲半径和凸、凹模间隙应取较小值以减小回弹。

如图 11-8 所示为上出件 U 形件弯曲模，弯曲开始时，先利用定位板 4 和定位销 2 将坯料定位，然后坯料及顶板 3 被向下运动的凸模 1 同时压下，并在凹模 5 内成形。回程时弯曲后弯曲件被顶杆和顶板顶出，完成弯曲工作。该模具与下出件弯曲模的主要区别是在凹模内设置了顶件装置，再冷的弯曲过程中坯料被顶板紧紧压住了，从而保证了弯曲件底部的平整。此外，顶板上还配备定位销 2，可利用坯料上的预留孔、工艺孔进行二次定位，即使 U 形件两直边高度不同，也能保证弯边高度尺寸。

3. 圆形件弯曲模

圆形弯曲件可根据尺寸大小进行分类，通常直径小于 5mm 的属小圆形件，直径大于 20mm 的属大圆形件。采用模具弯曲方法加工圆形件通常只限于中小型圆形件（注意：包括小圆形件和大圆形件），直径较大的大型圆形件通常采用滚弯成形（钢辊加工、无模具）。

小圆形件的加工方法通常是先将坯料弯成 U 形，然后再弯成圆形；大圆形件通常采用三道弯曲工序或两道弯曲工序弯曲成圆。加工直径介于 5mm 和 20mm 之间的圆形件，可根据材料性质、弯曲件质量要求、压力机性能参数等具体情况来确定加工工艺。

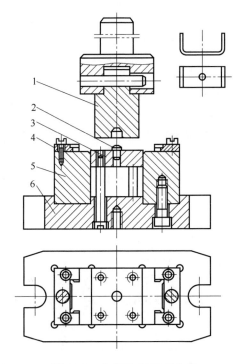

图 11-8 上出件 U 形弯曲模

1—凸模 2—定位销 3—顶板 4—定位板 5—凹模 6—下模座

如图 11-9 所示为小圆弯曲模。如图 11-9（a）所示为使用两套简单模具弯圆的方法，先将坯料弯成 U 形，然后再将 U 形件弯成圆形。这种两次弯曲操作方法效率较低，可将两道工序合并，如图 11-9（b）、图 11-9（c）所示。其中图 11-9（b）为有侧楔的一次弯曲模，上模下行时，芯棒 3 先将坯料弯成 U 形，随着上模继续下行，侧楔 7 便推动活动凹模 8 将 U 形弯成圆形；图 11-9（c）所示是另一种一次弯圆模，上模下行时，压板 2 将滑块 6 往下压，滑块带动芯棒 3 先将坯料弯成 U 形，然后凸模 1 再将 U 形弯成圆形。如果工件圆形度或精度要求较高，可旋转工件连冲几次。弯曲后工件环套在芯棒 3 上，取下即可。

如图 11-10 和图 11-11 所示分别为三道工序弯曲大圆的方法及两道工序弯曲大圆的方法。前者生产效率较低，但适用于加工坯料厚度较大的工件；后者先将坯料预弯成三个 120°的波浪形，然后再利用第二套模具弯成圆形，此方法操作简单，但对各工序加工精度及模具要求较高。

4. 其他形状零件的弯曲模

除以上三种在金属包装容器中常用的弯曲模具之外，还有很多其他形状件的弯曲模，如 L 形件弯曲模、Z 形件弯曲模、铰链件弯曲模及其他异形件弯曲模。由于这些弯曲件形状、尺寸、精度要求及材料各不相同，难以有一个统一的弯曲方法，只能在实际生产中根据各自的工艺特点采取不同的弯曲方法。

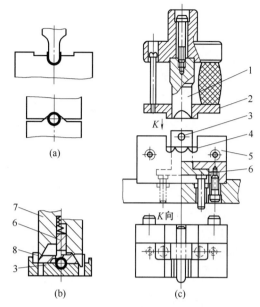

图 11-9　小圆弯曲模

1—凸模　2—压板　3—芯棒　4—坯料
5—凹模　6—滑块　7—侧楔　8—活动凹模

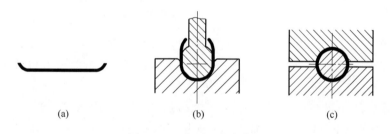

图 11-10　大圆三次弯曲模

（a）首次弯曲　（b）二次弯曲　（c）三次弯曲

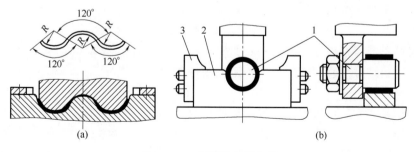

图 11-11　大圆两次弯曲模

1—凸模　2—凹模　3—定位板

（a）首次弯曲　（b）二次弯曲

三、拉 深 模

拉伸件的形状及尺寸精度主要通过凸、凹模来控制的，因此，凸、凹模断面形式的设计合理与否将直接影响拉伸过程中金属材料的流动状态，进而影响拉伸件质量。

1. 拉深凸、凹模的结构

（1）凸模的结构形式 如图 11-12 所示为几种常见的拉伸凸模结构形式，其中图 11-12 （a）为最简单的圆柱形，这种凸模结构简单，制造成本较低，但是不利于工件脱模。为了解决这一弊端，可将凸模在高度方向上加工一定的锥度 α ［图 11-12 （b）］，一般圆筒形件的拉深凸模锥度 α 可取 $2°\sim5°$。中型和大型拉深件的加工通常需要多次拉深才能完成，其前几道工序的拉深凸模一般可以做成带有锥形侧角的结构 ［图 11-12 （c）］，其转角处为 $45°$ 的斜面。为了避免工件在圆角处过分变薄甚至断裂，通常需要在斜面和圆柱形连接处设置倒圆角。此外还应注意，此类凸模底部直径 d_2 的大小应与下一次拉深时凸模的外径相等。

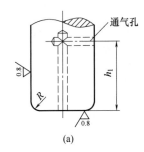 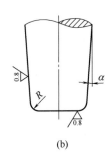 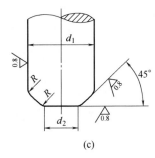

通气孔

h_1

α

d_1

$45°$

d_2

（a）　　　　　　　　（b）　　　　　　　　（c）

图 11-12　拉深凸模结构形式

即使采用了易脱模凹模结构，由于受模具挤压及外部空气压力的作用，拉伸后的工件仍常常紧紧套在凸模上不易脱下，因此，通常需要在凸模上开设通气孔以减小空气压力的影响 ［图 11-12 （a）］。

（2）凹模的结构形式 常见的拉深凹模结构是一个上边缘带圆角的圆柱孔，如图 11-13 所示。圆角以下高度为 h 的直壁部分同拉深凸模配合，挤压金属坯料产生滑动使之变形成为圆筒形件（或杯形件）。h 值大小设置是否合理对拉伸件的质量影响极大，如果 h 过小，拉伸件金属材料未完全脱离弹性变形区进入塑性变形，拉深过程结束后会出现较大回弹，从而导致拉深件高度上各部分的尺寸不能保持一致；而当 h 过大时，坯料金属在凹模内直壁部分滑动摩擦力增大，造成制件侧壁过分变薄甚至拉断。

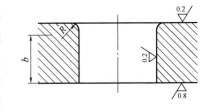

图 11-13　拉深凹模结构

根据凹模是否配置压边圈，可将拉深凹模分为不带压边圈的拉深凹模和带压边圈的拉深凹模，如图 11-14 和图 11-15 所示。为了保证拉深坯料的正确定位，不带压边圈的拉深凹模在口部通常做成台肩结构，但此种结构形式的凹模不便于修模，因此带压边圈的拉深凹模更为常用。

对于下出件拉深模，通常将凹模直壁部分的下端做成直角或锐角的形式，这样在拉

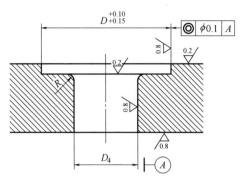

图 11-14　无压边圈拉深凹模结构

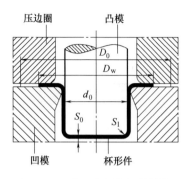

图 11-15　带压边圈拉深模结构

深过程终了时，拉伸件随凸模上行时其口部会被凹模下端勾住，完成脱模，如图 11-16
所示。如果此处设置为圆角或钝角，拉伸件可能会随凸模一起上行，无法顺利完成
脱模。

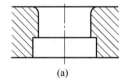 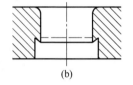 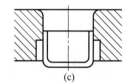

$\qquad$(a)$\qquad\qquad\qquad$(b)$\qquad\qquad\qquad$(c)

图 11-16　拉深凹模下部结构图

2. 拉深模的典型结构

（1）首次拉深模　如图 11-17（a）所示为无压料装置（如压边圈）的首次拉深模。此
类拉深模可根据拉伸件性质决定是否设置卸件装置：①如果拉深结束后拉伸件回弹较小，
拉深件紧套凸模，此时需要装配卸件装置，在凸模回程时，卸件装置的底部会作用于拉伸
件口部，完成卸件；②如果制件拉深变形较小，拉深后有一定回弹量并因此引起拉深件口
部张大，当凸模回程时，凹模下平面挡住拉深件口部而自然卸下拉深件，此时无需配备卸

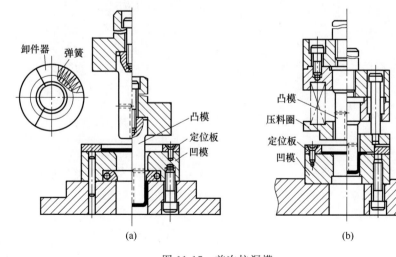

$\qquad\qquad$(a)$\qquad\qquad\qquad\qquad\qquad$(b)

图 11-17　首次拉深模

（a）无压料装置　（b）有压料装置

件装置。无压料装置首次拉深模结构简单，适用于加工板料厚度较大而制件深度要求不大的拉深件。

如图 11-17（b）所示为有压料装置的正装式首次拉深模。拉深模的压料装置在上模，拉深开始时，压料装置随上模座一起往下运动，压住坯料后完成拉深。

（2）以后各次拉深模　如图 11-18（a）所示为无压料装置的以后各次拉深模，完成前次拉深后的中间工序件由定位板 6 定位，拉深后由凹模孔下部台阶卸下。该模具适用于变形程度不大、拉深件壁厚和直径要求均匀的拉深加工。

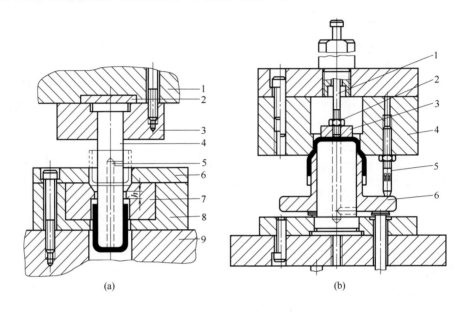

(a)　　　　　　　　　　　　　(b)

图 11-18　无压料以后各次拉深模

1—上模座　2—垫板　3—凸模固定板	1—打杆　2—螺母　3—推件块
4—凸模　5—通气孔　6—定位板	4—凹模　5—可调式限位柱
7—凹模　8—凹模座　9—下模座	6—压料圈
（a）无压料装置	（b）有压料装置

如图 11-18（b）所示为有压料装置倒装式以后各次拉深模，压料圈 6 兼具压料、定位作用，前次拉深后的中间工序件套在压料圈上进行定位。压料圈的高度应大于前次工序件的高度，并根据前次工序件的内径设置其外径。拉深完的工件在回程时由压料圈和推件块分别顶出完成卸件。

四、其他冲压模具

在金属包装材料的生产制造过程中，除冲裁、弯曲、拉深这三大冷冲压工艺外，其他冷加工方法也不可或缺，如翻遍、缩口、胀形、整形等。在这些加工方法中，模具也起到了重要的作用。

1. 翻边模具

根据翻边工艺的不同，可将翻边模具分为内孔翻边模具和外缘翻边模具。总体来看内孔翻边模和拉深凸模有很多相似之处，也有压边和不压边、正装和倒装之分。同时，内孔翻边模一般不需要设置模架。如图 11-19 所示为几种常见的圆孔翻边凸模形状及尺寸，其中图 11-19（a）～图 11-19（c）为较大孔的翻边凸模，在这三种凸模中，抛物线形凸模最利于翻边工艺的进行，球头凸模次之，平底凸模最差。图 11-19（d）～图 11-19（f）所示的翻边凸模端部带有较长的引导部分，如图 11-19（d）所示凸模用于圆孔直径大于 10mm 的翻边，如图 11-19（e）所示凸模用于圆孔直径小于 10mm 的翻边，如图 11-19（f）所示凸模用于无预孔的不精确翻边。

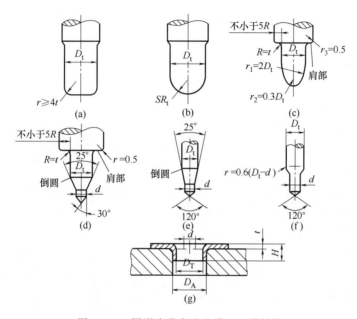

图 11-19　圆形内孔翻边凸模和凹模结构

如图 11-20 所示为内孔、外缘翻边复合模结构，其中凸凹模安装在下模座，既起到内孔翻边凹模的作用，也起外缘翻边凸模的作用。

2. 缩口模具

如图 11-21 所示为缩口凹模结构图，其基本结构通常为一个根据缩口件形状要求设置的锥形孔。根据缩口时模具对坯料壁部是否有支撑作用可将缩口方式分为三类，如图 11-22 所示。图 11-22（a）所示为无支承方式，缩口过程中坯料的刚性差，易失稳，因而

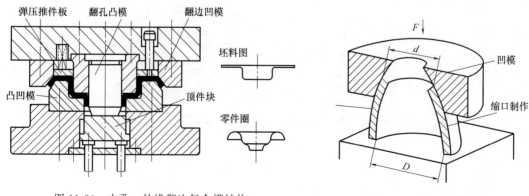

图 11-20　内孔、外缘翻边复合模结构　　　　　图 11-21　缩口凹模结构图

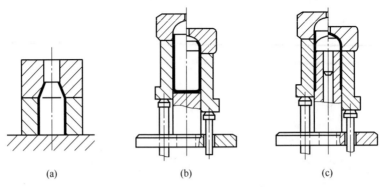

图 11-22　不同模具支承方式的缩口

许可的缩口系数较大；图 11-22（b）所示是外支承方式，缩口时坯料的抗失稳能力较前者高，许可的缩口系数较前者低；图 11-22（c）所示是内外支承方式，缩口时坯料的稳定性最好，许可的缩口系数为三者中最小。

3. 胀形模具

如图 11-23 所示为最常用的刚性胀形凸模——分瓣式胀形凸模，凸模被分成多个模瓣，所有模瓣一起组成凸模整体。在胀形工作时，锥形芯块在推力作用下上行，将分瓣凸模顶开，从而使工序件在模瓣作用下胀出所需形状。模瓣的数目越多，工件形状、尺寸和精度控制越好。这种胀形模的缺点是变形不均匀，难以加工高精度旋转体，且模具结构复杂，制造难度较大。

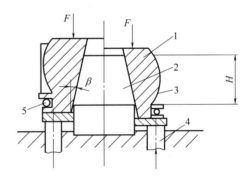

图 11-23　刚性胀形凸模
1—分瓣凸模　2—锥形芯块
3—工件　4—顶杆　5—拉簧

如图 11-24 所示是软凸模胀形，其原理是利用橡胶、液体、气体和钢丸等代替刚性凸模，与工件直接接触完成胀形。这种胀形方法所加工的坯料变形均匀，且不受零件形状的复杂程度限制，因此在生产中被广泛使用。

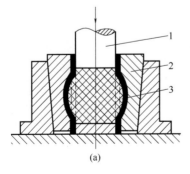

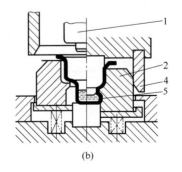

图 11-24　软凸模胀形
1—凸模　2—分块凹模　3—橡胶　4—侧楔　5—液体
（a）橡胶胀形　（b）液体胀形

4. 整形模具

由于工艺方法、模具精度、金属加工后回弹现象等众多因素的影响，冷冲压制件在尺寸精度或形状细节上离要求标准仍存在细微差距，这时就需要对这些制件进行整形。由于整型后制件的精度要求比较高，因而对模具的精度要求也是较高。

① 校平模具。根据校平件的表面形状，可将校平模具分为平板校平模具和齿面校平模具，如图 11-25 所示。进行校平整形时，将工件置于上模板和下模板制件，然后在两模板之间施加一定压力，并根据要求保持一定时间，使工件完成定型。

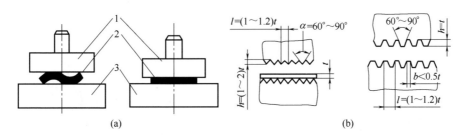

图 11-25　校平模具

1—上模板　2—工件　3—下模板

（a）平板校平模具　（b）齿面校平模具

② 弯曲件整形模具。弯曲件的整形分为压校和镦校，如图 11-26 所示。

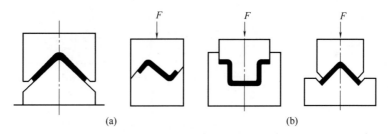

图 11-26　弯曲件整形模具

（a）压校　（b）镦校

③ 拉深件整形模具。根据拉伸件是否有凸缘，相应的将拉伸件整形模具分为无凸缘拉伸件整形模具和带凸缘拉伸件整形模具，它们的基本结构和拉深模具基本一样，都由凸模凹模组成，区别是前者未配置压件装置，而后者在整形过程中需要固定凸缘，因此配备了压件装置，如图 11-27 所示。

需要注意的是，带凸缘

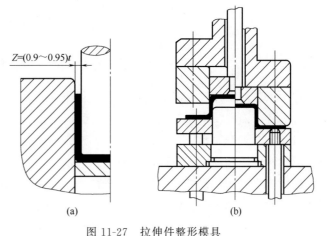

图 11-27　拉伸件整形模具

（a）无凸缘拉伸件整形模具　（b）带凸缘拉伸件整形模具

的拉延件在整形过程中需要拉伸件多部位的参与，包括需凸缘平面、侧壁、底平面和圆角等，有些区域在整形时需要从邻近区域得到补充材料。

第四节　冲压模具设计

冲压模具是实现冲压加工最核心的工艺装备，其设计合理性、制造精度对冲压工艺能否顺利进行、冲压件是否满足精度要求等起决定性作用，因此，冲压模具的设计旨在应该严格遵从冲压成形的基本原理和规律。

一、冲压模具开发流程

冲压模具的开发一般包括冲压工艺设计、模具设计、模具制造和模具调试四个基本阶段。随着管理手段和模具开发技术的不断进步，各环节之间的衔接越来越紧密。CAE/CAD/CAM 技术的集成应用，更是加速了模具开发的集成化进程。如图 11-28 所示为冲压模具的开发流程。

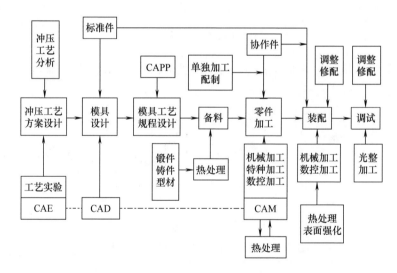

图 11-28　冲压模具开发流程

二、冲压工艺及模具开发基本步骤

冲压工艺的设计过程涉及很多方面，各步骤间的具体内容可能会相互联系或制约，要综合考虑各方面的要求及实施条件。

（1）充分了解原始资料　在进行冲压加工前，首先应该充分了解原始资料，如生产任务、原材料性质、冲压设备性能参数、模具加工能力及相关技术标准等。

（2）确定冲压工艺方案　根据生产任务、冲压件形状、结构和精度要求，确定生产冲压件所需的所有单工序，讨论并确定最佳工序组合方案，完成工艺计算。

（3）确定冲压模具类型、结构及各部件尺寸，并绘制设计图，完成模具设计。

（4）制定工艺卡片等文件，编写设计计算说明书。

三、冲压模具材料选择

现阶段冲压模具的材料主要以钢为主，部分零件采用铸铁、硬质合金等材料制造。在进行冲压模具选材时，应根据冲压工艺的具体要求，结合各类工程材料的性能差别，合理而灵活地确定。例如，冲压模具中垫板的主要作用式缓冲冲击载荷，防止模座在冲击力的作用下出现压陷甚至断裂。如果冲压工艺的冲压力较大，则应选择强度较高的 T7 或 T8 材料；如果冲击力较小，则可以选用强度较低的其他材料，甚至在模具结构中不使用垫板。表 11-2、表 11-3 所示分别为冲压模具工作零件及附属零件常用材料及其热处理工艺。

表 11-2　　　　　　　　　　　冲模工作零件常用材料及热处理

模具类型及特点		常用材料	最终热处理	硬度（HRC）	
				凸模	凹模
冲裁模	形状简单，板料厚度＜3mm	T8A,T10A 9Mn2V,Cr6WV	淬火＋低温回火	58～62	58～62
	形状复杂，板料厚度＞3mm，要求耐磨性高	7CrSMnMoV Cr12,Cr12MoV, Cr4W2MoV,CrWMn	淬火＋低温回火	56～60	58～62
弯曲模	一般弯曲模	T8A,T10A	淬火＋低温回火	54～58	56～60
	形状复杂，生产批量特大，要求耐磨性很高的弯曲模	CrWMn,Cr12 Cr12MoV	淬火＋低温回火	60～64	60～64
	热弯曲模	5CrNiMo,5CrMnMo	淬火＋低温回火	52～56	52～56
拉深模	一般拉深模	T8A,T10A	淬火＋低温回火	58～62	60～64
	生产批量特大，要求耐磨性很高的拉深模	Cr12,Cr12MoV YG8,YG15（硬质合金）	淬火＋低温回火 —	62～64 —	62～64 —
	不锈钢拉深模	W18Cr4V YG8,YG15（硬质合金）	淬火＋低温回火 —	62～64 —	62～64 —
	大型拉深模	QT600	表面淬火	60～64	60～64
	热拉深模	5CrNiMo,5CrMnMo	淬火＋低温回火	52～56	52～56
成形模	一般成形模	T8A,T10A	淬火＋低温回火	58～62	60～64
	复杂成形模	CrWMn,Cr12	淬火＋低温回火	62～64	62～64
	大型成形模	QT600	表面淬火	60～64	60～64

表 11-3　　　　　　　　　　　冲模附属零件常用材料及热处理

零件名称	常用材料	热处理	硬度（HRC）
上、下模座	HT200,HT250,Q235,45	铸件时效	
模柄	Q235,Q275	—	
导柱、导套	20 QT400	渗碳＋淬火＋回火 表面淬火	60～64
固定板、顶板、托料板、卸料板	Q235,Q275 45	— 调质	— 22～28
导料板、挡料销	45	淬火＋回火	40～45

续表

零件名称	常用材料	热 处 理	硬度（HRC）
导正销、定位销、定位板、垫板	T7,T8 45	淬火＋回火	50～55 43～48
推杆、推板、顶杆	45	调质	22～28
侧刃、侧刃挡块	T8A,T10A	淬火＋回火	53～58
压边圈	T8A	淬火＋回火	53～58
滑块、锲块	T8A,T10A	淬火＋回火	56～60

第十二章　金属包装中有害物质迁移与安全

金属包装容器是用金属薄板制造的薄壁容器，主要为钢材与铝材两大类，其具有良好机械性能、阻气性、防潮性、遮光性等特点，能长时间保持商品的质量，为此常用于食品药品等产品的包装，其中金属罐是最常见的金属包装。随着全球对食品安全的重视，食品接触材料的安全性成为研究的热点问题，其中金属包装中有害物质的迁移也越来越受到人们的关注。

第一节　金属包装中潜在的迁移物及其危害

为了防止金属与食品接触，避免电化学反应及金属迁移污染，一般要在内壁涂布涂料，但涂料中含有的一些有害物质，如游离甲醛、游离酚、双酚 A 及其衍生物等，在与食品接触时会从涂料中迁出进入食品从而影响食品安全。这些物质会干扰内分泌系统，降低免疫功能，严重影响人们身体健康，所以，研究金属包装中有害物质的迁移与安全评价，并加强监管，具有十分重要的意义。

一、金属制罐常用材料与特点

金属制罐常用材料主要分为铁基与铝基材料，最常用的几种金属制罐材料与特点如下：

① 镀锡薄钢板。俗称马口铁，英文缩写为 SPTE，是指两面镀有商业纯锡的冷轧低碳薄钢板或钢带。锡主要起防止腐蚀与生锈的作用。具有耐腐蚀、无毒、强度高、延展性好的特性。

② 镀铬薄钢板。简称 TFS，是表面镀有铬和铬的氧化物的低碳薄钢板。镀铬板耐腐蚀性较差，焊接困难，主要采用熔接法和粘合法接合腐蚀性较小的啤酒罐、饮料罐以及经内外涂装后用于制作冲拔罐和食品罐的底和盖等。

③ 黑铁皮。即低碳钢冷轧原板，是制作金属桶的主要材料，具有强度高、加工工艺简单、易于回收等特点。一般采用电阻焊与卷边工艺成型。

④ 罐用铝材。分纯铝系列和耐蚀的铝合金板材或箔材等。包装铝材具有良好的加工与安全性，具有较强的抗腐蚀能力，常用于饮料与药品包装。为提高铝材的耐蚀性，一般均经涂料后使用。

二、金属制罐常用涂料与特点

罐头的涂料一般可分为内壁涂料、外壁涂料、接缝补涂料、全喷涂涂料。

1. 罐头内壁涂料

根据所使用的基料，罐头内壁涂料大体可分为环氧酚醛涂料，酚醛涂料、油树脂涂料、环氧胺基涂料、乙烯基涂料等类型。根据使用要求，还可加入其他化学成分制成抗硫、抗酸或抗酸硫两用涂料以及各种专用涂料。

环氧酚醛涂料是环氧树脂和酚醛树脂混合制成的，必须经过195℃加热交联聚合，干燥成膜，是使用最广泛的一种内壁涂料。它具有较好的柔韧性、附着力及化学稳定性，涂膜呈金黄色、无异味、能耐焊热和一般低硫和低酸食品的腐蚀，常用于经过调味的鱼、肉、蔬菜、果酱等罐头容器的涂料及水果罐头容器的底涂料。

酚醛涂料是由酚和醛反应制成的，同样需要180℃左右烘烤固化，其涂膜透气性很小，柔韧性较差，漆膜较硬，但对硫化腐蚀的抗性比较突出。酚醛涂料易含有游离酚，和水中氯作用生成氯酚，有异味，故不宜用于清水蔬菜的罐头容器。

油树脂涂料是油溶性酚醛树脂和干性油（桐油、亚麻油、脱水蓖麻油）加热熬炼而成，是最早用于食品罐头的涂料，通常在涂料中加入一定比例的氧化锌等提高其抗硫能力，其固化温度一般在200～210℃。油树脂涂料涂膜耐动物性脂肪性差，容易软化脱落，产生异味，所以，一般在表面上罩上一道酚醛涂料或防粘涂料为面漆。

环氧胺基涂料是环氧树脂中加入作为硬化剂的胺基树脂，如脲醛、三聚氢胺等制成的无色涂料。能耐高温杀菌、无色透明、气味小、附着力强、漆膜耐深冲性好，可作为浅色水果的内壁涂料，也可作为罐外涂料。

乙烯基涂料是将乙烯共聚体溶解于溶剂中制成的涂料，乙烯涂料的主要特点是柔韧性好、无臭、无味、耐油、耐醇性优良，透气性小，耐深冲性能好，其缺点是不耐焊热，附着力差。常用于啤酒等饮料罐的内涂料或喷涂涂料。

2. 罐头外壁涂料

食品罐头外壁涂料的目的是装潢和防止罐外生锈。由于不直接接触内装物，所以较少考虑其迁移风险。其印刷加工工艺是先涂布白底漆，再印刷金属油墨，然后涂装罩光漆。白底涂料常用改性醇酸树脂和烯酸环氧聚酯等类树脂漆。金属表面通常采用热固化型油墨印刷。其中三片罐常用醇酸树脂、酚醛树脂、三聚氰胺树脂为基料的涂料；两片罐常用脂肪酸改性醇酸树脂、聚酯树脂基涂料。罩光漆以聚酯树脂、改性环氧树脂作为基料，再加入醇醚类溶剂及其他助剂来调节其涂布适宜性。涂层与印刷油墨要有良好的粘附力，油墨层同罩光清漆之间应有足够的附着力。

3. 接缝补涂料

三片罐身焊接时，其身缝部位及其两侧因受高温熔融或机械损伤使内外涂层破坏，必须对其进行补涂。补涂涂料成膜后应无毒害、与盛装内容物不相溶、有良好的抗化学性及具备快速烘干固化性能等要求。有液体滚涂、液体喷涂和粉末喷涂等方式。

常用的如PX-856接缝补涂料是由环氧树脂和酚醛树脂混合制成，涂料在高温短时间内即能固化，其涂膜具有一定抗性，适用于水果、蔬菜、饮料等低酸食品的空罐电阻焊接缝补涂料；XE-2环氧改性二甲苯树脂边缝补涂料是由环氧树脂和二甲苯甲醛树脂在酸性催化剂作用下，经缩合反应制得的预聚物，兼备环氧树脂和二甲苯甲醛树脂的优点，有良好的韧性、附着力、抗硫性、抗酸性；884有机溶胶接缝补涂料，主要成分为聚氯乙烯树脂，具有快速干燥固化功能，涂膜附着力强，抗酸抗硫性能良好。

4. 罐用全喷涂涂料

为防止含高酸、高盐、花青素等腐蚀性内容物的侵蚀，食品及饮料罐在空罐成型后，往往需要对罐内壁进行一次全喷涂补涂，以加强罐壁的保护作用。一般采用乙烯基涂料和水溶性环氧树脂类涂料。

5. 金属制罐用密封填料

为了保证食品罐头的密封，罐盖钩边须充填密封材料。密封填料由橡胶等弹性材料，矿物填料、粘性树脂及抗氧化剂等次要物质组成，分为水性密封胶与溶剂性密封胶二种类型。这些材料必须符合食品卫生要求，且应具有良好的可塑性、热稳定性、附着力、抗水、抗氧化、抗油性能及耐磨性等特点，以确保罐头在沸水杀菌消毒，钝化处理，油类产品加盖排气时密封材料的稳定。

第二节　罐装物分类及其对涂料的要求

一、不同罐内容物与对内涂料的要求

1. 富含蛋白质内容物

水产、家禽和畜肉类等富含蛋白质罐头要求采用抗硫涂料，以防止蛋白质在高温杀菌过程中降解，释放出游离的硫，造成硫化腐蚀，必要时在基料中加一些可以吸硫的物质（如氧化锌等），以防止硫化铁的生成。

2. 较强酸性内容物

番茄酱和酸黄爪等较强酸性罐头需采用抗酸涂料，以防止罐壁的酸腐蚀，造成罐头的穿孔、变质。

3. 含花青素水果的内容物

草莓、樱桃和杨梅等含花青素水果罐头，若与锡接触会产生还原作用，不仅会褪色，而且会造成罐壁的花青素腐蚀，形成氢胀胖听。所以，而需要在一般涂料基础上，增加涂料厚度或进行二次补涂，以提高其抗腐蚀性能。

4. 易粘内容物

清蒸鱼、午餐肉等罐头，食用时不易倒出。应采用含有防粘剂的涂料，以保持形态完整美观。

5. 饮料

罐装啤酒等对铁离子含量极为敏感。需要采用细腻致密的涂料，制罐后尚需喷涂，保证成膜后没有孔隙点，以防止铁离子渗入影响啤酒的风味和透明度。

6. 冲拔罐

冲拔罐涂料，需要铁皮涂料能耐冲压及延伸等。罐内涂料主要作用有二个，其一是保护罐壁不受内容物的作用而发生腐蚀及脱锡变色等现象；另外一个是保护食品，保持其品质或营养价值。

二、罐头内壁涂料基本技术要求

涂料成膜后应无毒害，不污染内容物，不影响其风味和色泽，低公害性。满足有害物质迁移相关法规与标准要求；涂料成膜后能有效地防止内容物对罐壁的腐蚀；涂料成膜后附着力良好，具有要求的硬度、耐冲击性和耐焊热性，适应制罐工艺要求。制成罐头经杀菌后，涂膜不应变色、软化和脱落、溶解。加工方便，操作方便，烘干后能形成良好的涂膜。涂料及所用溶剂性价比好，涂料贮藏稳定性好。

三、内涂料中主要有害物质及其危害

我国两片、三片金属罐及各种瓶盖内涂料基本采用热固性环氧树脂基涂料，其中环氧酚醛树脂 214 涂料占 70%，其具有良好的抗化性，柔韧性和附着力及较好的安全性。

双酚 A（BPA）、双酚 A 二缩水甘油醚（BADGE）、双酚 F（BPF）、双酚 F 二缩水甘油醚（BFDGE）、酚醛清漆甘油醚（NOGE）及其衍生物等物质作为环氧树脂和聚氯乙烯有机溶剂内涂料的初始原料、增强剂和热稳定剂，近年来发现微量或痕量的此类有害化学物质会迁移进入被包装内容物，并且毒理研究证明这些物质会长期摄入会对神经系统、内分泌系统、免疫系统产生影响，对雌雄动物比例失调起到了不可忽视的作用。金属罐内涂膜中有害物质迁移检测与风险评估引起了广泛关注，多国制定了相关法规与标准来限制此类化学物质的迁移量。涂膜中主要有害物质、风险及相关标准法规如下：

1. 双酚 A（BPA）、双酚 A 二缩水甘油醚（BADGE）及其衍生物

双酚 A 又称二酚基丙烷，是由苯酚和丙酮在特定条件下缩合而成的非极性物质，是世界上使用最广泛的化合物，主要用于生产聚碳酸酯、环氧树脂、聚苯醚树脂等。其形状为白色针状晶体，熔点在 156～158℃，不溶于水、脂肪烃，易溶于乙腈、甲醇、丙酮等有机溶剂。研究表明双酚 A 为内分泌干扰物，并具有一定的毒性。双酚 A 通过食物链进入人体和动物体内，会影响人和动物的代谢、生殖系统、免疫系统等。研究表明在绝大部分市售食品罐产品中发现了双酚 A，其浓度范围在 $2ng/g\sim730ng/g$，已经存在安全风险。

国内外对双酚 A 的使用做出了限定，如欧盟委员会决定"从 2011 年 3 月 1 日起成员国禁止使用含双酚 A 的塑料生产婴儿奶瓶，并从 2011 年 6 月 1 日起禁止进口此类塑料婴儿奶瓶"。加拿大卫生部规定暂时的双酚 A 日摄入限量为 $25\mu g/kg$。美国食品和药物管理局在 2012 年 7 月禁止在婴儿奶瓶和儿童饮水杯中使用双酚 A。

我国的卫生部公告 2011 年第 15 号规定：拟自 2011 年 6 月 1 日起禁止 BPA 用于婴幼儿食品容器生产和进口，自 2011 年 9 月 1 日起，禁止销售含 BPA 的婴幼儿食品容器。

双酚 A 二缩水甘油醚（BADGE）是由双酚 A（PBA）与过量的环氧氯丙烷（ECH）在碱催化条件下缩合而来，为淡黄色油状黏稠物。BADGE 不仅作为稳定剂同时也作为环氧树脂的基材，在食品的储存和运输过程中与酸、水接触时，可能会发生一系列的反应，同时形成氯代物及水合物等衍生物，如 $BADGE\cdot H_2O$、$BADGE\cdot 2H_2O$ 以及 $BADGE\cdot HCl$ 等，其中 BADGE 的毒性最强。研究表明：BADGE 在食品中的出现可能会对原始危害造成叠加，也会加重肥胖的发展；有报道称 BAGDE 也会引起人类过敏性接触性皮炎；BADGE 迁入到含有氯化钠的食品中有可能会释放出有害物质氯丙醇；BADGE 的摄入会造成白鼠的孕期和哺乳期毒性的增加；BADGE 的衍生物也会对动物的遗传毒性、进化以及生殖都会产生影响。

欧盟委员会在 1895/2005 法规中规定 BADGE、$BADGE\cdot H_2O$ 和 $BADGE\cdot 2H_2O$ 的总量不得超过 $9mg/kg$，$BADGE\cdot HCl$、$BADGE\cdot 2HCl$ 及 $BADGE\cdot H_2O\cdot HCl$ 在食品或食品模拟液中的总迁移量不得超过 $1mg/kg$。

2. 双酚 F（BPF）、双酚 F 二缩水甘油醚（BFDGE）及其衍生物

双酚 F 为白色粉末，熔点 160℃，苯酚和甲醛在酸性的条件下制得，作为环氧树脂的

原料用于食品罐内涂层中，与双酚 A 环氧树脂相比其具有黏度低，作业性能优良等特点。在酚醛清漆甘油醚中残留的双酚 F 被用来清除聚氯乙烯有机溶胶涂料中的氯化氢。双酚 F 通过食物链在人体内堆积，引起人体内分泌的紊乱。

双酚 F 和环氧氯丙烷在碱性条件下缩合成双酚 F 二缩水甘油醚（BFDGE），其作为原料和添加剂被广泛的应用于涂料生产中。涂膜固化时未交联的残留 BFDGE，伴随着其氯代产物 BFDGE·HCl，BFDGE·2HCl 以及水解产物 BFDGE·H$_2$O，BFDGE·2H$_2$O，BFDGE·HCl·H$_2$O 迁移到食品中。BFDGE 及其衍生物会使人或动物的内分泌系统、免疫系统、神经系统出现异常，还会干扰人或动物的生殖遗传系统，且在食品罐头中常检测到其存在。欧美已严格限制 BPF 和 BFDGE 在包装材料、粘合剂以及有机涂层中的使用。这些化合物的特定迁移限量为 1mg/kg。

3. 酚醛清漆甘油醚（NOGE）及其衍生物

酚醛与表氯醇发生反应得到酚醛清漆甘油醚，NOGE 是众多相对分子质量不同的酚醛清漆多元甘油醚混合物的总称，BFDGE 是分子量最小的双环结构的 NOGE，剩下的就是 3 环至 8 环的一系列的化合物。当化合物分子量＜10000Da 时才会被胃肠道吸收，因此一般只研究 3 环至 6 环 NOGE。NOGE 的脂溶性较强，在一些鱼油类的罐头中会迁移到食品中衍生出一系列的衍生物。研究表明 NOGE 对人体有害，欧盟限制其含量必须小于 1mg/kg，并在 2005 年 1 月之后禁止使用含有 NOGE 的材料。NOGE 的一些毒理学原理还有待进一步的研究。

第三节　有害物质迁移理论与应用

迁移检测费时费力，投入巨大，需要专业人士操作，且有时痕量检测也较困难，所以采用迁移理论模型对迁移风险进行评估具有十分广阔的前景。美国已经使用对潜在迁移的模拟作为管理决策的辅助工具，欧盟也打算把这一工具作为定性测定的手段。欧盟委员会早在一部不具有法律强制性的《实用指南》中，给出了使用数学模型代替迁移测试的一些指导方针，后在条令 2002/72/EC 中，明确提出使用公认的迁移模型可作为一种新型的标准和质量保证工具。欧盟项目 SMT4-CT98-7513 在第五框架计划"迁移模型的评价"中列出了对模型普遍认可的科学证据，并生成证实迁移模型有效性的基础文件。

一、包装材料中有害物质迁移机理

1. 迁移物在聚合物中的扩散机理

物质的迁移可通过对流和扩散两种方式进行。在气体和液体中，物质的迁移一般是通过对流和扩散来实现的，而在固体中，固体物质不发生对流，迁移的唯一方式是扩散。食品包装材料的迁移问题，主要是指包装材料的某些成分向包装内容物和外界扩散，以及包装内容物中的某些成分向包装材料内的扩散。当食品内容物为液体时，迁移过程可以认为是小分子从固体介质（包装）到液体介质的扩散，由于交接面处存在较大的浓度梯度而促使包装内迁移物进入食品，另一方面液体也要通过扩散进入聚合物，溶解聚合物内的迁移物，进而使迁移物从聚合物中加速进入液体食品。

研究固体材料的迁移一般有两种：

① 表象理论。根据所测量的参数描述物质迁移的速率和数量等。

② 原子理论。研究迁移过程中原子或分子是如何扩散的。

菲克定律是表象理论分析的代表，而原子理论是描述物质迁移的微观机理。

2. 菲克定律

1855 年，阿道夫·菲克（Adolf Fick）给出了描述原子迁移速率的方程，即菲克第一定律（或扩散第一定律）

$$J = -D\frac{dC}{dx} \tag{12-1}$$

式中，J——单位横截面上物质的扩散通量，$g \cdot s^{-1} \cdot cm^{-2}$，表示单位时间内通过垂直于扩散方向 x 的单位面积上扩散物质质量；

D——包装材料内迁移物的扩散系数，$cm^2 \cdot s^{-1}$；

C——扩散物质的质量浓度，$g. cm^{-3}$。

Fick 第一定律描述了一种稳态扩散，即质量浓度不随时间而变化。它可以直接用于求解浓度分布不随时间变化的稳定扩散问题，同时又是建立浓度分布随时间变化的不稳定扩散动力学方程的基础。

大多数扩散过程是非稳态扩散过程，即材料中某一点的浓度是随时间而变化的，由此结合 Fick 第一定律和质量守恒条件推导出了 Fick 第二定律（或扩散第二定律）

$$\frac{\partial C_{x,t}}{\partial t} = D\frac{\partial^2 C_{x,t}}{\partial x^2} \tag{12-2}$$

式中，$C_{x,t}$——t 时刻 x 处包装材料中迁移物的浓度，$g \cdot cm^{-3}$。

3. 原子理论

菲克定律定量地描述了质点扩散的宏观行为，在人们认识和掌握迁移扩散规律过程中起了重要的作用。然而，菲克定律给出的仅仅是对表象的描述，它把诸多影响扩散的因素都包括在扩散系数之中，很难赋予其明确的物理意义。而迁移的原子理论是从微观角度分析物质的扩散现象，迁移物原子在其平衡位置作热振动，通过跳跃进入基体分子间的空穴和间隙中而实现迁移。原子的间隙迁移，前提是原子与基体分子的体积较为接近，处于间隙位置的原子从一间隙位移入另一间隙位置的过程中，必然要引起基体分子的变形或移位，而这一运动所需要的能量很大，所以间隙迁移较难发生。事实上，迁移原子一般都比基体分子的体积要小得多，所以我们认为迁移原子在基体材料中的扩散主要是通过空穴迁移来实现，这就是空穴理论（或自由体积理论）。

根据自由体积理论，迁移分子在高聚物中发生迁移，需要满足两个条件：一是要有足够大的空穴能容纳迁移分子；二是迁移分子要有足够大的能量克服周围分子的吸引而进入空穴。足够大的跃迁空穴，主要依靠以下两种方法获得：第一种方法是直接占有体系中较大的空穴，第二种方法是间接地从高分子链段的跃迁得到空穴。在高分子玻璃化温度（T_g）以上，运动着的高分子链有可能将原先占有的体积空出来留给迁移分子发生跃迁。对于第二种方法，有时高分子链节的体积比迁移分子小，往往需要几个链节共同发生跃迁，其空出的体积才达到迁移分子发生跃迁所需的空穴体积，而较多个链节共同发生跃迁总要比较少链节共同发生跃迁来得困难。而足够的能量是指迁移分子的活化能，当聚合物体系温度较高时，迁移分子的活化能也较大，分子就越容易迁移。

二、高分子材料中迁移物扩散模型及应用

1. 高分子材料中迁移物扩散模型

聚合物包装材料中化学物迁移的数学模型，主要包括基于 Fick 扩散定律的扩散行为、非 Fick 扩散行为和无规则扩散。本节主要分析基于 Fick 定律的扩散行为，将其应用于食品包装材料中化学物的迁移研究。为简化分析，只考虑一维的扩散，可基于 Fick 第二定律（12-2）进行分析求解。

2. 模型基本假设

对于迁移过程的模型描述，需要基于以下基本假设条件：

① 初始时刻，化学物均匀分布在包装薄膜中。

② 化学物从包装薄膜一侧进入食品，交界面处没有传质阻力（设传质系数很大）。

③ 任一时刻食品中的化学物均匀分布。

④ 在整个迁移过程中，扩散系数 D 和分配系数（$K_{P,F}=C_{P,\infty}/C_{F,\infty}$）为常数。

⑤ 任何时刻，在包装薄膜和食品的界面上的迁移都是平衡的。

⑥ 忽略包装材料边界效应及其与食品的相互作用。

3. 单层迁移模型

在单层迁移模型中，聚合物材料的尺寸可分为两种情形：无限包装和有限包装；食品模拟物的体积也可分为两种情形：无限食品和有限食品。因此可以得到以下 4 种扩散模型：无限包装-无限食品模型，无限包装-有限食品模型，有限包装-无限食品模型和有限包装-有限食品模型。

（1）包装无限体积-食品无限体积　无限包装意味着包装材料无限厚。食品体积视为无限大时，意味着在迁移过程中迁移物的浓度一直是常数，等于其初始值。由方程（12-2）可解得

$$\frac{M_{F,t}}{A}=2C_{P,0}\left(\frac{D_t}{\pi}\right)^{0.5} \tag{12-3}$$

式中，$M_{F,t}$——t 时刻迁移物进入食品的迁移量，g；

　　　　A——接触食品的包装材料面积，cm^2；

　　　　$C_{P,0}$——包装材料中迁移物的初始浓度，$g \cdot cm^{-3}$。

实际上包装不可能无限大，设其厚度为 L_P，则有 $C_{P,0}=M_{P,0}/AL_P$，代入方程（12-3）可得：

$$\frac{M_{F,t}}{M_{P,0}}=\frac{2}{L_P}\left(\frac{D_t}{\pi}\right)^{0.5} \tag{12-4}$$

式中，$M_{P,0}$——初始时刻包装材料内迁移物的量，g。

（2）包装无限体积-食品有限体积　当食品体积有限时，由方程（12.2）可得

$$M_{F,t}=C_{P,0}A(1-e^{z^2}erfc(z))/K_{P,F} \tag{12-5}$$

式中，$erf(z)=\frac{2}{\sqrt{\pi}}\int_0^z e^{-v}d_v$ 为误差函数为，$erfc(z)=1-erf(z)$ 为余误差函数。$z=(D_t)^{0.5}K_{P,F}/A$，当 $z<0.05$（即迁移时间较短时），方程（12-5）可简化为方程（12-4）。

（3）包装有限体积-食品无限体积　食品的体积无限大，则在迁移过程中食品中化合

物的浓度始终为常数 $C_{F,0}$。考虑到 $K_{P,F}$ 为常数，则在包装薄膜和食品交界面上，包装薄膜一侧迁移物浓度 $C_{P,L}=C_{F,0}/K_{P,F}$ 也为常数。根据前述模型基本假设，可得初始条件如下：

$$t=0, 0<x<L_P, C_{x,t}=C_{P,0}$$

边界条件为：

$$x=L_P, t>0, C_{x,t}=C_{P,L}=C_{F,0}*K_{P,F}$$

$$x=0, t>0, \frac{\partial C_{x,t}}{\partial x}=0$$

式中，$C_{P,L}$——包装材料和食品界面上，包装材料中的迁移物浓度，$g \cdot cm^{-3}$；

$C_{F,0}$——初始时刻，食品中迁移物的浓度，$g \cdot cm^{-3}$。

将初始条件和边界条件代入方程（12-2）得

$$\frac{M_{F,t}}{M_{F,e}} = 2\left(\frac{D_t}{L_P^2}\right)^{0.5}\left\{\frac{1}{\pi^{0.5}}+2\sum_{n=1}^{\infty}(-1)^n ierfc\left[\frac{nL_P}{(D_t)^{0.5}}\right]\right\} \tag{12-6}$$

式中，$M_{F,e}$——平衡时迁移物进入食品的迁移量，g。

对于短时间的迁移（$M_{F,t}/M_{F,e}<0.6$），方程（12-6）可简化为

$$\frac{M_{F,t}}{M_{F,e}}=\frac{2}{L_P}\left(\frac{D_t}{\pi}\right)^{0.5} \tag{12-7}$$

由方程（12-2）还可解得

$$\frac{M_{F,t}}{M_{F,e}}=1-\sum_{n=0}^{\infty}\frac{8}{(2n+1)^2\pi^2}\exp\left[\frac{-D(2n+1)^2\pi^2 t}{4L_P^2}\right] \tag{12-8}$$

方程（12-6）和方程（12-8）实质上是等价的。

对于较长时间的迁移（$M_{F,t}/M_{F,e}>0.6$），方程（12-8）可简化为

$$\frac{M_{F,t}}{M_{F,e}}=1-\sum_{n=0}^{\infty}\frac{8}{\pi^2}\exp\left[\frac{-D\pi^2 t}{L_P^2}\right] \tag{12-9}$$

（4）包装有限体积-食品有限体积　假设初始时刻食品中不含迁移物，迁移达到平衡时食品中的浓度由 $C_{F,0}=0$ 升至 $C_{F,e}$，分配作用体现在 $X=L$ 处边界条件（Chung et al.，2001）$\left[\dfrac{V_F}{K_{P,F}A}\right]\dfrac{\partial C}{\partial t}=-D\dfrac{\partial C}{\partial x}$，则有

$$\frac{M_{F,t}}{M_{F,e}}=1-\sum_{n=0}^{\infty}\frac{2a(1+a)}{1+a+a^2 q_n^2}\exp\left[\frac{-q_n^2 D_t}{L^2}\right] \tag{12-10}$$

式中：q_n——$\tan q_n=-aq_n$ 的非零正根；

a——平衡时食品中迁移物与包装材料中迁移物的质量比，$a=V_L/K_{P,F}V_P$。其中 V_L 为食品模拟液体积，V_P 为与食品接触的聚合物体积；$K_{P,F}$ 为迁移化合物在聚合物与食品模拟液之间的分配系数。

综合式 $m_{L,\infty}=V_L \cdot c_{L,\infty}$ 和 $m_{P,0}=V_P \cdot c_{P,0}=V_L \cdot c_{L,\infty}+V_P \cdot c_{P,\infty}$，得到平衡时迁移到食品中的物质量占总量 $m_{P,0}$ 的分数为 $m_{L,\infty}/m_{P,0}=a/(1+a)$。

将 $m_{L,\infty}/m_{P,0}=a/(1+a)$ 和 $m_{P,0}=Ac_{P,0}\rho_P d_P$ 代入式（12-10）中得

$$\frac{m_{L,t}}{A}=c_{P,0}\rho_P d_P\left(\frac{a}{1+a}\right)\left[1-\sum_{n=1}^{\infty}\frac{2a(1+a)}{1+a+a^2 q_n^2}\exp\left(-D_p t\frac{q_n^2}{d_p^2}\right)\right] \tag{12-11}$$

式中，ρ_P——聚合物的密度。

有限包装-有限食品更接近于真实迁移情形。

4. 多层迁移模型

多层模型基本假设除前述基本假设条件之外，还包括假设两层为同种材料且理想接触（没有传质阻力及分配），初始时刻化学物均布于 R 层（污染物层）而 B 层（原生层）不含污染物。

其中比较有代表性的是 Feigenbaum-Laoubi-Vergnaud 模型。模型考虑双层薄膜存储期间污染物层 R 内化学物向阻隔层 B 的迁移，但未考虑双层共挤时候的迁移，也未考虑与食品接触。方程表达式如下：

$$\frac{M_{B,t}}{M_{P,0}} = \frac{L-R}{L} - \frac{2L}{\pi^2 R} \sum_{n=1}^{\infty} \frac{1}{n^2} \left[\sin\left(\frac{n\pi R}{L}\right) \right]^2 \exp\left(-\frac{n^2 \pi^2}{L^2} D_t\right) \tag{12-12}$$

式中，$M_{B,t}$——污染物在 t 时刻进入阻隔层 B 的量，可通过对 H 到 L 的积分得到。

$M_{P,0}$——污染物在 R 层中的初始质量。

5. 影响迁移的重要参数

从聚合物材料向食品的迁移主要由动力学因素（在聚合物和食品中的扩散）和热力学因素（在聚合物和食品间的平衡分配）决定。这两个影响因素分别对应于迁移物的扩散系数和分配系数。

（1）扩散系数　扩散系数表征了聚合物体系中化合物迁移扩散的特性，目前主要有实验预测和经验公式估算两条途径确定。

实验测定方法主要有核磁共振法、质量吸收/解吸法、膜/膜测定法、逆流气相色谱法及激光全息技术等。

经验公式是基于小分子在聚合物中扩散的理论与实验资料，并在此基础上发展出一系列用于解释实验结果的扩散模型，如分子模型、自由体积模型、杂化模型等。但是，由于这些模型中多个未知参数的存在以及实验确定参数的复杂性，很难在食品包装的迁移评估得到有效的应用。因此，对于扩散系数的预测，国外学者基于实验数据提出了几种半经验化公式。比较著名的有 Baner-Piringe、Limm-Hollifield、Brandsch 和 Helmroth 等模型。

（2）分配系数　迁移物在聚合物包装材料与食品中迁移的分配系数 $K_{P,F}$ 是迁移模型中的另一个重要参数，定义为平衡时迁移物在聚合物中的浓度 $C_{P,e}$ 与在食品或食品模拟液中的浓度之 $C_{F,e}$ 之比，其大小取决于造物相及两种介质的极性。依据"相似相溶"原理，在非极性聚合物（例如聚烯烃）—水基食品体系中，极性物质会强烈倾向于食品相，而非极性物质会强烈倾向于聚合物包装材料相。而对于极性聚合物材料，就要看相对极性值。根据聚合物和食品模拟液的极性以及迁移物的性质，分配系数会在几个数量级的范围内变化。

分配系数一般通过实验确定。对于较难到达迁移平衡的物质，通过实验求其分配系数较费时间和人力，但目前还没有一个可以有效地预测分配系数的模型，因此，一般情形下，对于难溶解化合物，定义 $K_{P,F}$ 值为 1000，而对于易溶解化合物，分配系数的值一般设定为 1。

食品、药品接触材料安全性是食品安全的重要组成部分。不同的接触材料种类、接触条件，迁移到食品中的有害物种类及迁出量都不一样。只有不断提高检测技术，研究有害物迁出规律，从而推进生产工艺的改进，完善监控体系，才能为大众提供安全可靠的食品药品包装，迎合食品药品包装未来的发展趋势。

第四节　金属包装中有害物质迁移检测技术与相关法规、标准

一、金属包装中有害物质迁移检测概述

1. 食品模拟液的选择

由于食品复杂多样，单独的一种特定食品往往不能表征其他食品，而且食品的微量化学分析比较复杂，所以通常是使用食品模拟液来代替食品进行迁移研究的。所谓食品模拟物，就是指能够模拟真实食品来研究迁移规律的物质，可以是单一的溶剂或混合溶剂。根据食品类型、特性的不同，可以分为水性、酸性、酒精类、脂肪类食品。国标（GB/T 5009.156—2016）、欧盟标准（85/572/EEC）、美国 FDA 标准分别推荐了相应模拟真实包装的食品模拟物，如表 12-1 所示。

表 12-1　　　　　　　　　　GB、EC、FDA 推荐的食品模拟液

食品类型	GB 推荐的食品模拟物	EC 推荐的食品模拟物	FDA 推荐的食品模拟物
水性食品(pH＞4.5)	蒸馏水	蒸馏水	10％的乙醇
酸性食品(pH≤4.5)	4％乙酸	3％(m/V 的乙酸)	10％的乙醇
酒精类食品	20％乙醇	10％(V/V 的乙醇，超过该值必须调整到实际酒精度)	10％或 50％的乙醇
脂肪类食品	正己烷	精炼橄榄油或其他	食用油(如玉米油)

2. 迁移检测前样品处理

依据 82/711/EEC《关于与食品接触的塑料材料和制品中的组分迁移检测的基本规定》和 GB/T 23296.1—2009《食品接触材料　塑料中受限物质　塑料中物质向食品及食品模拟物特定迁移试验和含量测定方法以及食品模拟物暴露条件选择的指南》标准规定，$1cm^2$ 包装对应的食品模拟物体积为 0.2～1.67ml。根据实际调查显示，大多金属包装与食品接触面积与食品体积之比为 1∶1 左右，故可根据裁切的金属片面积决定浸泡用食品模拟物体积。

双面涂膜的金属包装铁皮浸泡前处理需要将外涂层用砂纸打磨掉，只保留内涂以待浸泡检测。用餐具洗涤剂在涂层表面刷洗 5 次，用自来水冲洗 0.5min，再用蒸馏水清洗，置烘箱中烘干。然后，将其剪裁成方便浸泡的小金属薄片（如 5cm×1cm），将小铁片分别放入具塞试管内，按标准要求加入模拟液后，置于水浴锅中进行恒温浸泡，浸泡到预定时间后，迅速将试验样片取出，随即用自来水将浸泡液温度降至室温，一般还需通过旋转蒸发对浸泡液进行浓缩处理，取适量经滤膜过滤，滤液待用。

3. 金属包装有害物质迁移检测技术

（1）金属罐内容物中重金属检测　金属材料中重金属可能迁移到内容物中，如铅、汞、镉、铬、砷等生物毒性显著的重金属。其测定的方法主要有 AAS（原子吸收光谱法）、AFS（原子荧光光度法）、EA（电化学法）、ICP（电感耦合等离子体光谱仪法）、ICP-MS（电感耦合等离子体质谱法）以及分光光度法等。

对食品样品进行前处理的方法主要有：微波消解、湿法消解、干法消解。其中湿法消

解和干法消解是传统的样品前处理方法，微波消解是近年来发展很快的一种新型消解方法，已逐渐有取代干法消解和湿法消解的趋势。

原子吸收光谱法目前是在重金属测定中应用最为广泛的方法，但是其缺点是每次只能检测一种重金属元素，不能满足现在多种重金属元素同时检测的需要。可同时检测多种重金属元素的方法技术有 AFS（原子荧光光度法）、EA（电化学法）、ICP（电感耦合等离子体光谱仪法）以及 ICP-MS（电感耦合等离子体质谱法）等方法。这些方法都具有检出限低、精密度高、线性范围宽等优点，但样品的制备和预处理需要花费较长的时间。分光光度法（spectrophotometry）是一种传统的测定微量金属元素的分析方法，是实验室、小型食品企业化验室、基层防疫和商检部门常用的金属元素检测方法。更详细的检测方法请参阅相关检测标准与《食品包装安全学》等文献。

在化学计量学方法中，常用于金属检测分析的方法有分析信号预处理、多元校正分析、因子分析、人工神经网络等。其中应用于多种重金属分析的化学计量学方法主要有多元线性回归、主成分回归分析法、偏最小二乘法、人工神经网络等。随着化学计量学和计算机技术的快速发展，将化学计量学与光度法相结合，运用化学计量学方法，编制计算机程序解析吸收光谱，对食品中多种金属元素在不经过分离的情况下，实现同时测定是光度法是最具发展前景的研究方向。

（2）罐内涂膜中有害物质迁移检测　罐内涂膜中有害物质迁移检测主要有高效液相色谱法、气相色谱法、气相色谱-质谱法、酶联免疫法等。

高效液相色谱法（HPLC）通过改变流动相组成和极性的方法来调节出峰时间，改善分离，只要被分析物在流动相有一定的溶解度，便可分析。该方法有分离效率高、分析速度快、检测灵敏度高及应用范围广的特点，特别适合于高沸点、大分子、强极性和热稳定性差的化合物的分离分析。如采用带有荧光检测器的高效液相色谱仪检测食品模拟物中的双酚 A 的精度可达小数点后 4 位，远高于欧盟规定的检测限 0.6mg/L。

气相色谱-质谱法（GC-MS）被广泛用作分析迁移化合物。气相色谱仪分离效能好、快速、样品用量少，且易于实现自动控制。质谱仪则具有高灵敏度、强定性能力的特点，近些年来其在众多的分析仪器中应用广、发展快。GC-MS 可直接对非极性和挥发性高的有机类物进行检测分析；而对于极性强、挥发性低、热稳定性差的物质则不能直接进样分析，需要对其进行适当的化学处理转化成相应的挥发性衍生物，以降低目标化合物的极性和提高其挥发性，从而扩大气相色谱的测定范围，通常使用衍生化技术达到这一目的。

酶联免疫法（ELISA）是一种免疫测定，使抗原或抗体固相化及抗原或抗体做上酶标记。加入酶反应的底物后，底物被酶催化成为有色产物，产物的量与标本中受检物质的量直接相关，由此进行定性或定量分析。免疫技术在分析食品接触材料中有害化学物质的迁移检测方面表现出了巨大的潜力。

二、国内外食品接触材料安全相关法规与标准

由于食品接触材料中有害物质可能会发生迁移进入食品，若迁移量超过某一限量值，则会影响到食品的安全。因此，近年世界各国都十分重视食品接触材料的迁移风险，并建立了相应的法规、迁移安全检测标准，来评估食品接触材料安全风险，保障食品安全。

1. 国外食品接触材料相关法规

欧美各国自 20 世纪 60 年代起就开始关注包装材料中化学物的迁移性问题，其中以欧盟的相关检测标准与法规最为完善。欧盟的食品接触材料及制品法规分为框架、专项和单独法规三类。

第一类框架法规包括 EC No1935/2004《关于拟与食品接触的材料和制品暨废除 80/590EEC 和 89/109/EEC 指令》和 EC No2023/2006《关于拟与食品接触的材料和制品的良好生产规范》。EC No1935/2004 确定了适用于所有食品接触材料的总原则和规定，包括适用范围、安全要求、标签、可追溯性和管理规定条款等内容，以及生产食品接触材料允许使用物质授权及清单、质量及规格标准、暴露量信息、迁移量规定、检验和分析方法等内容，涉及到 17 类材料。而 EC No 2023/2006 是个企业经营者在食品接触材料生产过程中必须遵守的良好操作规范，要求在使用过程中不会释放出对人体有害的物质，不会导致食品成分产生不能接受的改变，不会使食品的味道、气味和颜色等感官特性改变，材料和制品的标签、广告及说明不应误导消费者等。

第二类专项指令规定了框架法规中列举的 17 类物质的要求。如活性和智能材料（2009/450/EC）、再生纤维素薄膜（2007/42/EC）、陶瓷（84/500/EEC）、塑料（（EU）No 10/2011）4 类物质的专项指令。

第三类单独法规是针对某一种物质所作的特殊规定，如：亚硝基胺类（93/11/EEC）、氯乙烯单体（78/142/EEC）、环氧衍生物（2005/1895/EC）和食品接触垫圈中增塑剂（2007/372/EC）。

框架性法规 EC No 1935/2004 目录内仅列出 17 类食品接触材料，对超出此目录范围的材料，根据第 6 条规定，对于未制定统一欧盟标准的新包装材料，各成员国可自行规定。美国、日本等发达国家也有相对完善的法规。

2. 国内食品接触材料法规与标准

2016 年，国家卫计委以及食药监总局联合发布《食品安全国家标准　食品接触材料及制品通用安全要求》（GB 4806.1—2016）等食品安全国家标准。整个标准体系包含三个层次的标准：

第一层次是通用/基础标准，包括 GB 4806.1—2016 通用安全要求和 GB 31603—2015 生产通用卫生规范（GMP）。其中 GB 4806.1 规定了对食品接触材料及制品的通用安全要求，是整个体系的纲领性标准，不仅明确了整个标准体系的框架，而且还规定了食品接触材料的基本要求。GB 31603—2015 生产通用卫生规范规定了食品接触材料及制品的生产、从原辅料采购、加工、包装、贮存和运输等各个环节的场所、设施、人员的基本卫生要求和管理准则。

第二层次是添加剂和产品标准。其中 GB 9685—2016《添加剂使用标准》明确了各类材质的添加剂使用要求。产品标准包括塑料、橡胶、涂层等 10 大类产品标准。如 GB 4806.6—2016《食品安全国家标准　食品接触用塑料树脂》、《GB 4806.9—2016 食品接触用金属材料及制品》、《GB 4806.10—2016 食品接触用涂料及涂层》等。

第三层次是方法标准，主要包括 GB 31604.1《迁移试验通则》和 GB 5009.156《迁移试验预处理通则》通则类方法标准。以及若干个针对不同测试项目的方法标准，如 GB 31604.2—2016《高锰酸钾消耗测试》、GB 31604.8—2016《总迁移量的测定》、GB

31604.9—2016《重金属（以铅计）的测定》、GB 31604.10—2016《双酚 A 迁移的测定》、GB 31604.49—2016《砷、镉、铬、铅的测定和砷、镉、铬、镍、铅、锑、锌迁移》等。

该系列新标准与食品安全法相呼应，食品接触材料相关生产与使用企业主体责任更加明确，监管与质检部门有法可依。该系列标准的发布标志着中国食品接触材料法规修订工作基本完成，法规框架体系已经确立，具有划时代的意义。

这些法规与标准也同样适应金属食品接触材料。

三、金属包装安全监管与风险评估

1. 金属包装安全监管

我国是马口铁食品罐和铝制易拉罐生产大国，所用内涂料每年超过 2 万多吨。随着加入 WTO，每年出口欧美发达国家的各种金属罐食品呈逐年上升趋势，由于内涂膜中有害物质迁移造成的贸易壁垒时有发生，所以，加强金属包装安全监管，避免或降低迁移风险，对提高我国金属罐卫生安全、巩固我国食品出口大国地位具有十分重要的意义。

（1）加强食品接触材料相关标准贯彻执行　我国在金属包装材料安全监管方面的与欧盟、美国还有较大的差距。面对日益严苛的国外技术壁垒，我国相关政府部门和企业应密切合作、给予高度重视，以积极的态度和有效的措施去应对。相关监管部门与生产、使用单位应加大食品接触材料新标准体系的贯彻执行，对食品金属包装原材料供应、生产、储运及消费过程中各个环节进行安全监控。同时，加强实验室建设和检测人员培训，不断提高检测水平和检测能力，为检验监管工作提供技术支持，使食品金属包装行业朝着标准化、规范化、国际化的方向发展。

（2）建立健全食品安全管理体系和防护体系　金属包装生产与相关食品生产企业应尽快熟悉和掌握 ISO 22000 食品安全管理体系认证。该体系采用了 ISO 9000 标准体系结构，将 HACCP（危害分析和临界控制点）原理作为方法应用于整个体系，将危害分析作为安全监管的核心。在落实 ISO 22000、HACCP 体系（危害分析与关键控制点）、良好卫生规范等涉及食品包装安全的质量控制体系方面，要进一步抓严抓实，使我国的出口食品及包装行业尽快与国际接轨。

2. 食品接触材料风险评估

食品接触材料中的单体、杂质、添加剂及生产过程中产生的副反应产物和降解物等非有意添加物都有可能迁移到食品中，均需要进行风险评估，主要分为上市前与上市后的监测评估。上市前通过评估确定是否可以批准上市，以及制定相应的限量标准，有美国和欧盟两种评估模式，我国还未建立系统的上市前安全性评估的基本参数。

食品接触材料新品种均需实行审批制度，由专门机构对新材料的安全性评估资料进行审查，确保迁移到食品中的物质水平不会影响危害人类健康或造成食品结构、成分与感观性质的改变。

（1）食品接触材料风险暴露评估方法　被评估材料中所有可能迁移到食品中的物质均需要评估。食品接触材料生产过程中特意添加的添加剂，可通过科学检测结果和申请人提供的数据来进行风险评估。生产过程中形成的反应中间体或分解产物/副反应产物及杂质，其评估一般非常复杂，其化学结构可能很难被识别，缺乏浓度数据或毒性数据，主要运用毒理学结合体外生物测试、定量构效关系等方法进行评估。

欧盟、美国等发达国家从农田到餐桌全部环节均有膳食暴露风险评估法规，我国膳食暴露评估相关政策和法规尚有待完善。为了加强食品安全管理，《中华人民共和国食品安全法》第二章第十三条规定"国家建立食品安全风险评估制度，对食品、食品添加剂中生物性、化学性和物理性危害进行风险评估"。膳食暴露评估是对目标化学物质的物理性、化学性、生物性因子通过食品或其他相关来源的摄入量进行定性定量评估，并通过统计分析，估计其膳食暴露量，然后根据评估目的、目标化学物特征、人群特点、评估精度构建确定性单一分布模型和概率分布模型，最终完成整个评估过程。

（2）我国食品安全风险评估职能部门与责任　我国食品安全风险评估由卫生部组织开展，《食品安全法》规定，国务院卫生行政部门承担食品安全综合协调职责，负责食品安全风险评估，食品安全标准制定，食品安全信息公布及食品检验机构资质认定和检验规范的制定，组织查处食品安全重大事故。为此，卫生部于 2009 年组建了第一届国家食品安全风险评估专家委员会，负责承担国家食品安个风险评估工作、参与制订与食品安全风险评估相关的监测和评估计划、拟定国家食品安全风险评估的技术规则、解释食品安全风险评估结果、开展食品安全风险评估交流、承担卫生部委托的其他风险评估相关任务。

除国务院卫生行政部门外，其他部门如农业行政、质量监督、工商行政管理和国家食品药品监督管理等有关部门可以向国务院卫生行政部门提出食品安全风险评估的建议，并提供有关信息和资料。

（3）风险评估启动条件与流程　根据《中华人民共和国食品安全法实施条例》，食品安全风险评估启动条件：为制定或修订食品安全国家标准提供科学依据需要进行风险评估的；为确定监督管理的重点领域、重点品种需要进行风险评估的；发现新的可能危害食品安全的因素的；需要判断某一因素是否构成食品安全隐患的；国务院卫生行政部门认为需要进行风险评估的其他情形。

有风险评估任务时，卫生部以《风险评估任务书》的形式向国家食品安全风险评估专家委员会下达风险评估任务，主要包括风险评估的目的、需要解决的问题和结果产出形式等。专家委员会根据评估任务提出风险评估实施方案，遵循危害识别、危害特征描述、暴露评估和风险特征描述的结构化程序开展风险评估。具体评估任务委托有关技术机构实施，要求在专家委员会规定的时限内提交风险评估相关科学数据、技术信息、检验分析结果等资料。

在此基础上，专家委员会进行风险评估，结果上报卫生部。

金属类食品接触材料及其制品由于具有美观、坚实等优点而被越来越多的使用，所以，一旦出现迁移安全问题将会产生严重的食品安全危险。因此，对金属类食品接触材料和制品的迁移规律、质量监控、相关法规与检测技术的研究具有十分重要的意义。

参 考 文 献

[1] 宋宝丰，谢勇等. 包装容器结构设计与制造 [M]. 北京：印刷工业出版社，2006.

[2] 杨文亮，辛巧娟. 金属包装容器：钢桶制造技术 [M]. 北京：印刷工业出版社，2007.

[3] 杨文亮，辛巧娟. 金属包装容器. 金属罐制造技术 [M]. 北京：印刷工业出版社，2009.

[4] 张世琪等. 现代制造引论 [M]. 北京：科学出版社，2004.

[5] （美）罗斯，（美）怀本加著，杨羽，译. 包装结构设计大全 [M]. 上海：上海人民美术出版社，2006.

[6] 中国标准出版社第一编辑室编. 中国包装标准汇编：金属包装卷 [M]. 北京：中国标准出版社，2005.

[7] 编委会. 马口铁食品三片罐工艺技术 [M]. 北京：中国轻工业出版社，2008.

[8] 编委会. 金属包装物品及容器技术标准应用手册 [M]. 北京：中国物资出版社，2004.

[9] 编委会. 包装设计制作工艺与检测技术标准实用手册 [M]. 北京：北京伯通电子出版社，2002.

[10] 杨邦英. 罐头工业手册 [M]. 北京：中国轻工业出版社，2000.

[11] 朱旭霞. 冲压工艺及模具设计 [M]. 北京：机械工业出版社，2008.

[12] 尹章伟. 包装材料、容器与选用 [M]. 北京化学工业出版社，2003.

[13] 王德忠. 金属包装容器 [M]. 北京：化学工业出版社，2003.

[14] 刘彼霞. 金属包装容器 [M]. 北京：化学工业出版社，2004.

[15] 李硕本. 冲压工艺学 [M]. 北京：机械工业出版社，1982.

[16] 吕雪山等. 薄板成型与制造 [M]. 北京：中国物资出版社，1993.

[17] 梁炳文，胡世光. 材料成型塑性理论 [M]. 北京：机械工业出版社，1987.

[18] 彭友禄. 焊接工艺 [M]. 北京：人民交通出版社，2002.

[19] 雷玉成，于治水. 焊接成形技术 [M]. 北京：化学工业出版社，2003.

[20] 滑广军，刘跃军，谢勇. ANSYS 包装工程应用实例分析 [M]. 上海：上海交通大学出版社，2017.

[21] 宋宝丰. 包装容器结构设计与制造 [M]. 北京：印刷工业出版社，2004.

[22] 朱江峰. 冷冲压成形工艺及模具设计 [M]. 武汉：华中科技大学出版社，2012.

[23] 查五生. 冲压工艺及模具设计 [M]. 重庆：重庆大学出版社，2015.

[24] 陈彪，颜伟. 冲压工艺与模具设计 [M]. 成都：电子科技大学出版社，2011.

[25] 孙传. 冷冲压工艺与模具设计 [M]. 杭州：浙江大学出版社，2015.

[26] 吴振亭，王德俊. 冷冲压模具设计与制造 [M]. 郑州：河南科学技术出版社，2006.

[27] 董湘怀. 金属塑性成形原理 [M]. 北京：机械工业出版社，2011.

[28] 五同旭. 浅谈圆柱型听、罐包装视觉表现的构图设计 [J]. 包装世界，2004 (03)：81-83.

[29] 喻晓燕，王煜新. 浅谈包装设计的构图方法与手法表现 [J]. 艺术育，2017 (Z5)：212-213.

[30] 张艺璇. 色彩在包装中的应用研究 [D]. 合肥工业大学，2013.

[31] 中粮美特：用视觉冲击力包装糖果 [J]. 中国包装工业，2007 (06)：26-27.

[32] Begley T，Castle L，Feigenbaum A，et al.. Evaluation of migration models that might be used in support of regulations for food-contact plastics [J]. Food Additives and Contaminants，2005，22 (1)：73-90.

[33] Begley T H，Hollifield H C. Recycled polymers in food packaging：migration considerations [J]. Food Technology，1993，47.

[34] European C. Commission directive 2002/72/ec of 6 august 2002 relating to plastic materials and articles intended to come into contact with foodstuffs [J]. OJ L，2002，220 (15. 8)：2002.

[35] Hinrichs K，Piringer W O. Evaluation of migration models to be used under directive 90/128/eec [M]. Directorate General for Research，2002.

[36] Gandek T P，Hatton T A，Reid R C. Batch extraction with reaction：phenolic antioxidant migration from polyolefins to water. 1. Theory [J]. Industrial & Engineering Chemistry Research，1989，28 (7)：1030-1036.

[37] Hamdani M，Feigenbaum A，Vergnaud J M. Prediction of worst case migration from packaging to food using mathematical models [J]. Food Additives & Contaminants，1997，14 (5)：499-506.

[38] Chung D，Papadakis S E，Yam K L. Release of propyl paraben from a polymer coating into water and food simulating solvents for antimicrobial packaging applications [J]. Journal of Food Processing and Preservation，2001，25 (1)：71-87.

[39] Reynier A，Dole P，Feigenbaum A，et al.. Prediction of worst case migration：presentation of a rigorous methodology [J]. Food Additives & Contaminants，1999，16 (4)：137-152.

[40] Hamdani M，Feigenbaum A，Vergnaud J M. Prediction of worst case migration from packaging to food using mathematical models [J]. Food Additives & Contaminants，1997，14 (5)：499-506.

[41] Baner A L，Franz R，Piringer O. Alternative methods for the determination and evaluation of migration potential from polymeric food contact materials [J]. Deutsche Lebensmittel-Rundschau (Germany)，1994.

[42] Limm W，Hollifield H C. Modelling of additive diffusion in polyolefins [J]. Food Additives & Contaminants，1996，13 (8)：949-967.

[43] Brandsch J，Mercea P，Piringer O. Modeling of additive diffusion coefficients in polyolefins：ACS Symposium Series，2000 [C]. ACS Publications.

[44] Helmroth E，Varekamp C，Dekker M. Stochastic modelling of migration from polyolefins [J]. Journal of the Science of Food and Agriculture，2005，85 (6)：909-916.

[45] Baner A，Brandsch J，Franz R，et al.. The application of a predictive migration model for evaluating the compliance of plastic materials with european food regulations [J]. Food Additives & Contaminants，1996，13 (5)：587-601.

[46] 王志伟，孙彬青，刘志刚. 包装材料化学物迁移研究 [J]. 包装工程，2005，25 (5)：1-4.

[47] 王利兵. 食品包装安全学 [M]. 北京：科学出版社. 2011.

[48] 张玉霞译，Piringer，Baner 等. 食品用塑料包装材料——阻隔功能、传质、品质保证和立法 [M]. 北京：化学工业出版社. 2004.

[49] 李琴梅，刘伟丽，魏晓晓等. 国内外食品接触材料标准及法规概述 [J]. 中国标准化. 2016，12：17-22.

[50] 潘生林，翟苏婉，刘向农等. 食品包装安全监管中的风险管理应用架构 [J]. 包装工程. 2013，34 (19)：6-9.

[51] 隋海霞，刘兆平. 我国食品接触材料安全性评估体系构建 [J]. 中国食品卫生杂志. 2018，30 (6)：551-557.

[52] 商贵芹，陈少鸿，刘君峰. 食品接触材料质量控制和检验监管实用指南 [M]. 北京：化学工业出版社. 2013.

[53] 张逸新，数字印刷原理与工艺，教材电子版.

[54] 王幼辉，数字印刷在包装中的应用与发展 [J]，2019. 06 印刷杂志.

[55] 王同兴，于向东，罐型容器包装与设计 [M]，哈尔滨：黑龙江美术出版社，1999.